人机融合智慧涌现

AI大模型时代的综合集成研讨体系

郑楠　李耀东　戴汝为　著

清华大学出版社

北 京

图书在版编目 (CIP) 数据

人机融合智慧涌现：AI大模型时代的综合集成研讨
体系 / 郑楠, 李耀东, 戴汝为著. -- 北京 : 清华大学
出版社, 2024. 7. -- ISBN 978-7-302-66510-6

Ⅰ. TP18

中国国家版本馆CIP数据核字第2024K25Q79号

责任编辑：刘　杨
封面设计：何凤霞
责任校对：赵丽敏
责任印制：宋　林

出版发行：清华大学出版社
　　　　　网　　　址：https://www.tup.com.cn, https://www.wqxuetang.com
　　　　　地　　　址：北京清华大学学研大厦A座　　　　邮　　编：100084
　　　　　社 总 机：010-83470000　　　　　　　　　邮　　购：010-62786544
　　　　　投稿与读者服务：010-62776969, c-service@tup.tsinghua.edu.cn
　　　　　质量反馈：010-62772015, zhiliang@tup.tsinghua.edu.cn
印 装 者：三河市人民印务有限公司
经　　销：全国新华书店
开　　本：165mm×235mm　　　印　张：20　　　字　数：294千字
版　　次：2024年7月第1版　　　　　　　　　印　次：2024年7月第1次印刷
定　　价：129.00元

产品编号：106631-01

序

20世纪80年代是人工智能发展的一个黄金时期，知识工程生机凸显，专家系统如雨后春笋般出现。日本更是制订了雄心勃勃的"五代机"计划，准备投资8.5亿美元研制人工智能计算机（即智能机），以突破冯·诺依曼计算机体系的瓶颈，实现人工智能的跨越性发展。在这样一时激起的极度热情的背景下，我国学者经过思考与研究却始终保持了学术上的清醒与冷静。一方面认识到了智能机发展的重大战略意义，另一方面主张把智能机的科学基础理论工作和智能机的试制、试验工作结合起来，把人工智能的理论研究和人工智能的应用结合起来，避免在我国出现"过热"的情况；并指出国外的研究已经出现了问题、犯了错误，即忽视了理论与实践的结合、工程师与科学家的配合。

人工智能研发的历史事实证明，我国学者的预言与判断是完全正确的。日本的"五代机"计划在花费了4亿美元之后，日本科研人员发现其最初制定的目标几乎无一实现，最终不得不中止了计划，由此影响了整个人工智能研究的持续进展并使其走入低谷。而到现在，我们所使用的大部分计算机仍然是传统意义上的冯·诺依曼体系，即使是所谓的并行机也没有完全突破这一结构。现代计算机能力的增长主要来自于硬件工艺的持续革新（摩尔定律），计算速度由量变产生质变，才得以成功支撑诸如深度学习、大模型这样的新型人工智能技术与系统。

正是基于坚持理论与应用相结合、工程师与科学家相互配合的理念，我国科学家钱学森等提出了"开放的复杂巨系统"的概念，以及处理这类系统的方法论——"从定性到定量的综合集成法"，并将"综合集成法"定位为"思维科学"的一项应用技术（在智能机研制问题上强调"思维科学"的科学支撑，也是我国科学家极具创新思维的一项独到见解）；由此与当时蓬勃兴起的"复杂性科学"产生共振，使得我国的"复杂性科学研究"以其独特的原创特色跃居国际前沿，并进一步促进了思维科学、综合集成法、开放型巨型智能系统和社会化智能系统等相关领域及新型学科的快速发展。

21 世纪初，随着计算机硬件性能和数字化素材的体量纷纷突破临界点，深度学习异军突起，再次带动人工智能走向复兴之路，"大模型"即是其中的卓越代表。由于它具备宽广的知识容纳能力，可以与人类展开多模态的自然交互，并有着达成"通用人工智能"的或然潜力，因此，又一次激发了人们对于人工智能的无限热情。在这样的激情中，很容易产生"机器即将替代人类""人－机结合"和"综合集成"已经价值不大的片面认知和观点，从而出现导致研究者忽视有关人类思维的研究。

但事实上，目前的大模型系统仍然缺乏深层的理论指导与解释，也未有任何确切证据能够证明大模型系统足以产生创造性思维，从而替代人类最有价值的脑力工作。因此，我们尤其需要保持定力，继续坚持理论与实践相结合、工程师与科学家相配合的原则，继续深入开展有关"思维科学"和巨型智能系统等方面的研究，从人帮机、机帮人的角度，充分发挥系统各个成员的优势，互相支撑、互相激发、综合集成，使整个系统展现出超越其中任何一个成员的智慧，从而涌现出有价值的群体智慧。

我们相信，不管人工智能如何发展，在相当长的一段时期内，"人－机结合"的科学思想均有其巨大的指导与应用价值，而且这一价值将伴随人机分工、人机关系的持续演变而愈加凸现。当务之急仍然是以"综合集成法"和"人－机结合"的巨型智能系统为牵引，深入研究"思维科学"的基础理论，大力发展和真正做到跨学科交叉研究，注重技术落地和应用实践，从而摸索出一条独具创新特色的智能科学之路。

2024 年 3 月

前言

综合集成法（以及后来的综合集成研讨厅体系）是我国著名科学家钱学森、戴汝为等原创的处理复杂问题的方法论。作为系统科学与思维科学交叉发展的产物，它的提出不仅来自于相关理论的自发进展，更源于处理现实世界复杂问题的迫切需要。这里的复杂问题特指与"开放的复杂系统"相关的问题，因而具有与"开放的复杂巨系统"相关联的特定复杂特征。

面对开放的复杂巨系统的问题，综合集成法强调从现有的不完整、不精确的知识出发，通过专家之间、专家与计算机之间的丰富交互，借助系统建模、系统仿真、系统分析和系统优化等手段，不断汇集各种有用的知识，促进专家对系统和问题认识的逐步深化，将定性认识转化为定量认识，从而获得超越已有认识的最佳结论。

为实现这一目标，必须遵循思维科学的规律，激活专家智慧和计算机智能，提升整个系统的思维能力，激发创造性思维的产生。综合集成法不同于其他方法论，它不是一系列公式的汇总，也不是求解问题的固定方案，而是一套理论与实践相结合的问题求解方式。通过这种方式，可以积累对开放的复杂巨系统的认识经验，形成新的理论。综合集成法处理复杂问题过程中的认识飞跃，是通过专家体系、机器体系和知识体系之间的不断交互实现的，是社会智能的涌现。

大模型是当前人工智能发展的一项重要成果，是计算机借助超大规模网络、超大规模算力在超大规模语料上进行学习，从而大范围汲取人类知识、表现出一定"智能"的新系统和应用。把以大模型为代表的人工智能系统纳入综合集成工程作为被综合集成的对象，形成新型的"人机融合"，是综合集成研究的新课题，也是本书讨论的主要内容。

本书拟从综合集成理论的起源出发，深入剖析综合集成法的实质，以认识飞跃、智能涌现和人机结合为主线，讨论综合集成框架下巨型智能系统构建的方案、经验和历史局限性，社会化智能涌现的技术条件和组织要求，人机结合的理论假设、前期探索和实践挑战。目的在于从智能系统的角度理解综合集成理论，明晰该理论对于人机融合的本质性要求。

在此基础上，本书针对大模型在综合集成法中的应用——以大模型为代表的人工智能系统作为被综合集成的对象所产生的问题——展开探讨，内容包括应用的基本原则、技术路线和实践途径。一方面，研究如何运用大模型实现更加有效的人机融合、群体交互、智慧激发、知识生产和智能涌现；另一方面，研究如何防范大模型的谬误，避免大模型的弊端，在新型人机结合范式下形成人机融合、以人为主的新机制；此外，也将部分述及有关使用综合集成思路改进大模型系统的构思，以期为人工智能、复杂系统和综合集成等领域的研究人员提供有关经验、思路和启发。

本书后续内容划分为三篇共 10 章。

第 1 章"人机结合的综合集成理论基础"首先介绍综合集成法的先导概念"开放的复杂巨系统"，然后介绍处理开放的复杂巨系统的方法论——综合集成法，回顾其发展历程，总结其关键技术。第 2 章"综合集成与智慧涌现"主要从社会化智能系统的角度对综合集成法中的人机结合、群体交互和智能涌现进行分析，总结其对计算机智能的现实要求和大模型技术对这一要求的可能回应。这两章为本书第一篇，从整体上探讨综合集成理论与智慧涌现的关系。

第 3 章"大语言模型概述"从大模型的三要素到其展现的通用智能，以及面临的安全挑战等角度，概述了大模型在自然语言处理领域的重要性、发展现状和挑战。第 4 章"综合集成法中的大模型应用框架"首先介绍综合集成法中的三个体系——专家体系、计算机体系和知识体系，分析三者之间的关系，确定大模型技术在以上三个体系中的定位和应用框架。第 5 章"知识体系"、第 6 章"专家体系"和第 7 章"机器体系"则具体讨论以大模型为代表的人工智能技术在每个体系中的具体应用或应用构想。这 5 章为本书第二篇，也是本书的核心内容，全面探讨把大模型系统纳入综合集成法的途径和把大模型系统作为被综合集成对象所产生的问题及其应对方式。

第 8 章和第 9 章为本书第三篇，对综合集成法研究进行总结和展望。其中第 8 章"人机结合的智能系统"主要讨论大模型介入之下的人机结合智能系统的发展。第 9 章"未来趋势、挑战与应对"主要讨论人机融合的未来发展趋势、技术挑战和可能的解决方案，在此基础上，提出以创新思维模式和创造性思维为导向的交叉学科研究及相关学科体系建设问题。第 10 章"结语"总结综合集成法自诞生以来的主要研究成果，回顾人机结合和人机融合的发展历程，对大模型时代下综合集成研讨体系的进一步发展予以展望。

本书旨在通过系统性地探讨综合集成法与大模型的深度融合，揭示智能涌现背后的机制与实现路径。我们希望，借助对综合集成理论的深入分析和对大模型的应用研究，为读者提供一种全新的视角和方法，以更好地理解和应对开放的复杂巨系统。期待本书的内容不仅能够为相关领域的研究人员提供理论和实践上的指导，也能激发更多学者和从业者参与到这场关于智能系统与人机结合的探索中，共同推动科学和技术的进步。

作者

2024 年 3 月

目录

第一篇　综合集成理论与智慧涌现

第二篇　大模型时代的综合集成法

第 3 章　大语言模型概述 / 70

第三篇　综合集成法的总结与展望

第一篇

综合集成理论与智慧涌现

著名物理学家、量子论的创始人普朗克曾经说过:"科学是内在的整体,它被分解为单独的学科不是取决于事物的本质,而是取决于人类认识能力的局限性。实际上存在着由物理学到化学,通过生物学和人类学到社会科学的连续的链条,这是一个任何一处都不能被打断的链条。"

20世纪后半叶,科学技术的高速发展为人们重新审视科学内在的整体性提供了新的条件。与此同时,现实世界的复杂问题层出不穷,为了迎接这些挑战,世界各国大量的科学家投入了巨大努力,试图建立物理学与生物学、自然科学与社会科学之间的联系,补足那条"被打断的链条"。这种努力促成了两个新的学科领域的诞生,分别是中国以综合集成理论为代表的系统科学和美国以复杂适应系统理论为代表的复杂性科学。

综合集成理论体系是钱学森、戴汝为等中国科学家的原创科学理论和方法。20世纪80年代初,钱学森从国防一线领导位置退下来后,把主要精力放在学术研究上,在系统科学、思维科学、人体科学等方面进行了开创性的研究。钱学森在多年的科研和领导航天过程的实践中见证了还原论的局限,验证了整体论的不足,开创性地建立了还原论和整体论统一的系统论。1990年,钱学森、戴汝为等提出了"开放的复杂巨系统"理论以及处理这类问题的"人机结合、以人为主,从定性到定量的综合集成法"的划时代科学方法论,形成了一个科学新领域。

时至今日,信息技术、智能技术的高速发展在为人们和社会带来巨大福祉的同时,也引发了信息泛滥、数字鸿沟、人机脱节等深刻的理论与现实问题，从更深层面提出了科技与人文、个人与社会、自然与技术之间的关系问题。这些问题与社会、经济、文化多个复杂系统相关联，是典型的、开放的复杂巨系统问题，解决思路正蕴含于"综合集成法"中。这一方面说明了综合集成法作为方法论创新的广泛适用性，另一方面也揭示了其卓越的前瞻性，证明了综合集成方法论作为当代科学方法论的重要作用。然而，目前，人们在面临开放的复杂巨系统问题时，一些人没有理解这一方法论的重要性，忽视了其指导意义，另外一些人是已经理解到综合集成方法论的重要性，但是没有深入研究并无法正确实施这一方法论。

近年来，随着人工智能的飞速发展，尤其是大语言模型（large language models，LLMs，下文简称大模型）的普及，更有人认为未来机器要取代人，可以做任何人来完成的任务。当然，这一论断的合理性值得商榷。早在 20 世纪 90 年代，钱学森给戴汝为的书信中曾就人工智能的发展写道："我们一旦进入这样的人工智能世界，人类也就跟着改造了，将会出现一个'新人类'，不只是人，是人－机结合的'新人类'。"

为此，在新的社会发展环境和科技进步条件下，回顾钱学森等在复杂系统综合集成方面的原创成果，总结综合集成法的发展历程，提出新形势下如何发展研讨体系的思想，对我们处理当前日益增多的开放的复杂巨系统问题有重要的理论意义和实践价值。

第1章
人机结合的综合集成理论基础

20 世纪 80 年代前后，国外学术界开始了对复杂性与复杂系统的研究。与此同时，以钱学森为代表的一批中国学者也开展了与此相关的系统科学和开放的复杂巨系统的研究，开创性地提出了综合集成法，进一步发展为综合集成研讨厅体系，并取得了一些成功的应用成果。但是由于当时人们对综合集成研讨厅体系的认识不足，以及技术条件所限，其应用受到了限制。随着思维科学 / 认知科学、系统科学和信息技术、计算机技术、网络通信技术的巨大进步，特别是近年来大数据、云计算、人工智能的飞速发展，出现了越来越多的复杂巨系统，亟待有效方法来处理这类问题。在此背景下，综合集成研讨厅体系又获得广泛关注。本章主要回顾综合集成研讨厅体系产生和发展的重要历程。

1.1 复杂系统概述

1.1.1 系统科学的起源与早期发展

正如德国物理学家、协同学创始人哈肯所说："系统科学的概念是由中国学者较早提出的，这对理解和解决现代科学，推动其发展是十分重要的。中国是充分认识到系统科学巨大重要性的国家之一。"

一般认为，系统科学是研究系统的结构与功能关系、演化和调控规律的科学。我国科学家钱学森曾明确指出，系统科学是从事物的整体与部分、全局与局部以及层次关系的角度来研究客观世界的，从系统的角度观察客观世界所建立起来的科学知识体系，就是系统科学。客观世界包括自然、社会和人自身。能反映事物这个特征最基本和最重要的概念就是系统。所谓系统是指由一些相互关联、相互作用、相互影响的组织部分构成并具有某些功能的整体。

奥地利理论生物学家贝塔朗菲是最早使用系统科学这个概念的学者之一，他把这个学科定义为："关于'系统'的科学。"同时，贝塔朗菲也被认为是系统科学的奠基人之一，他的代表性学术成果是"一般系统论"。

1925 年美国学者 A.J. 洛特卡发表的《物理生物学原理》和 1927 年德国学者 W. 克勒发表的《论调节问题》中先后提出了一般系统论的思想。同期，贝塔朗菲多次发表文章表达相似思想，提出了生物学中有机体的概念，强调必须把有机体当作一个整体或系统来研究，才能发现不同层次上的组织原理。随后，他在芝加哥大学的一次哲学讨论会上第一次提出一般系统论的概念。1945 年，贝塔朗菲发表了《关于一般系统论》的文章。1947—1948 年，贝塔朗菲在美国讲学和参加专题讨论会时进一步阐明了一般系统论的思想，指出无论系统的具体种类、组成部分的性质和它们之间的关系如何，存在着适用于综合系统或子系统的一般模式、原则和规律，并于 1954 年发起成立一般系统论学会（后改名为一般系统论研究会），促进一般系统论的发展。

贝塔朗菲一般系统论的要点包括以下几点。

1. 系统的整体性

系统是若干事物的集合，系统反映客观事物的整体性，但又不简单地等同于整体。因为系统除了反映客观事物的整体，还反映整体与部分、整体与层次、整体与结构、整体与环境的关系。也就是说，系统是从整体与其部分要素、层次、结构、环境的关系上来揭示其整体性特征的。要素的无组织的综合也可以成为整体，但是无组织状态不能成为系统，系统所具有的整体性是在一定组织结构基础上的整体性，要素以一定方式相互联系、相互作用而形成一定的结构，才具备系统的整体性。整体性概念是一般系统论的核心。

2. 系统的有机关联性

系统的性质不是要素性质的总和，系统的性质为要素所无；系统所遵循的规律既不同于要素所遵循的规律，也不同于要素所遵循的规律的总和。不过系统与它的要素又是统一的，系统的性质以要素的性质为基础，系统的规律也必定要通过要素之间的关系（系统的结构）体现出来。存在于整体中的要素，都必定具有构成整体的相互关联的内在根据，所以要素只有在整体中才能体现其要素的意义，一旦失去构成整体的根据，它就不能成为这个系统的要素。归结为一句话就是：系统是要素的有机的集合。

3. 系统的动态性

系统的有机关联不是静态的而是动态的。系统的动态性包含两方面的意思：一是系统内部的结构状况是随时间而变化的；二是系统必定与外部环境存在着物质、能量和信息的交换。比如，生物体保持体内平衡的重要基础是新陈代谢，如果新陈代谢停止就意味着生物体的死亡，这一作为系统的生物体也将不复存在。贝塔朗菲认为，实际存在的系统都是开放系统，动态性是开放系统的必然表现。

4. 系统的有序性

系统的结构、层次及其动态的方向性都表明系统具有有序性的特征。系统的存在必然表现为某种有序状态，系统越是趋向有序，它的组织程度越高，稳定性也就越好。系统从有序走向无序，它的稳定性便随之降低。完全无序的状态就是系统的解体。

5. 系统的目的性

贝塔朗菲认为，系统的有序性是有一定方向的，即一个系统的发展方向不仅取决于偶然的实际状态，还取决于它自身所具有的、必然的方向性，这就是系统的目的性。他强调系统的这种性质的普遍性，认为无论在机械系统或其他任何类型系统中都普遍存在。

在技术和工程应用方面，第一次世界大战前期，英国工程师 F.W. 兰彻斯特发表了有关用数学研究战争的大量论述，建立了描述作战双方兵力变化过程的数学方程，被称为兰彻斯特方程。与兰彻斯特处于同一时代的美国科学家 T.A. 爱迪生，在研究反潜斗争中也应用了数学方法。后来，英国国防部成立以生理学教授 A.V. 希尔为首的研究雷达配置和高炮效率的防空试验小组（后改名为作战研究部），这是最早的运筹组织。

第二次世界大战中，英国空、海、陆军都建立了运筹组织，主要是研究如何提高防御和进攻作战的效果。美国军队也陆续成立了运筹小组，其中海军设立最早。加拿大皇家空军也在 1942 年建立了运筹学小组。运筹学作为一个独立的新学科于 20 世纪 50 年代初开始形成，这是系统科学技术理论方面的早期创建。

"二战"后，美国组建了兰德公司、陆军运用研究局及分析研究公司等运筹研究机构。1951 年，莫尔斯等出版了《运筹学方法》一书。1952 年，美国成立了运筹学会。欧洲的许多国家也相继设立了专门的运筹研究机构。1957 年，成立了国际运筹学会。此后，运筹学在军事运用方面又进一步发展，不仅用于武器系统的选择，而且用于作战、训练、后勤以及军事行政管理等方面。

1948 年，美国科学家维纳出版了学术专著《控制论》，这本书的副书名是《关于在动物和机器中控制和通信的科学》。维纳把控制论看作一门研究动态系统在变化环境条件下如何保持平衡状态或稳定状态的科学。

与研究物质结构和能量转换的传统科学不同，控制论着眼于系统的信息变换和控制过程，只把质料和能量看作系统工作的必要前提，并不追究系统是用什么材料构造的，能量是如何转换的，而是着眼于信息方面，研究系统的行为方式。可以进一步说，控制论是以现实的（电子的、机械的、神经的或经济的）机器为原型，研究"一切可能的机器"——一切物质动态系统的功能，揭示它们在行为方式方面的一般规律。因此，控制论涉及一个系统的各个不同部分之间相互作用的定性性质以及整个系统的运动状态，构成了系统科学的另外一个重要基石。

1953 年年底，钱学森在加州理工大学开设课程"工程控制论"。1954 年，《工程控制论》（Engineering Cybernetics）一书在美国正式出版，该书以系统为对象，以火箭为应用背景研究自动控制问题，系统地揭示了控制论对自动化、航空、航天、电子通信等科学技术的意义和影响。工程控制论研究的并不是物质运动本身，而是代表物质运动的事物之间的关系，即这些关系的系统性质。因此，系统和系统控制是工程控制论所要研究的基本问题，这使得它跨越物理学、数学和一般工程技术的范畴，而进入系统科学范畴。《工程控制论》是继控制论之后，对控制与制导方面进行创造性论述的著作，作者由此成为推动控制论科学思想的代表人物之一。该书不但深化了系统科学的体系建设，而且为其后来倡导的以信息处理为核心的思维科学研究以及智能计算机相关思想，进行了早期的思想准备。

回顾系统科学的起源和早期发展，可以发现它是在现代科学技术高度综合的大趋势下产生和发展起来的。它至少受到以下三方面科学研究的影响和推动。

第一，物理学和数学的发展。尤其是 19 世纪末统计力学和 20 世纪初量子力学的建立，统计工具被引入许多学科。在"经典"物理学研究中，物体经常被看作质点，根据运动规律对质点建立微分方程，只要给定初始条件，每一时刻的物体运动状态都是确定的；而统计方法一般涉及由大量元素组成的宏观物体，不可能直接求解每个元素的方程，只能采用统计方法求取大量元素数据的均值，因此统计规律表现出明显的不确定性。

第二，生物学和生命科学的进展。一方面，科学研究一再揭示：生物界不是一个用牛顿理论所描绘的确定性机械世界；但另一方面，生物个体行为也不能采用统计力学和量子力学所倚重的统计方法来刻画。生命活动既有或然性也有必然性，它是怎样把必然与偶然统一起来的？ 20 世纪三四十年代，生物学家提出了"内稳定"的概念，意味着人类对这一问题的认识已经推进到新的阶段，它直接为控制论的诞生奠定了基础。

第三，计算机的迅速发展。它为人类探索复杂问题提供了强大的技术工具。由于复杂性的一个核心特点就是内涵极其丰富，所以不能过分简化，这就意味着面对某些复杂问题所需的计算类型和计算量急剧提升，在获得合适的计算工具之前，研究者无法完成这些计算，对复杂系统的研究也就无法有效开展。计算机技术水平的提高，不但为研究者提供了更为强大的计算工具，更推动了人类对思维规律的探讨，刺激了人工智能的发展，也开拓了系统科

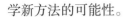
学新方法的可能性。

1.1.2 从工程控制论到总体设计部

《工程控制论》被公认为自动控制领域的经典著作之一，也是该领域中引用率最高的文献之一，以其学术思想的前瞻性而闻名于世。20 世纪 90 年代，即该书出版近 40 年后，美国斯坦福大学的伦伯格教授及哈佛大学何毓琦教授等认为：《工程控制论》的学术思想在科学界超前 5～10 年，它开辟了一系列控制方面的新方向。苏联的伊万赫年科教授等则陆续发表了同名的专著，并明确地介绍这是中国钱学森开创的新领域。

2000 年 7 月，在美国马里兰大学举行了一场"控制领域现状及其未来的机会"的讨论会，在以 Richard 和 Murray 为首的一个 5 人专家小组提出的"控制技术在信息丰富的世界中未来的发展方向"的议题中，有关机器人技术和智能机械方面有下面一段话："控制论工程的目标，在 20 世纪 40 年代甚至更早就已经被明确表达，就是使系统能展现出高度的灵活或对变化的环境作出'智能'反应。钱学森通过控制导弹相关问题的驱动，于 1954 年提出了可作更多数学解释的《工程控制论》。这些工作以及当时其他工作的聚合，形成了在机器人技术和现代控制技术工作中大部分智力的基础。"

《工程控制论》最初以英文版发表，随后被翻译成俄文、德文、中文等多个语言版本。其中，中文版的《工程控制论》是由何善堉与戴汝为在整理 1956 年钱学森在中国科学院力学研究所讲授"工程控制论"的笔记后，参照英文原书，并吸收俄文版所添加的俄文文献整理而成。它对新中国的科学水平起到了很大的推动作用，于 1956 年荣获"中国科学院自然科学奖"一等奖。

同时，《工程控制论》的讲授和钱学森在科学研究及工程上的指导为我国培养了一批自动控制方面的专家。他们分别在各自的岗位上取得成就，有的从教，担任了大学校长，有的从事军工科学研究，成为我国航天领域的学术带头人。可以说，《工程控制论》及钱学森的教学和科学研究实践奠定了我国自动控制研究的基础。

《工程控制论》的前言中有如下一段话："这门新科学的一个非常突出的

特点就是完全不考虑能量、热量和效率等因素，可是在其他各门自然科学中，这些因素却是十分重要的。控制论所讨论的主要问题是一个系统的各个不同部分之间相互作用的定性性质，以及整个系统的综合行为。"时至今日，这段话依然可以反映出系统科学的某些精髓。

1955 年，钱学森回国，次年初便提出了建立我国国防航空工业的建议，投身我国的"两弹一星"和航天事业。当时的基本国情是：工业基础薄弱、专业科学研究机构稀缺、专业技术人员匮乏，尤其缺少现代国防尖端技术研究的组织管理人员，如何组织实施"两弹一星"这项艰巨复杂的工程？它面临两个基本问题：一是自然科学技术问题；二是社会科学技术问题，即研制过程中的组织管理问题，即怎样把研制要求变为成千上万个研制任务，参加者的具体工作，以及怎样把这些工作最终综合成一个技术上合理、经济上合算、研制周期短、能有效协调运转的实际系统。

要解决这些问题，必须建立一套科学的组织方法与技术，其中的一个重要措施是建立总体设计部。面对一项具体的工程任务，首先是从整体上研究和解决问题，即用哪些科学技术成果组成一个对象系统，使其具有我们期望的功能。这就涉及工程系统的系统结构、系统环境和系统功能。完成这项工作需要有个研究实体，这就是总体设计部。

总体设计部是由熟悉这个对象系统的各方面专业人员组成的，并由知识面较为宽广的专家（称为总设计师）负责领导。根据系统总体目标要求，总体设计部设计的是系统总体方案，是实现整个系统的技术途径。总体设计部把型号系统作为它所从属更大系统的组成部分进行研制，对它所有技术要求，都首先从实现这个更大系统的技术协调来考虑；总体设计部又把系统作为若干分系统有机结合的整体来设计，对每个分系统的技术要求，都首先从实现整个系统技术协调的角度来考虑。总体设计部对研制中分系统之间的矛盾，分系统与系统之间的矛盾，都首先从总体目标的要求来协调和解决。

总体设计部运用系统方法并综合集成有关学科的理论与技术，对型号工程系统的系统结构、系统环境与系统功能，进行总体分析、总体论证、总体设计、总体协调、总体规划，把整体和部分协调统一起来，给出总体方案。

其中包括使用计算机和数学为工具的系统建模、仿真、分析、优化、试验与评估，以求得满意的和最好的系统总体方案，并把这样的总体方案提供给决策部门，作为决策的科学依据。一旦为决策机构所采纳，再由相关部门付诸实施。航天型号工程总体设计部在实践中已被证明是非常有效的，在我国航天事业发展中发挥了重要作用。

概括起来，总体设计部的特点是：第一，把系统作为它所从属的更大系统的组成部分进行研制，对它的所有技术要求都首先从实现这个更大系统技术协调的观点来考虑；第二，把系统作为若干分系统有机结合成的整体来设计，对每个分系统的技术要求都首先从实现整个系统技术协调的观点来考虑；第三，对研制过程中分系统与分系统之间的矛盾、分系统与系统之间的矛盾，都首先从总体协调的需要来选择解决方案。

后来，在总结航天系统总体设计部的基础上，钱学森还提出了社会科学工作者与自然科学工作者、工程技术人员相结合的国民经济总体设计部的建议，试图把类似思路应用到国民经济系统中去。"这个实体（国民经济总体设计部）要吸收多方面的专家参加，把自然科学家、工程师和社会科学家结合起来，收集资料，调查研究，进行测算，反复论证，使各种单项的发展战略协调起来，提出总体设计方案，供领导决策。"

1.1.3　一个科学的新领域

1990 年 1 月，《自然杂志》发表了钱学森等的论文《一个科学新领域——开放的复杂巨系统及其方法论》，论文在前言中开宗明义地说："近二十年来，从具体应用的系统工程开始，逐步发展成为一门新的现代科学技术大部门——系统科学，其理论和应用研究，都已取得了巨大进展。特别是最近几年，在系统科学中涌现出了一个很大的新领域，这就是最先由马宾同志发起的开放的复杂巨系统的研究。开放的复杂巨系统存在于自然界、人自身以及人类社会，只不过以前人们没有能从这样的观点去认识并研究这类问题。本文的目的就是专门讨论这一类系统及其方法论。"

论文从系统分类的角度，对开放的复杂巨系统的概念进行了描述："如果

（一个巨系统的）子系统种类很多并有层次结构，它们之间关联关系又很复杂，这就是复杂巨系统。如果这个系统又是开放的，就称作开放的复杂巨系统，例如，生物体系统、人脑系统、人体系统、地理系统（包括生态系统）、社会系统、星系系统等。这些系统在结构、功能、行为和演化方面，都很复杂，以至于到今天，还有很多问题我们并不清楚。"

"再上一个层次，就是以人为子系统主体所构成的系统，而这类系统的子系统还包括由人制造出来具有智能行为的各种机器。对于这类系统，'开放'与'复杂'具有新的更广的含义。这里的开放性指系统与外界有能量、信息或物质的交换。……由于人的意识作用，子系统之间的关系不仅复杂而且随时间和情况的变化具有极大的易变性。一个人本身就是一个复杂巨系统，现在又以这种大量的复杂巨系统为子系统而组成一个巨系统——社会。"

这类系统的复杂性可概括为：①系统的子系统间可以有各种方式的通信；②子系统的种类多，各有其定性模型；③各子系统中的知识表达方式不同，并以多种方式获取知识；④系统中子系统的结构随着系统的演变会有变化，所以系统的结构是不断改变的。上述系统被称为"开放的特殊复杂巨系统"，即通常所说的社会系统。

对于开放的复杂巨系统，目前还没有形成从微观到宏观的理论，没有从子系统相互作用出发构筑出来的统计力学理论，用处理简单系统或简单巨系统的方法来处理开放的复杂巨系统，属于"生搬硬套，结果适得其反"。而"实践已经证明，现在能用的、唯一能有效处理开放的复杂巨系统包括社会系统的方法，就是定性定量相结合的综合集成方法。"综合集成法是在社会系统、人体系统和地理系统这3个复杂巨系统研究实践的基础上提炼、概括和抽象出来的。

开放的复杂巨系统从子系统种类的多少、关联关系的复杂程度、层次结构、与环境的关系等角度对系统进行分类，清晰地刻画了系统复杂性的层次，对系统科学理论和应用研究具有重大意义。从前面列举的开放的复杂巨系统的实例（生物体系统、人脑系统、人体系统、地理系统（包括生态系统）、社会系统、星系系统）中，可以看到，它们涉及生物学、思维科学、医学、地学、天文学和社会科学理论，所以这是一个很广阔的研究领域，因此"开放的复杂巨系统概念的提出及其理论研究，不仅必将推动这些不同学科理论的发展，还为这些理论的沟通开辟了新的令人鼓舞的前景"，从而形成一个科学的新领域。

与此同时，开放的复杂巨系统方法论——综合集成法，是复杂性科学界唯一明确提出的方法论，是中国科学家的原始创新，也是中国学术界对复杂性科学的一个重大贡献。《一个科学新领域——开放的复杂巨系统及其方法论》的作者之一于景元教授认为："综合集成法其实是吸收了还原论方法和整体论方法各自的长处，同时也弥补了各自的局限性。它是还原论方法和整体论方法的辩证统一，即系统论方法。从这个角度来看，综合集成法既超越了还原论方法，又发展了整体论方法。综合集成法作为科学方法论，其理论基础是思维科学，方法论基础是系统科学和数学科学，技术基础是以计算机为主的现代信息技术，实践基础是系统工程的实际应用，哲学基础是马克思主义实践论和认识论。"

《一个科学新领域——开放的复杂巨系统及其方法论》被誉为系统科学发展的里程碑，它不但在学术界开辟了"一个科学新领域"，而且对于创建系统学意义重大，因为开放的复杂巨系统和综合集成法研究属于系统科学的基础理论层次，所以它们构成了系统学的第一项重要研究成果和第一块基石。

1.1.4　开放的复杂巨系统

系统科学以系统为研究对象，系统是由相互作用、相互依赖的若干组成部分结合而成，具有特定功能的有机整体，而且这个有机整体常常又是它从属的更大整体的组成部分。系统是普遍存在的，小到基本粒子，大到整个宇宙，都可视为系统，这些系统的组成部分也往往构成系统，因此，可以说系统无处不在。

从不同的角度，可以对系统进行不同的分类，例如从系统的产生和构建的角度，可以分为自然系统、人工系统、复合系统；从系统所占空间尺度的角度，可以分为微观系统、宏观系统、宇观系统；从系统与环境关系的角度，可以分为孤立系统、封闭系统、开放系统等。

以上系统的分类虽然比较直观，但着眼点过分地放在系统的具体内涵，反而失去了系统的本质，而这一点在系统科学研究中又是非常重要的。为此，我国学者提出了以下分类方法。

根据组成系统的子系统以及子系统种类的多少和它们之间关联关系的复杂程度，可把系统分为简单系统和巨系统两大类。简单系统是指组成系统的子系统数量比较少，它们之间关系自然比较单纯。某些非生命系统，如一台测量仪器，这就是小系统。如果子系统数量相对较多（如几十种、上百种），如一个工厂，则可称作大系统。若子系统数量非常多（如成千上万、上百亿、万亿），则称作巨系统。若巨系统中子系统种类不太多（几种、几十种），且它们之间关联关系又比较简单，就称作简单巨系统，如激光系统。如果子系统种类很多并有层次结构，它们之间关联关系又很复杂，就称作复杂巨系统。如果这个巨系统又是开放的，就称作开放的复杂巨系统。例如，生物体系统、人脑系统、人体系统、地理系统（包括生态系统）、社会系统、星系系统等，这些系统无论在结构、功能、行为和演化方面都很复杂。以至于到今天，还有大量的问题，我们并不清楚。

这种分类方式清晰地刻画了系统复杂性的层次，也自然而然地得出了开放的复杂巨系统的概念。概括地说，开放的复杂巨系统是指：

（1）系统本身与系统周围的环境有物质的交换、能量的交换和信息的交换。由于有这些交换，所以是"开放的"；

（2）系统所包含的子系统很多，成千上万，甚至上亿万。所以是"巨系统"；

（3）子系统的种类繁多，有几十、上百，甚至几百种。所以是"复杂的"；

（4）系统是分层次的，从可观测的整体系统到子系统，层次非常多，然而，中间的层次往往被忽视或不够了解，有时甚至连有几个层次也不清楚。

开放的复杂巨系统最核心的特征是复杂，这种复杂是系统多种性质纠缠作用的结果，很难予以简单还原和分解。具体来说，"开放性"经常会导致系统内部结构和功能的变化，这使得系统状态除了短期的、动态的变化，还会拥有长期的、渐进的演化变化；与此同时，开放系统还可能与环境产生交互作用，形成反馈机制，互相影响、互相塑造，其展现出来的丰富性、多样性、可能性（换言之，复杂性）远远超过孤立的、封闭的系统。

子系统的种类繁多，这就要求我们在处理它们的时候，必须把它们分开研究，而无法作为无差别对象进行简单的统计处理；系统的层次性和不良结构性则意味着各个子系统处于复杂的交互网络之中，对子系统的拆分将会"牵一发而动全身"，再次增加我们分开研究子系统的难度。至于"巨量性"（系统所包含的子系统很多，成千上万，甚至上亿万）这个难度更是雪上加霜。

因此，对于简单系统来说，不管是小系统还是大系统，都可从子系统相互之间的作用出发，直接综合成全系统的运动功能。这可以说是直接的做法，没有什么曲折，顶多在处理大系统时，要借助于大型计算机。对于巨系统而言，由于系统部件过多，即使在大型计算机的帮助下也无法直接从子系统综合成全系统的运动功能，因此，可以借鉴统计力学的巨大成就，把亿万个分子组成的巨系统的功能略去细节，用统计方法概括起来，普利高津的耗散结构理论和哈肯的协同学在这方面做得就很成功。

但对于开放的复杂巨系统，这些方法就统统失效了，或者说系统的这种极端复杂性要求提供全新的研究方法和工具。一旦我们成功构建了相应的方法和工具，获得了对开放的复杂巨系统本质属性的深入认识和科学刻画，并可以处理与其相关的优化、控制、管理、决策等问题，那就说明我们对系统知识的掌握上升到了一个新层次，进而能够为其他类型系统问题提供更加明确的理论指导或者更加有效的解决方法。换言之，我们就有可能建立起涵盖各类系统的基础理论，形成系统科学的基础理论层次。把开放的复杂巨系统的研究作为创建系统学的起点，其原因和价值就在这里。

开放的复杂巨系统着眼于系统和复杂性，其概念提炼经历三个阶段。第一个是巨系统阶段。1979年，钱学森、乌家培发表的《组织管理社会主义建设的技术——社会工程》一文，把组织管理社会主义建设的技术叫作社会工程，认为它的"范围和复杂程度是一般系统工程所没有的。这不只是大系统，而是'巨系统'，是包括整个社会的系统。……巨系统的特点有两个：一是系统的组成是分层次、分区域的，即在一个小局部可以直接制约、协调；在此基础上再到几个小局部形成的上一层相互制约、协调；再往上还有更大的层次组织，这叫作多级结构。二是系统大了，作用就不可能是瞬时的、一次的，而要分成多阶段来考虑"。

1986 年 11 月，钱学森在一次学术研讨会上发表讲话，对当时的"巨系统"认识进行了总结。

（1）巨系统理论。巨系统理论的一个很重要观点，就是层次观点，层次结构的观点。而且层次具有一定的功能，或系统运动的性质。这些性质或系统层次的功能与组成该系统的子系统的功能是不一样的，这很重要。整个巨系统又是由许多层次构成的。每个层次都有其功能的特点，很重要的特点就是，这样一个系统的功能不是组成该系统的部分系统所具有的。这是否可称为辩证法？即由量变到质变。

（2）巨系统结构。如何组成巨系统的层次、结构？这一结构是受环境影响的，它并不是固定不变的，当外界环境发生变化，其层次结构也会发展变化。

（3）以前，系统科学理论认为，系统内会出现有序化、有结构。但是，近年来又出现了新问题，就是系统是可以出现有序化、形成结构，但也可以出现另一种现象，就是混沌。混沌看起来好像是无序的、杂乱的。这就比耗散结构理论更深刻了。

随后是"复杂巨系统"阶段。1987 年 6 月，钱学森在一次人体科学讨论班上提到"我们把人看成一个开放的复杂巨系统""人体是一个复杂的巨系统"。等理念，此处虽然出现了"开放的复杂巨系统"，但对开放性的讨论较少。到 1988 年下半年，对复杂巨系统概念的认识逐渐清晰，其要点包括以下几点。

（1）简单巨系统，如气体、激光系统，子系统种类不多、相互作用的规律比较简单，不能用来处理人体这样的复杂巨系统；

（2）复杂巨系统不但子系统的数量非常之多，多达上亿、几十亿个，而且这个系统的种类花样也非常多，不是几种、十几种，而是成千上万种，又形成各种不同的、各层次结构的相互作用，极为复杂；

（3）人体是复杂巨系统，社会也是复杂巨系统，此外还有生态系统、地理系统等。

1988年11月，钱学森在系统学讨论班上总结道："对于系统这个概念，我们的认识在逐步深入，现在深入到巨系统。巨系统又分两个大的方面，一种叫作简单巨系统，另外一种叫作复杂巨系统。像今天我们讨论的中医问题，是人体系统，属于复杂巨系统。当前对于如何处理复杂巨系统，在系统学中还没有成功的理论。"

与此同时，"复杂巨系统"概念逐渐向"开放的复杂巨系统"发展。在1988年冬的几封信里，钱学森多次提到："社会是一个开放的、特殊复杂巨系统""人体不但是开放的巨系统，而且是开放的复杂巨系统""地理系统是一种复杂巨系统，开放的复杂巨系统"，他把开放性也正式纳入复杂巨系统的特性里来。

到1990年年初，钱学森等在《自然杂志》发表《一个科学新领域——开放的复杂巨系统及其方法论》一文，概括了开放的复杂巨系统的三个特征：开放、巨量、复杂。同年发表的《再谈开放的复杂巨系统》，则重点补充、强调了层次性、弱结构性特征，至此，开放的复杂巨系统概念基本确立、成形。

1.1.5 与复杂性研究的交相辉映

斯蒂芬·霍金认为"21世纪是复杂性科学的世纪"。复和杂两字的本意分别包含了有序和无序含义，由此显示出其复杂性。对应复合度的英文是complicated意味着很难解开，复合度高的系统通常指互相牵连，难以展开成更简单的系统，即复合物、混合体；而复杂性对应的complexity意味着很难分析，复杂系统则是指相互依赖，每个组件的行为依赖于其他组件的行为，减少部分或者分解后不能运转的系统。从词义分析可知高复合度的系统未必有相对应的高复杂性，从而避免仅用还原论思想解释复杂性。

复杂性科学被认为是系统科学发展的第三个阶段。第一个阶段是一般系统理论、控制论和信息论等学科的发展；第二个阶段是自组织理论的发展。现实世界中存在着大量的复杂系统和复杂现象，因此探索复杂性问题，揭示复杂系统的结构、功能、规律和演化机制已成为现代系统科学研究的主要方向。复杂性是通过系统元素间非线性的相互作用而凸显出来的。1999年4月，美国《科学》（*Science*）出版的《复杂系统》专辑首次对复杂系统给出定义：通过对一个系统的分量部分性能的了解，不能对系统的性能作出完全的解释，这样的系统被称为复杂系统。

由于复杂系统问题的广泛性和复杂性，历史上有许多学派和学者从不同的学科领域，不同的角度进行过探索。例如，哲学领域对复杂系统问题的研究着重于基本世界观和方法论方面，怀特海提出"有机体的哲学"，把自然界看成有机体，强调过程和关系。心理学领域则从人类认知感觉现象出发，从人的认识角度进行研究。第一次世界大战后，心理学领域兴起的整体论（Holism）研究，其主要代表是格式塔理论，认为人类意识经验具有结构性和整体性，强调整体并不等于部分的总和，整体乃是先于部分而存在的，并制约着部分的性质和意义。

然而，随着科学技术的飞速发展和社会的进步，越来越多的复杂事物和现象进入人们的视野。在采用传统的理论、技术、方法处理这些问题时，学者和决策者们遇到许多根本性的困难。其中最重要的一点在于，近代科学学科、条块分割日益精细的局面，反而模糊了人们对事物的总体性的、全局性的认识。正如德国物理学家普朗克所说："科学是内在的整体，它被分解为单独的整体不是取决于事物本身，而是取决于人类认识能力的局限性。实际上存在从物理到化学，通过生物学和人类学到社会学的连续的链条，这是任何一处都不能被打断的链条。"与此不谋而合的是，早在100多年前，马克思就曾预言："自然科学往后将会把关于人类的科学总括在自己下面，正如同关于人类的科学把自然科学总括在自己下面一样，它将成为一个科学。"

因此面对着越来越复杂的问题，许多研究者开始探索从整体出发的研究方法，试图寻找那条被打断的"沟通链条"。正是在这样的背景下，"复杂性科学"逐渐孕育、萌芽，并受到越来越多学者的关注，被誉为一门"21世纪的科学"。

从现代科学意义上，对复杂性的研究可以追溯到奥地利生物学家贝塔朗菲，他在1928年完成了描述生物有机体系统的毕业论文，首先提出，还原论难以处理生命系统的问题，要用系统的观点，把生命看作一个体系来研究。自此以后的20年，在这方面做出实质性贡献的人及其成果包括：麦克库洛赫

（McCulloch）和皮特斯（Pitts）的神经网络、冯·诺依曼的元胞自动机（cellular automata）和维纳的控制论等，其中尤其值得一提的是 1948 年维纳发表的《控制论》，他从系统的控制和调节角度进行研究，其提出的反馈机制、信息方法、功能模拟方法和黑箱方法等对复杂系统研究有着重要的意义。

1954 年，钱学森在美国出版了《工程控制论》一书，这标志着控制论和系统工程领域取得了重大的发展和进步。在同一时代，Goode 和 Machol 系统地引入了线性规划、排队论、决策论等数学的分支，为系统工程奠定了数学方法的基础。此后，系统工程在大型工程项目和军事装备系统的开发中充分显示了它在解决复杂问题时的效用，包括美国北极星导弹的研制、阿波罗登月计划、中国导弹研制、人口控制问题，等等。

20 世纪 50 年代以后，普里高津和哈肯曾对复杂性研究做出过重要贡献。从 1990 年开始，美国的圣菲研究所（Santa Fe Institute，SFI）致力于复杂性科学的工作，他们将经济、生态、免疫等复杂系统归为一类，称为复杂适应系统（Complex Adaptive System，CAS），认为存在着一些一般性的、控制着这些系统行为的规律，SFI 的研究成果引起了科学界的广泛关注。

1991 年 1 月，在一批科学家的支持下，时任中国科学院院长周光召主持举办了"复杂性科学学术讨论会"。1994 年 9 月，举行了题为"开放复杂巨系统方法论"的香山科学会议。1997 年 1 月，举行了"开放的复杂巨系统的理论与实践"的香山会议。1998 年 3 月，又举行了一次以"复杂性科学"为题的香山会议。这几次会议对推动我国的复杂性科学研究起到了积极的作用。

统观上述复杂性科学兴起的简要回顾，可以发现：复杂性科学的发展是与系统科学的发展始终紧密联系在一起的，所有对系统科学做出重大贡献的研究者都对复杂性研究做出了重大贡献，反之亦然。其原因在于：复杂性从来都不是一个具象的对象，它总是依附于系统，存在于系统之中，是各子系统、部件交互左右的结果，因而是复杂系统的一个关键属性。可以说，不存在脱离于系统的具体复杂性。因此，对系统，尤其是复杂系统的研究，其核心就是对复杂性的研究。

开放的复杂巨系统概念的提炼过程，清晰地反映了这一逻辑，正如我国的研究者所说："事物通常有两个方面，一个是事物的结构，另一个是其属性。"而事物的主要属性之一是复杂性，钱学森正是抓住这一特点，提出了开放的复杂巨系统概念，明确指出复杂性是开放的复杂巨系统的动力学特性。其特点包括开放、异质、巨量、层次、弱结构、非线性、动态性等。

正是因为这种复杂性，我们不能采用处理简单系统或简单巨系统的方法处理开放的复杂巨系统，更不能一下子把复杂巨系统的问题上升到哲学高度，空谈系统运动是由子系统决定的，微观决定宏观，等等，由此钱学森等提出了综合集成方法论，同时提出：要跳出从几个世纪以前开始的一些科学研究方法的局限性，复杂性研究不能从严格界定复杂性概念开始，应从研究各种具体的复杂系统入手，寻找解决这些复杂系统的有效方法，不断积累经验和知识，待条件成熟后再做概括性研究，建立理论体系。凡是不能用或不宜用还原论方法处理的问题，而要用或宜用新的科学方法处理的问题，都是复杂性问题。

因此，我国科学家所从事的开放的复杂巨系统的研究，是从系统学角度对数十年来复杂性研究的自然延伸与融入，不但提出了认识复杂性的新途径，界定了复杂性的系统属性，而且规划了复杂性研究的路线并进行实践，获得了处理开放的复杂巨系统的方法论。反过来，还可以从方法论的角度，再次对复杂性与简单性进行区分。从研究对象到研究方法再到研究成果，均体现出强烈的原创特色和创新性。

当然，中国学者的工作不可能脱离复杂性科学的大背景，与同期的其他复杂性学派存在着批判、借鉴、融合、共进的关系，交相辉映，形成了 20 世纪末以来的复杂性研究热潮。因此，了解其他复杂性学派的工作，不但有助于理解开放的复杂巨系统理论，也可以为这一理论的持续、深入发展提供借鉴。

1.2　综合集成方法论

1.2.1　定性定量相结合的综合集成法

各种复杂巨系统的研究是 20 世纪 80 年代在钱学森的倡导下开展的。钱学森、于景元、戴汝为在《自然杂志》发表的论文，提出了开放的复杂巨系统概念。为了给出解决这类问题的方法，他们分析了国际相关研究，认为运筹学中的对策论，是研究社会系统很好的工具，但对策论所达到的水平和取得的成就，远不能处理社会系统的复杂问题。原因在于对策论中把人的社会性、复杂性、人的心理和行为的不确定性过于简化了，以至于把复杂巨系统问题变成了简单巨系统或简单系统的问题了。以不全知去论不知，于事何补？甚至错误地提出"部分包含着整体的全部信息""部分即整体，整体即部分，二者绝对同一"等观点，这完全违背了客观事实。

在这些分析工作的基础上，钱学森等指出有效地处理开放的复杂巨系统的方法是定性定量相结合的综合集成法。具体描述为：在对社会系统、地理系统、人体系统、军事系统等开放的复杂巨系统研究中，通常是科学理论、经验知识和专家判断相结合，提出经验性假设（判断、猜想、设想、方案等）；这些经验性假设不能用严谨的科学方式加以证明，往往是定性的认识，但可用经验性数据和资料以及几十、几百、上千个参数的模型对其确实性进行检测；这些模型也必须建立在经验和对系统的实际理解上，经过定量计算，通过反复对比，最后形成结论；这样的结论就是我们在现阶段认识客观事物所能达到的最佳结论，是从定性认识上升到定量认识。

定性定量相结合的综合集成法，就其实质而言，是将专家群体、数据和各种信息与计算机技术有机结合起来，把各种学科的科学理论和人的经验知识结合起来。这三者本身构成了一个系统。这个方法的成功应用，就在于发挥了这个系统的整体优势和综合优势。

文章还提到国外有人提出综合分析方法（meta—analysis），即对不同领域的信息进行跨域分析综合，但还不成熟，方法也太简单，而定性定量相结合的综合集成方法却是真正的 meta—synthesis。

该方法最初被用于解决"财政补贴、价格、工资综合研究"问题，获得了较好的效果，具体的解决思路如图 1.1 所示。

定性定量相结合的综合集成方法，概括起来具有以下特点。

（1）根据开放的复杂巨系统机制复杂和变量众多的特点，把定性研究和定量研究有机地结合起来，从多方面的定性认识上升到定量认识。

（2）由于系统的复杂性，要把科学理论和经验知识结合起来，把人对客观事物的星星点点知识综合集中起来，解决问题。

（3）根据系统思想，把多种学科结合起来进行研究。

（4）根据复杂巨系统的层次结构，把宏观研究和微观研究统一起来。

正是具备上述这些特点，才使这个方法具有解决开放的复杂巨系统中复杂问题的能力，因此它具有重大的意义。

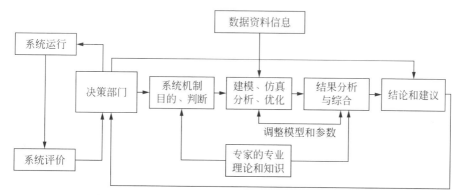

图 1.1　定性定量相结合的综合集成方法解决思路

钱学森在《处理开放的复杂巨系统不能简单化》一文中又总结了应用综合集成方法有 3 个要素。

（1）要有专家意见，就是经验性认识。专家的意见也可能互相矛盾，但不要害怕，我们要尊重每一位专家从实践经验中做出的判断。

（2）要有客观实际的数据，不能空来空往。

（3）把这一大堆东西综合集成起来。这就要用系统工程的方法，设计许多模型。因为现象是复杂的，所以不能用简单的模型，要用几百个、几千个参数的大模型才行。

把这 3 个要素结合起来，反复地试验计算，最后就能够把这三方面真正糅在一起，形成对这个问题的全面认识。

1.2.2　从定性到定量的综合集成法

钱学森于 1990 年在《模式识别与人工智能》上发表的论文首次把综合集

成方法改为从定性到定量的综合集成方法或称为综合集成技术。对于这一修改，钱学森在 1991 年 1 月给钱学敏教授的信中提到："我在一年前还写文章说'定性与定量相结合的综合集成法'，但我说错了，要改正，是'从定性到定量的综合集成法，要有从感性认识到理性认识的飞跃！'"1993 年 3 月，钱学森又提到："我原来称为'定性与定量相结合综合集成法'，后来我悟到我们要按照毛主席在《实践论》讲的，从感性认识上升到理性认识的道理，在工作中把专家们从实践中总结出的定性认识，不一定全面的东西，用系统模型加电子计算机试算，逐步搞清搞准，上升为定量认识。"

定性是点点滴滴的、不全面的感性认识；定量是全面的、深化了的理性认识。这一转变是一个飞跃，所以是辩证思维。我们从实践中，即在对开放的复杂巨系统的研究中悟道。这种思维过程是高度综合的，包括抽象（逻辑）思维、形象（直感）思维、社会（集体）思维、灵感（顿悟）思维。所以辩证思维（将感性认识上升到理性认识的思维过程）是最高层次的，是思维科学中一大难题。

戴汝为在《从定性到定量的综合集成技术》一文中提到，一些定性的认识，如专家在错综复杂的情况下的判断，提出的假设等是一种智能行为，是专家拥有的知识、经验的累积，聪明才智的一种集中体现。就当前的技术水平来说，类似于专家的某些判断与假设等，也可以用计算机，由称为专家系统的计算机软件给出，我们可以认为综合集成是靠人用计算机来综合专家群体的定性认识以及由大量专家系统提供的论断，经过综合的加工处理，从而上升为定量的认识。所达到的定量认识是更完善的智能的一种体现。

对综合集成作进一步的考虑，即使有了大量的定性认识，也不能仅通过几个步骤，几次就传达到全局的定量认识，那所面临的是结构不良问题（ill structured problem）。与智能有关的问题大部分是结构不良的，也就是说目标、任务范围、计算允许的操作都不是有明确定义的，需要用一种有反馈的循环过程来加以解决。

钱学森说："从定性到定量的综合集成技术是思维科学的一项应用技术。研究开放的复杂巨系统，一定要靠这个技术，因为首先要处理那么大量的信息、知识。信息量之大，难以想象，哪一个信息也不能漏掉，因为也许那就是一个重要的信息。情报信息的综合，这是首先遇到的问题。过去我在情报会议上讲过一个词，叫作资料、信息的'激活'，即把大量库存的信息变成有针对性的'活情报'。我们在做定性的工作中，一开始就要综合大量的信息资料，这个工作就要用知识工程，而且一定要用知识工程，因为信息量太大了，光靠手工是无法完成的。专家意见，都是有根据的，很重要，但也不见得全面，需要将这些意见进行综合，这也要用知识工程、人工智能，这是我们从定性工作开始时要做的一部分。"

从定性到定量综合集成法是一种新的方法论，既不同于西方古代与东方传统的整体论，也不同于西方近代以来盛行的还原论，而是整体论与还原论、东西方思想的优势互补、辩证统一。

专家的经验知识是在时间中积累起来的，主要是靠形象思维对客观事物宏观整体的定性认识，还原论往往忽视了它的存在和价值，但是它确实是创新思维的关键。胡适有句名言："大胆假设，小心求证。"假设主要是从宏观、整体上运用形象思维的想象提出的定性判断，往往是前所未有的或与现有的理论、技术、制度等相矛盾的；这样的假设，没有丰富的经验积累和一定的知识积累是提不出来的。但要证明它的真实性、正确性，需要广泛、细致地搜集大量、可靠的数据和事实，运用逻辑思维进行严谨论证。从人类认识的实际情况看，首先是根据实践经验的积累形成半经验半理论的定性判断，然后随着认识、研究的深入才能逐渐形成比较准确的定量判断。

从定性到定量的综合集成法（简称综合集成法）是我国科学家在社会系统、人体系统和地理系统三个开放的复杂巨系统研究实践的基础上，提炼、概括和抽象出来的，其中一类典型做法是：

为解决一个具体的复杂问题（如决策问题），首先由与该问题相关的领域专家、系统科学专家和计算机专家依据其掌握的科学理论、经验知识和对实际问题的了解，共同对上述问题所涉及的系统运行机制进行讨论和研究，明确问题的症结所在，对解决问题的途径和方法作出定性判断（经验性假设），并从系统思想和观点上把上述问题纳入系统框架，界定系统边界，明确哪些是状态变量、环境变量、控制变量和输出变量。这一步对确定系统建模思想、模型要求和功能具有重要意义。

在此基础之上进行系统建模，把相关实际系统的结构、功能、输入－输出关系用数字模型、逻辑模型等描述出来，用对模型的研究来反映对实际系统的研究。建模过程既需要理论方法又需要经验知识，还要有真实的统计数据和关联资料。

有了系统模型，就可以借助计算机模拟系统和功能，进行系统仿真。它相当于在实验室内对系统做实验，即系统的实验研究。通过系统仿真可以研究系统在不同输入下的反应、系统的动态特性以及未来行为的预测等，这就是系统分析。在分析的基础上，进行系统优化，优化的目的是要找出为使系统具有我们所希望的功能的最优、次优或满意的方法和策略。

经过以上步骤获得的定量结果，由领域专家、系统科学专家和计算机专家共同再分析、讨论和判断，这里包括了理性的、感性的、科学的和经验的知识的相互补充，其结果可能是可信的，也可能是不可信的。在后一种情况下，还要修正模型和调整参数，重复之前的系统仿真、系统分析和系统优化工作。这样的重复可能有许多次，直到各方面专家都认为这些结果是可信的，再作出结论和决策建议。这时，既有定性描述，又有数量根据，已不再是先验的判断和猜想，而是有足够科学根据的结论。

综合集成方法论实际上是一种工作方式或者工作框架，把大量零星分散的定性认识、点滴的知识，甚至群众的意见，都汇集成一个整体结构，达到定量的认识，是从不完整的定性到比较完整的定量，是定性到定量的飞跃。一个方面的问题经过这种研究，有了大量积累，又会再一次上升到整个方面的定性认识，达到更高层次的认识，形成又一次认识的飞跃。

在从定性到定量综合集成的过程中，多学科的交叉、结合起着重要作用。现代科学技术高度分化又高度综合，要解决复杂问题，需要多学科结合起来共同攻关。各学科专家在综合集成中不仅可以发挥各自的专长，而且不同学术观点、方法之间还能够相互启发、激励，产生新的思想火花。把这些专家的思想综合集成时，也不是机械性地简单相加，而是形成一个比较完整的整体认识，涌现出一些新的只有整体才具有的属性、内容，这就是整体大于部分之和。

1.2.3　从定性到定量的综合集成研讨厅

1992 年，钱学森在给王寿云同志的信中提出了"从定性到定量的综合集成研讨厅"的思想，这一思想汇总了下列成功经验：

1. 几十年来世界学术讨论的研讨会（seminars）；

2. C^3I（C^3: command, control, communication; I: information）及作战模拟；

3. 从定性到定量综合集成法；

4. 情报信息技术；

5. "第五次产业革命"；

6. 人工智能；

7. "灵境（也就是虚拟现实）"；

8. 人机结合的智能系统；

9. 系统学；

……

"从定性到定量的综合集成研讨厅"是专家群体同计算机和信息资料情报系统一起工作的"厅"，是把专家们和知识库信息系统、各种 AI 系统、几十亿次每秒的巨型计算机，像作战指挥演示厅那样组织起来，成为巨型人 – 机结合的智能系统。"组织"二字代表了逻辑、理性，而专家群体和各 AI 系统代表了以实践经验为基础的非逻辑、非理性智能。

一方面，专家的心智、经验、形象思维能力及由专家群体互相交流、学习而涌现出来的群体智慧在解决复杂问题中起着主导作用；另一方面，机器体系的数据存储、分析、计算以及辅助建模、模型测算等功能是对人心智的一种补充，在问题求解中也起着重要作用；知识体系则可以集成不在场的专家以及前人的经验知识、相关的领域知识、有关问题求解的知识等，还可以由这些现有知识经过提炼和演化，形成新的知识，使得研讨厅成为知识的生产和服务体系。这 3 个体系按照一定的组织方式形成一个整体，构成了一个强大的问题求解系统，因而可以"提高人的思维能力"，解决那些依靠单个专家无法解决（更不用说只依靠计算机了）的问题。

利用综合集成研讨厅求解复杂问题的大致步骤如下。

（1）明确问题和任务；

（2）召集相关专家利用研讨厅的软硬件平台对问题进行研讨；

（3）通过研讨，结合专家自己的经验和直觉，获得对问题的初步认识；

（4）依靠专家的经验和形象思维，在问题求解知识的帮助下，提出对复杂问题结构进行分析的方案；

（5）根据复杂问题结构的特点，结合领域知识和前人经验，把问题分析逐步或者逐级定量化；

（6）在定量化或者半定量化的情况下，（在计算机上）建立问题的局部模型或者全局模型，这些模型既是对相关数据规律的一种验证，也包含了专家们的智慧和经验；

（7）在局部模型和全局模型基本上得到专家群体的认可后，讨论如何合成这些模型以生成系统模型；

（8）在系统模型建立后，通过计算机的测算和专家群体的评价验证模型的可靠性，如果群体对模型不满意，那么需要重复上述的第（3）~（8）步骤，或者其中的某几个步骤，直到专家群体基本满意，建模过程才能结束。

值得说明的是，在上述的解题步骤中，除了第（1）步，其余各步都是在研讨过程中进行的，也就是说研讨贯穿了问题求解的始终。研讨厅利用研讨这种组织形式将综合集成法中的个体智慧明确上升为群体智慧：如果组织得当，群体讨论过程实际上就是一个团体学习的过程，在这一过程中专家群体的思维经过交流、碰撞，不但个体对复杂问题的认识会不断提高，更重要的是专家体系整体上所涌现出的群体智慧，将超越每个专家个体的求解能力，对复杂问题的解决起着至关重要的作用。

这一特点体现了我国科学家从思维科学的角度提出这一方法论的初衷。与传统的群决策、视频会议、网络会议不同的是，这种研讨是以问题求解为导向的（而不仅仅是达成共识），在讨论过程中，大量与具体问题相关的数据、信息、知识以及数据分析、知识发现和模型构建工具都被集成在研讨厅的软硬件平台上。这些资源和工具构成了一个相对完整的工作空间，机器体系的高性能计算、逻辑推理能力和知识体系中汇总的前人经验是这个工作空间的基础构成之一，它们在问题求解的过程中发挥着重要的辅助作用。

综合集成研讨厅的理论框架如下。

（1）研讨厅是由人与计算机系统组成的，人与计算机系统可以统称为成员。研讨厅的能力是所有成员能力综合集成的表现。

（2）成员对世界具有特有的看法及经验，成员之间对世界的认识可达成共识，也可存在矛盾。

（3）成员有向其他成员学习的愿望，并具有独立思考的能力。

（4）研讨厅存在着根据问题的需要构造相互协作小团体的能力。

（5）小团体中的成员根据问题求解的过程是动态变化的。

（6）研讨厅具有层次，有些层次是固定的，例如责任和权限；有些则是动态的，如辩论中的理由申诉。

（7）研讨厅本身是开放的，其意义是对一个问题的求解过程，研讨厅自身也是动态变化的，换句话说，研讨厅应有详细的咨询索引。这个索引的使用过程也是动态的，它既可以来源于研讨厅已知的信息，也可以来自成员的即时推荐。

（8）研讨厅有能力接收实际环境变化的所有信息。

（9）研讨厅的通信是畅通且方便的，这包括研讨厅与实际环境的通信及研讨厅内成员之间的通信。研讨厅问题求解过程是通过研讨厅成员之间及研讨厅与外界信息交换来完成的。

综合集成研讨厅是人工智能技术发展的一次突破，将人作为被综合集成的对象所产生的问题，将是综合集成研究中最复杂的课题。因为在这个课题中，综合集成的想法将从算法、模型的综合集成扩展到感知、认知等方面的综合集成。这里的综合集成的意义不是仅仅由简单的多种模块所组成的，而是根据问题在某时刻的需要在系统理论意义下动态地构成社会团体的若干个子集，在不断的信息交流的过程中求得解（一般是局部解）。系统具有进化的特征，它可以不断成长、不断提高。

1.2.4　人机结合、以人为主，从定性到定量的综合集成研讨（厅）体系

上述研讨厅的设计思想，是把人集中于系统之中，采取人机结合、以人为主的路线，充分发挥人的作用，在参加研讨的集体在讨论问题时相互激发，相互启发，相互激活，使集体创建远胜于一个人的智慧。通过研讨厅体系，还可以把成千上万人的聪明才智和古人智慧统统集成起来，以得出对问题的科学认识和结论。

钱学森在提出"从定性到定量的综合集成法"的过程前后有一个明确的观点，即：面对开放的复杂巨系统，这类问题应该采用的对策是"人机结合"，以人为主的综合集成，需要把人的"心智"与计算机的高性能结合起来。他总结了在思维科学与智能机有关问题的讨论过程中所得出的看法："我们要研究的不是没有人参与的智能计算机，是'人机结合'的智能计算机体系！"他借鉴我国哲学家熊十力把人的心智概括为"性智"和"量智"两部分，对"人机结合"作了解释。"性智"是一种从定性的、宏观的角度，对总的方面加以把握的智慧，与经验的积累、形象思维有密切联系。人们通过文学艺术活动和不成文的实践来感受这种智慧；"量智"是一种定量的、宏观的分析、概括与推理的智慧，与严格的训练、逻辑思维有密切的联系。人们通过科学技术领域的实践与训练得以形成"人机结合"是以"人"为主，"机"不能代替"人"，而是协助"人"。从信息处理的角度把人的"性智""量智"与计算机的高性能相结合，达到定性的（不精确的）与定量的（精确的）处理相互补充。目前，人们清楚地认识到计算机能够对信息进行精确处理，而且速度之快是惊人的，但它的不足之处是定性（不精确）处理信息的能力很差。与计算机相比较，人的精确信息处理能力既慢又差，但定性处理能力却十分高明。因此在解决复杂问题的过程中，能够形式化的工作尽量让计算机去完成，一些关键的、无法形式化的工作，则靠人的直接参与，或间接作用，这样构成"人

机结合"的系统。这种系统既体现了"心智"的关键作用，也体现了计算机的特长。这样一来人们不仅能处理极为复杂的问题，而且通过"从定性到定量的综合集成"达到集智慧之大成。

1992 年，在上述方法的基础上，钱学森进一步提出处理开放的复杂巨系统的目标是建成一个"人机结合、以人为主，从定性到定量的综合集成研讨厅体系"，简称"从定性到定量的综合集成研讨厅体系"（hall for workshop of meta-synthetic engineering，HWME）。综合集成研讨厅体系明确地把综合集成法中人机结合的智慧上升为人机结合的群体智慧。在这一构思的指引下，综合集成研讨厅体系可以被视为一个由专家体系、机器体系、知识体系三者共同构成的虚拟工作空间，如图 1.2 所示。

1993 年，钱学森在给戴汝为的信中强调："从定性到定量的综合集成研讨厅体系的核心还是人，即专家们。整个体系的成效有赖于专家们，即人的精神状态，是处于高度激发状态呢，还是混时间状态。只有前者才能使体系高效运转。"

随后，钱学森又从思维科学、情报激活、计算机应用、信息网络、意见综合、决策支持等角度对综合集成研讨厅体系的建设和应用问题进行思索和

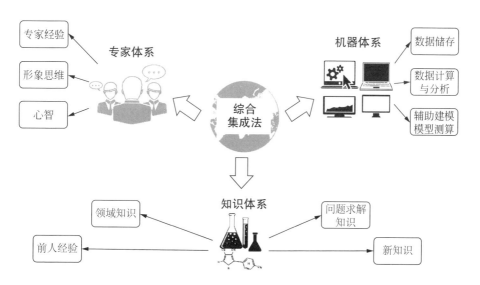

图 1.2　综合集成研讨厅体系框架结构示意

探讨，强调该体系的核心是人。到 1995 年 1 月，在多位研究者联名撰写的一篇论文中，把综合集成研讨厅体系的构思明确化了："这个研讨厅体系的构思是把人集成于系统之中，采取人机结合、以人为主的技术路线，充分发挥人的作用，使研讨的集体在讨论问题时互相启发，互相激活，使集体创见远远胜过一个人的智慧。通过研讨厅体系，还可把今天世界上千百万人的聪明智慧和古人的智慧统统综合集成起来，以得出完备的思想和结论。这个研讨厅体系不仅具有知识采集、存储、传递、共享、调用、分析和综合等功能，更重要的是具有产生新知识的功能，是知识的生产系统，也是人机结合精神生产力的一种形式。"

1.2.5　基于信息空间的综合集成研讨厅体系

随着互联网的迅速普及，信息技术深入人们工作和生活的每一个层面，电子空间或数字空间（cyberspace）成为一个重要的概念，它使参与者跨越时间和地域的限制，随时随地就所关心的问题进行研究、交流和探讨，并可随时利用网络上的大量资源，无论是本地的，还是远程的。信息技术的发展，为综合集成研讨厅体系的实现提供了一种新的、可能的形式，是对传统"厅"的一种扩展。因此，2004 年戴汝为等发表了论文《基于综合集成的研讨厅体系与系统复杂性》，总结了综合集成研讨厅体系的构建实践，发展出"基于cyberspace 的综合集成研讨厅"（CWME）的理论和实践。

从 HWME 到 CWME 是信息社会条件下，对 HWME 的一种具体化，一方面意味着信息技术尤其是网络技术的飞速发展，为实现这一人机结合的巨型智能系统和工作空间提供了可能；另一方面，也说明要建立实际可用的研讨厅系统，切实可行的方案是充分利用信息技术的成果，构建一个分布式系统。

这一发展进一步凸显了充分利用信息网络和计算机技术进行大跨度综合集成的必要性，因为开放的复杂巨系统具有极度复杂性，只要与待处理的问题相关，任何点滴的经验、知识、认识、信息、资料和数据（不管其存储于何处）都具有不可忽视的价值；而不同的思维（计算）方式的结合，对综合集成来说，显然也是必要的和有益的。

从构建基于综合集成的智能工程系统，实现可操作的平台出发，CWME 的研制重点在于：①充分利用信息技术（核心是网络技术和计算机技术）；②从软硬件体系和组织结构上实现该系统，使之应用于复杂问题的研究实践。涉及的关键问题包括：人机结合导致群体智慧的涌现；研讨组织方法研究和专家群体的有效交互规范；知识管理；系统开发方法；模型集成机制；人机交互方式；信息协作推荐技术等。

在实际实现时，CWME 可以视为一个由专家体系、机器体系、知识体系三者共同构成的一个虚拟工作空间。其中：

（1）专家体系由参与研讨的专家组成，它是研讨厅的主体，是复杂问题求解任务的主要承担者，其中主持人的作用尤为重要。专家体系作用的发挥主要体现在各个专家"心智"的运用上，尤其是其中的"性智"，这是计算机所不具备的，但是问题求解的关键所在；

（2）机器体系由计算机软硬件以及各种服务器组成，机器体系的作用在于它高性能的计算能力，包括数据运算和逻辑运算能力，它在定量分析阶段发挥重要作用；

（3）知识 / 信息体系则由各种形式的信息和知识组成，它包括与问题相关的领域知识 / 信息，问题求解知识 / 信息等，专家体系和机器体系是这些信息和知识的载体。

由此逐个考虑这三个体系的实现问题，其中：

（1）专家体系的建设涉及专家群体的角色划分问题，专家群体不良思维模式的预防及纠正，专家个体之间的有效交互方式，研讨过程的组织形式问题，等等；

（2）机器体系的建设涉及基本系统（包括软、硬件）框架的设计，功能模块和软件模块的分析与综合，软件系统开发方法的选择等问题；

（3）知识 / 信息体系的建设则涉及知识，尤其是定性知识和非结构化知识的表达与抽取问题，知识的共享、重用和管理问题，信息的获取和推荐问题，等等。

上述 CWME 系统是一类巨型智能工程系统，在这个系统中，参加研讨的

人与人、人与计算机、计算机与计算机密切合作，对所要研究的复杂问题进行研讨与反复论证。它的特点如下。

1. 从整体出发的群体智慧的涌现

针对一个复杂问题，把万维网作为基础，构建研讨厅体系。首先围绕着所需要解决的问题，在网上进行搜索，获得针对该问题的一些"权威网页"，把这些网页集合，作为"特殊专家"与参与研讨的人类专家组成一个广义专家群体。针对问题进行从定性到定量的研讨，通过广泛的交互作用，使群体的智慧涌现出来，从而给出在一定程度上满足要求的定量认识。

2. 综合集成研讨厅的链接结构

研讨厅体系的链接结构是借鉴万维网网页链接的办法，通过广义专家群体的有效互动建立起来的，根据个体之间的响应关系建立广义专家群体的有向图表示的有向链接结构。这里把有向图扩大为"有向属性图"，以专家每一阶段的发言为一个节点。节点带有属性，即专家发言的内容称为内容属性，两个节点链接边的箭头指向作为边的属性，称为响应属性，在互动过程中，见解质量高的发言会有越来越多的评价和响应。

3. 综合集成研讨厅体系的构成和应用技术

研讨厅系统采用多媒体技术、数据与知识仓库（汇集以往的和现有的知识、研讨中得到的知识、各种相关数据与信息，专业和经验知识等以及数据库管理系统）、模型库（汇集模型、参数、算法、事例、现场建模等以及模型库管理系统）系统，多通道人机交互（手写与语音、视频输入）及信息技术等接入终端与服务器，建立起一个专家位于不同地方甚至不同国家进行研讨的分布式研讨厅体系。

CWME 曾于 2003 年 9 月在维也纳国际应用系统分析研究所（IIASA）的复杂系统建模研讨会上被介绍、演示，引起各国专家的关注，认为其在解决复杂系统问题时具有较强的可操作性，进而对这一具有中国原创特色的综合集成研讨厅系统有了一定的认识和理解。在 2005 年 1 月举行的与该系统有关的基金项目验收会上，评审专家也一致认为该系统已经基本达到了可操作的程度，建议推广至国家有关部门进行使用。

2005 年，时任中国科学院院长路甬祥院士来自动化研究所考察工作，观看、听取了戴汝为有关综合集成体系的工作汇报和 CWME 演示后，指出：戴汝为院士所领导的研究团队，在综合集成的基础理论、方法体系和应用推广等多个方面取得了可喜的成果，"概念比过去更清晰"，已经显露出"重大原始性创新的曙光"。

主要参考文献

[1]　钱学森 . 创建系统学 [M]. 太原：山西科学技术出版社，2001.

[2]　戴汝为，沙飞 . 复杂性问题研究综述：概念及研究方法 [J]. 自然杂志，1995, 17(2): 73-78.

[3]　戴汝为 . 复杂巨系统科学：一门 21 世纪的科学 [J]. 学会，1997(11): 1-7.

[4]　戴汝为 . 组织管理的途径与复杂性探讨 [J]. 科学，1998, 50(6): 8-12.

[5]　戴汝为 . 系统科学及系统复杂性研究 [J]. 系统仿真学报，2002, 14(11): 1411-1416.

[6]　李夏，戴汝为 . 系统科学与复杂性 (I)[J]. 自动化学报，1998, 24(2): 200-207.

[7]　李夏，戴汝为 . 系统科学与复杂性 (II)[J]. 自动化学报，1998, 24(4): 476-483.

[8]　段晓君，尹伊敏，顾孔静 . 系统复杂性及度量 [J]. 国防科技大学学报，2019, 41(1): 191-198.

[9]　苗东升 . 复杂性研究的成就与困惑 [J]. 系统科学学报，2009, 17(1): 1-5, 23.

[10]　普利高津，尼科里斯 . 探索复杂性 [M]. 罗久里，陈奎宁，译 . 成都：四川教育出版社，2010.

[11]　HAKEN H. 协同学：自然成功的奥秘 [M]. 戴鸣钟，译 . 上海：上海科学普及出版社，1988.

[12]　WALDROP M. 复杂：诞生于秩序与混沌边缘的科学 [M]. 陈玲，译 . 北京：生活·读书·新知三联书店，1997.

[13] HOLLAND J H. Emergence: From chaos to order[M]. California: Oxford, 2000.

[14] HOLLAND J H. 隐秩序 : 适应性造就复杂性 [M]. 霍兰 , 周晓枚 , 韩晖 , 译 . 上海 : 上海科技教育出版社 , 2000.

[15] HORGAN J. From complexity to perplexity[J]. Scientific American, 1995, 272(6): 104-109.

[16] WARFIELD J N, TEIGEN C. Groupthink, Clanthink, Spreadthink，and Linkthink: Decision-making on complex issues in organizations[R]. Technical Report: Institute for Advanced Study of the Integrative Sciences, George Mason University, 1993: 4-5.

[17] WARFIELD J N. Twenty laws of complexity: Science applicable in organizations[J]. Systems Research And Behavioral Science, 1999, 16(1): 3-40.

[18] 钱学森 , 许国志 , 王寿云 . 组织管理的技术 : 系统工程 [J]. 上海理工大学学报 , 2011, 33(6): 520-525.

[19] 钱学森 , 于景元 , 戴汝为 . 一个科学新领域 : 开放的复杂巨系统及其方法论 [J]. 自然杂志 , 1990, 13(1): 3-10, 64.

[20] 钱学森 . 论系统工程 : 新世纪版 [M]. 上海 : 上海交通大学出版社 , 2007.

[21] 贝塔朗菲 . 一般系统论 : 基础 . 发展和应用 [M]. 林康义 , 魏宏森 , 译 . 北京 : 清华大学出版社 , 1987.

[22] 卢明森 . "开放的复杂巨系统" 概念的形成 [J]. 中国工程科学 , 2004, 6(5): 17-23.

[23] 苗东升 . 钱学森与系统学 [J]. 西安交通大学学报 (社会科学版), 2006, 26(6): 48-53.

[24] 宋振东 , 董贵成 . 近二十年来钱学森现代科学技术体系研究综述 [J]. 辽东学院学报（社会科学版）, 2011, 13(4): 1-12.

[25] 于景元 , 高露 . 系统工程与总体设计部 [J]. 中国航天 , 2018(8): 7-12.

[26] 于景元 . 系统工程的发展与应用 [J]. 工程研究 , 2009, 1(1): 25-33.

[27] 于景元 . 钱学森系统科学思想和系统科学体系 [J]. 科学决策 , 2014(12): 1-22.

[28] 戴汝为 . 从定性到定量的综合集成技术 [J]. 模式识别与人工智能 , 1991, 4(1): 5-10.

[29] 戴汝为 . 人－机结合的智能工程系统：处理开放的复杂巨系统的可操作平台 [J]. 模式识别与人工智能 , 2004, 17(3): 257-261.

[30] 戴汝为 , 李耀东 . 基于综合集成的研讨厅体系与系统复杂性 [J]. 复杂系统与复杂性科学 , 2004, 1(4): 1-24.

[31] 戴汝为 . 从工程控制论到综合集成研讨厅体系：纪念钱学森先生归国 50 周年 [J]. 自然杂志 , 2005, 27(6): 366-370.

[32] 戴汝为 . 从工程控制论到信息空间综合集成研讨体系：系统科学的创新与进展 [J]. 上海理工大学学报 , 2011, 33(6): 508, 543-547.

[33] 王寿云 . 开放的复杂巨系统 [M]. 杭州：浙江科学技术出版社 , 1996.

[34] 卢明森 . "从定性到定量综合集成法" 的形成与发展献给钱学森院士 93 寿辰 [J]. 中国工程科学 , 2005, 7(1): 9-16.

[35] 李耀东 , 高红霞 , 吕志坚 , 等 . 综合集成研讨厅的实例及其实现 [C]// 钱学森科学贡献暨学术思想研讨会 . 2001.

[36] 戴汝为 , 操龙兵 . 综合集成研讨厅的研制 [J]. 管理科学学报 , 2002, 5(3): 10-16.

[37] 郑楠 , 章颂 , 戴汝为 . "人－机结合" 的综合集成研讨体系 [J]. 模式识别与人工智能 , 2022, 35(9): 767-773.

[38] 王丹力 , 郑楠 , 刘成林 . 综合集成研讨厅体系起源、发展现状与趋势 [J]. 自动化学报 , 2021, 47(8): 1822-1839.

[39] 李耀东 , 崔霞 , 戴汝为 . 综合集成研讨厅的理论框架、设计与实现 [J]. 复杂系统与复杂性科学 , 2004, 1(1): 27-32.

第 2 章

综合集成与智慧涌现

综合集成法的核心在于遵循思维科学的规律，激活专家智慧和计算机智能，提升整个系统的思维能力，激发创造性思维的产生。综合集成法不同于其他方法论，它不是一系列公式的汇总，也不是求解问题的固定方案，而是一套理论与实践相结合的问题求解方式。通过这种方式，积累对开放的复杂巨系统的认识经验，形成新的理论。综合集成法处理复杂问题过程中的认识飞跃，是通过专家体系、机器体系和知识体系之间的不断交互实现的，是社会智能的涌现。本章从综合集成理论的起源出发，深入剖析综合集成法的实质，以认识飞跃、智能涌现和人机结合为主线，讨论综合集成框架下巨型智能系统构建的方案、经验和历史局限性，社会化智能涌现的技术条件和组织要求，人机结合的理论假设、前期探索和实践挑战，目的在于从智能系统的角度理解综合集成理论，明晰该理论对于人机融合的本质性要求。

2.1 面向智能涌现的综合集成

2.1.1 运用综合集成法实现认识飞跃

由于开放的复杂巨系统的特殊复杂性，至今尚未形成从微观到宏观的理论，没有从子系统相互作用出发构筑出的统计力学理论，因此在面对与开放的复杂巨系统有关的复杂问题时，适宜采用人机结合、反复迭代的技术路线，从现有的不完整、不精确的知识出发，通过专家之间、专家与计算机之间的丰富交互，借助系统建模、系统仿真、系统分析和系统优化等手段，不断汇集各种有用的知识，促进专家对系统和问题认识的逐步深化，把定性认识转化为定量认识，从而实现认识飞跃，获得超越已有认识的最佳结论。

要实现这一点，必须遵循思维科学的规律，有效激活专家智慧和计算机智能，提升整个系统的思维能力，激发创造性思维的产生。唯有如此，才能获得研究和认识有关系统与问题的新途径、新方法、新工具，显著提升刻画系统、解决问题的能力，而不仅仅是集成现有知识和工具，把现有方法做一个简单综合，得到相关问题的一个"平庸解"。

综合集成法的这一重要特征，意味着与其他各种方法论不同，它既不是一系列公式的汇总，也不是求解问题的固定方案，而是一套理论与实践相结合的问题求解方式。通过这种方式，积累一个一个开放的复杂巨系统的认识经验，一类一类相关复杂问题的求解知识，才有可能形成从微观到宏观的理论，从子系统相互作用出发构筑出的新型理论。

因此，在钱学森提出的系统科学体系结构中，作为方法论的综合集成法居于其中的基础理论层次，成为基础学科"系统学"的重要组成部分，对该体系中的技术科学（如运筹学、控制论、信息论等）和应用技术（如系统工程、自动控制、信息工程等）起着理论奠基的作用，如表 2.1 所示。

表 2.1　系统科学的层次体系

哲学	马克思主义哲学
桥梁	系统论
基础理论	系统学
技术科学	运筹学、控制论、信息论等
应用技术	系统工程、自动控制、信息工程

综合集成法之所以如此重要，除了其在实践上的有效性，还在于其突破了传统的逻辑学框架，把思维科学的研究成果运用于开放的复杂巨系统研究中，自觉运用思维规律提升专家认识，体现了鲜明的思维学特色。

早在 20 世纪 80 年代初期，钱学森就提出了有关思维科学的问题，他认为创建思维科学既有可能也有必要，并把思维科学作为一大部门纳入他提出的现代科学技术体系。随后，在他的带领和支持下，一些国内学者开展了与思维科学相关的研究工作，并取得了丰富的成果。

到 20 世纪 90 年代，学术界大致形成了一个共识，即思维科学是专门研究人的有意识的思维（即人自己能加以控制的思维）的学问，其基础学科至少需要包括以下若干部分。

1. 抽象（逻辑）思维学

抽象（逻辑）思维是借助于概念、判断、推理等思维形式反映认识对象的认识过程，这一过程是确定的、一贯的、有条理的和有根据的，因而逻辑思维是精确的和深思熟虑的思维方式。抽象思维学则比传统逻辑思维学的范围更广阔一些，包含了多值逻辑、模态逻辑等内容。

2. 形象（直感）思维学

形象（直感）思维是借助于直观形象和表象等思维形式反映认识对象的认识过程，具有形象性、非逻辑性、不精确性及想象性等特点。形象（直感）思维应用广泛，产生大量的经验、感受和直觉，形成了丰富的"前科学"财富。但对这种思维方式的研究较少，钱学森建议把形象（直感）思维作为思维科学研究的突破口。

3. 创造思维学

形象（直感）思维是宏观层面的思维，抽象（逻辑）思维是微观层面的思维，创造思维则是宏观与微观的有机结合，必须综合运用形象（直感）思维和抽象（逻辑）思维才有可能获得创造性思维。"人的创造需要把形象思维的结果加以逻辑论证，是两种思维[①]的辩证统一，是更高层次的思维，应取名为创造思维，这是智慧之花！"到目前为止，对创造思维的研究还是比较少的。

4. 灵感（顿悟）思维学与社会思维学

在思维科学的早期构思中，灵感（顿悟）思维学是一门与形象（直感）思维学和抽象（逻辑）思维学并列的基础学科，旨在探索灵感产生的机制和顿悟发生的原理。经过一段时间的探索和讨论，研究者认为它与形象（直感）

---

① 指抽象（逻辑）思维和形象（直感）思维。

思维关系密切，灵感、顿悟都是不同大脑状态中的形象思维，是形象（直感）思维的一种特例，因此，其突破口仍然在于形象（直感）思维，所以自1995年之后就不再单独讨论灵感（顿悟）思维了。

社会思维学曾同样被划分为思维科学的一门基础学科，其旨在研究人作为一个集体来进行思维的规律，以及个体思维与集体思维的相互关系、相互影响。提出这一研究方向，是因为人的思维具有社会性特征，人思维质量的好坏，一方面要靠社会实践，另一方面要靠知识，二者都包含了个体认识与集体认识的交互和融合，因而人的思维是集体的。同样，经过一段时间的探索和讨论后，研究者认为社会思维并非一种单独的思维模式，"仍不出以上三种基本类型[①]的思维"。但社会思维学研究的初衷——怎样使一个集体在讨论问题中能互相启发、互相激励，从而使集体远胜过个人，不同于其他思维的简单总和，却被保留下来，并在复杂问题研究实践中得到重视。

综合集成法直接吸纳了思维科学的研究成果并对思维学的发展起到了重要的推动作用。事实上，正是在复杂系统的研究过程中，研究者对整合运用多种思维方式使其发挥系统的整体优势和综合优势，从而实现认识上的飞跃，获得了深刻的见解。

"就是人在一大堆事实面前，怎么形成飞跃？实际上是要去找一个合适的框架。怎么找到这个框架呢？……我们所说的定性定量相结合的方法[②]，就是帮助寻找这个框架，而且是从传统的单个人思考问题，变成集体智慧的集中，把定性定量两者结合起来，互相促进去找这个框架，最后得出的模型正确了，也就说明你的框架正确了。这就告诉我们怎么认识定性定量相结合的方法，就是人根据经验，寻找合适的框架，然后用数学验证这个框架，把这一套过程有机地结合在一起。而且人也不限于一个人，是专家集体。这就是定性定量相结合方法的优势。"

---

① 即抽象（逻辑）思维、形象（直感）思维和创造思维。

② 这里"定性定量相结合的方法"即为综合集成法的原型，在论文《一个科学的新领域——开放的复杂巨系统及其方法论》中被表述为"定性定量相结合的综合集成法"，后来进一步表述为"从定性到定量的综合集成法"。

2.1.2 综合集成法构成一个社会化智能系统

由于综合集成法是对思维学的研究成果的一个具体运用，因而被视为思维科学的一项应用技术，其中的"法"即技术工程，因此综合集成法又可以称为综合集成工程。这一工程把相关的专家（人）、知识和计算机整合在一起，组成一个系统，用人工智能的术语来说，这就是一个社会化智能系统。

早在20世纪80年代，人工智能研究者注意到以往几百条、上千条规则的"自主"紧耦合系统在表现智能行为方面的局限性，开始考虑开展巨型智能系统的研究。从开放与封闭的角度[①]，其构思的巨型智能系统方案可划分成4种：①封闭型；②半封闭型；③半开放型；④开放型。

封闭型方案可以认为是专家系统的自然延伸，其中一个典型构思是以里南（Lenat）及费根鲍姆（Feigenbaum）为代表的大百科全书（CYC）计划，该计划认为传统专家系统失败的原因是缺少必要的、起码的一般性知识。为了解决这个问题，首先需要建立一个具有大量一般性知识，就像大百科全书一样的大知识库。从结构上看，依照大百科全书（CYC）计划构建的系统自成一体，实际问题求解能力仅仅与系统自身能力（如知识的数量和搜索推理机制）有关，是一个纯粹的自力型系统（因此被归类为封闭型）。

半封闭型方案是一类从封闭向开放过渡的方案，这类方案认为采用"自力"方式建立巨型智能系统是不经济的，在系统构建过程中采用"社会"方式也许更为有效。其中一个典型方案是公共知识载体（public knowledge carrier）构想，其基本思路是建立一套知识库交互的协议和软件（载体），允许不同的知识库系统搭乘于这个载体之上，并借助这个载体针对具体问题进行协作。其中的每个知识库系统均是独立完成、自成一体的，只要遵循事先规定协议即可。可以看出，半封闭型系统在系统研制过程中采用了"社会"方式，但在问题求解的过程中只依赖已经搭乘于载体之上的知识库系统，因而是"封闭"的。

半开放型方案是另一类强调社会性的方案，它与半封闭型方案的区别在

---

① 此处开放和封闭的要义在于系统研制和运行期间，是否需要与外部系统进行知识层面的交互。

于：主张智能系统是由各个独立的"个体"组成，只有在求解具体问题时，它们才表现出一个整体行为，通过交互形成互相争论与协作的系统。在这个方案中，各个"个体"对一个实际问题的看法存在分歧（矛盾）是必然的，而解决矛盾是这个方案的关键所在，也是它有别于封闭方案的特征之一。同时，由于该方案是以"个体"的形式存在于问题世界的社会之中，通信成为实现这个方案的必要技术条件。

开放型方案是一类基于系统理论的方案，它同样强调智能系统是社会型的，并认为人应该作为系统的一类成员，构建人机结合的智能系统。原因在于：①计算机能力有限，需要人对其进行补足；②处理像经济决策、军事决策这种需要承担重大责任的问题时，人的因素是如此重要以至计算机只能退居次要地位。其他类型的方案也多多少少涉及人机交互，但是人按机器的思路进行工作，人是被动的；开放型方案的人机结合则强调人作为系统成员的主动性和创造性，人机互补、协同工作。

与其他方案相比，开放型方案具有如下几个特点：第一，社会中不仅包括计算机系统也包括人，由此导致了研究人在智能系统中的作用及人机协作等问题；第二，社会中的成员在实际问题求解中动态地组成层次结构，同时这些层次在一个求解进程中也是变化的；第三，在社会中成员的个性（包括表示、推理甚至系统组成）是多种多样的；第四，社会组成自身也是动态的。

这些特点意味着把人作为成员纳入智能系统，形成所谓"人在回路中"（human in the loop）的"社会化"问题求解系统，是开放型方案对智能科学的最重要贡献。

综合集成法是一类典型的开放型方案，因为"就其实质而言，将专家群体（各种有关的专家）、数据和各种信息与计算机技术有机结合起来，把各种学科的科学理论和人的经验知识结合起来。这三者本身也构成了一个系统。"由开放型方案的特点可知，人机协作、知识交互、组织管理和矛盾消解将是综合集成法在实际应用中需要重点解决的问题。

作为一类开放型的巨型智能系统方案，依据综合集成法构建的智能系统，其最独特之处在于系统构建与系统运用的过程是一致的。换言之，运用综合集成法求解问题的过程，就是反复进行系统调整、模型构建、模型优化和结果评估的过程。

如图 2.1 所示，传统的建模过程与传统模型使用过程是独立的。

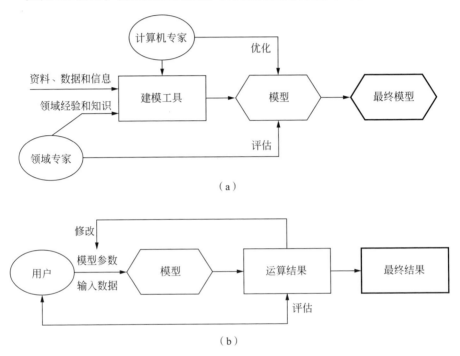

（a）

（b）

图 2.1　传统建模过程（a）与传统模型使用过程（b）

传统建模一般由领域专家和计算机专家共同参与，领域专家提供与领域相关的经验和知识，计算机专家根据搜集到的资料、数据和信息，在领域专家的帮助下使用建模工具在计算机上建立初步模型。领域专家运行初步模型，根据运算结果对模型进行评估分析，如果对模型不满意，就指导计算机专家调整、优化模型，直到对模型满意为止，此时获得的模型就是最终模型，交付给用户使用。

用户在使用模型时，根据自己的问题求解目标设定模型参数、输入相关数据，运行模型，获得运算结果；如果对结果不满意，则修改模型参数或调整输入数据，重新运行模型进行运算，直到运算结果令人满意为止，此时获得的结果就是最终结果（当然也可能存在结果始终不能令人满意，以至于出现问题求解失败的情形）。

在上述两个过程中，建模者（领域专家和计算机专家）和用户通常不是一类人，或者说二者的角色不重合。建模者在正式交付模型后，一般不会参与用户的问题求解过程，也不会针对个别用户的反馈即时修改模型（除非模型存在重大缺陷或者运行时问题），只会根据大量用户共同反馈的共性问题和既定的模型（软件）更新计划，定期对模型进行修改。从这个角度来说，模型是静态的，建模者和用户之间的关系是割裂的，三者并未形成一个紧密联系、互相协作的智能系统。

但在综合集成法中，建模者和用户是一体的，共同对模型进行构建、评估、修改、优化和使用，他们都是开放型巨型智能系统的成员，形成了如下的问题求解过程，如图 2.2 所示。

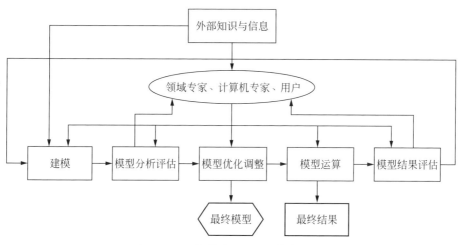

图 2.2　综合集成的问题求解过程

其中，领域专家、计算机专家和用户统称为专家体系；建模和问题求解过程中使用的各种计算机统称为计算机体系；存储于专家头脑中的经验、知识存储于计算中的模型、数据、信息统称知识体系。这三个体系以解决具体问题为目标，以问题求解过程为牵引，在主持人等管理协调人员的组织下，构成一个开放型巨型智能系统。

专家体系在这个系统居于主导地位，他们不但构建模型，还要评估模型；

不但使用模型解答问题，还要对问题的解进行解释。尤为重要的是，他们还要承担明确问题与任务、形式化问题表达、选择模型形式和建模步骤等建模前的工作，以及阐述方案具体内容、提出方案执行建议、明确方案优缺点和未来改进方向等问题求解后的工作。也就是说，专家体系的作用体现在问题求解的全部过程，整个系统围绕专家体系运行，专家体系的认识水平和认知变化直接决定问题求解的质量。

正是在这个意义上，我们说综合集成法构建了一个"人在回路中"的"社会化"智能系统。如何汇集各种资源为专家体系提供最大可能的支持，让各个专家的聪明才智得到充分发挥，并促进专家体系作为一个整体的认识的飞跃，就成了建设综合集成支撑（工作）平台考虑的首要问题。

综合集成型智能系统与传统的静态"自力型"系统存在根本区别，其原因在于专家体系的引入，"人在回路中"导致系统结构是动态的，不但专家的数量可以随时改变，专家的组织结构（包括构成和层次）也会随时发生变化，由此导致存储于专家头脑中的经验和知识所形成的集合不断变化，整个系统处于活跃的临界状态。可以类比地球生命诞生时沸腾的海洋，随时有可能产生突破。

同样，与传统的以专家参与为重要特色的群体决策系统或群决策支持系统相比，综合集成型智能系统以系统研究、模型构建和模型评估为工作主线，强调把大量零星分散的定性认识和点滴的知识汇集成一个整体结构，通过反复地研讨交互和模型迭代来构建越来越准确的模型，提升认知水平，从而达到从不完整的定性到比较完整的定量。

换言之，因为面对的是极其复杂的问题，处理这些问题需要较长的时间周期，很难通过一两天时间和一两次会议得到解决。在这样的时间周期里，综合集成型智能系统实际上表现为一个持续的"现场"建模系统，专家体系、机器体系和知识体系都处于同一个工作现场之中（由于互联网等信息设施的发展，这个工作现场可以是远程的或虚拟的），互相协作、同心同力，不断提出、实现、评估、优化乃至重构模型，从而不断产生新知识，形成一个知识的生产和服务体系。

由于专家体系的参与，以及表面上相似的工作方式（如研讨），一些研究者会把综合集成型智能系统与传统的群决策（支持）系统混同起来。但无论是指导思想、工作机制还是工作目标，二者都存在显著区别，尤其是前者长周期、全流程、现场式的动态建模和评估过程并不在后者的工作范围之内。当运用于决策问题时，综合集成型智能系统固然可以输出决策方案和决策建议，但这不过是系统运行的一个"副产品"，新知识、新模型以及对具体决策问题更高一个层次的认识，才是该系统的"主产品"。

当然，诸如如何提高专家之间的交流效率、有效激发专家思维、避免出现各种不良思维模式等群体交互方面的内容，长期受到群体决策系统或群决策支持系统的重视，产生了丰富成果，对于综合集成型智能系统中的群体交互具有重要参考价值。

2.1.3 认识飞跃的实质是社会化智能涌现

实践观察和理论分析均表明：运用综合集成法进行复杂问题处理过程中产生的认识飞跃，是通过专家体系、机器体系和知识体系之间的不断交互实现的。它可以表现为两种形式：一种是其中某个个体（如某位专家）率先获得灵感，实现了飞跃，然后把这种飞跃共享给整个系统，得到系统的验证和认可，转化为群体性知识；另一种是专家群体在反复不断地辩论和推演中同时实现飞跃，然后把这一飞跃以模型、规则等形式固化于系统之中，同时输出解决问题的最佳方案。前者经历了从个体到群体的阶段，后者则直接表现为群体行为，但二者都是在社会化交互的背景下激发和产生的，均为社会智能的涌现。

社会智能的涌现是创造性思维的标志和展现，也是社会思维学的追求目标。研究者曾经参照中国文化习惯，把从定性到定量的综合集成法称为"大成智慧工程"，因为这一方法是把人的思维，思维的成果，人的知识、智慧以及各种情报、资料、信息统统集成起来，集大成，得智慧。其对社会化智能涌现的重视和期许显而易见。

有关智能的涌现，在人工智能领域至少有两处重要经验。一个是复杂适应系统（complex adaptive systems，CAS），另一个是大模型。

涌现不是一个新概念，早在 1875 年英国哲学家 G. H. 莱韦斯（G. H. Lewes）就用合成（resultant）和涌现（emergent）来区分产生于一个化学反应中的不同化合物。他表示："虽然每一次反应都只是化合物的'合成'，但我们不能追踪每一步反应以发现每个作用者的活动类型。当反应物生成不能还原为任何一种的综合作用的产物时，我建议把这种过程叫作'涌现'。"莱韦斯指出，新质的出现不仅仅是简单的混合物，它是综合作用进而产生的复杂的复合物。每一次合成的"作用力之和"或"作用力之差"是明显可追踪的，然而涌现特征不能还原为其中的任何一种。

20 世纪 70 年代，一般系统论的创始人贝塔朗菲也明确指出：研究整体涌现性是基本的系统问题。系统科学的涌现指的是整体具有而分解（还原）到部分就不存在的那类现象、特征、属性、行为等，或者高层次具有还原到低层次就不存在的现象、特征、属性、行为等。

但由于技术条件的限制，早期的涌现研究只局限于方法论的思维，没有包含太多可操作性的内容。20 世纪 90 年代，美国圣菲研究所运用计算机作为研究的技术工具，强化对系统涌现路径与规则的理解，使得"涌现"成为一个广受关注的名词和一个热门的研究领域。SFI 研究者认为"复杂性，实质上就是一门关于涌现的科学。我们面临的挑战，就是如何发现涌现的基本规律。"

SFI 的领军人物霍兰把那些因独立要素之间无穷无尽的相互作用使得复杂系统作为一个整体产生了自发性的自组织特性的系统，如蚁群、神经网络、人体免疫系统、互联网和经济系统等称为复杂适应系统（CAS），发现这类系统几乎都存在着涌现现象，其一般特征表现为以下几点。

（1）非加和性：即通常所说的"整体大于部分之和"。涌现是一种具有耦合性的前后关联的相互作用，是适应主体相互作用的结构。因此，整体行为远比各部分行为的总和更为复杂。

（2）新奇性：相对于微观层次的个体行为，系统的全局行为是新奇的，也就是说，微观个体没有全局行为的显式表示。

（3）方向性：涌现是由系统底层微观活动产生的高层宏观性质、行为、结构和模式等。涌现总是从小到大、由简入繁的。

（4）层次性：在所生成的既有结构的基础上，可以生成具有更多组织层次的生成结构。也就是说，一种相对简单的涌现可以生成更高层次的涌现，而且对更高层次涌现的认识会比相对简单或基础的涌现要容易一些。

（5）适应性主体与简单规则：涌现现象是由适应性主体在某种或多种毫不相关 的简单规则的支配下产生的。"复杂的行为并非出自复杂的基本结构，极为有趣的复杂行为是从极为简单的元素群中涌现出来的。"

（6）分散控制：系统没有指导其宏观行为的集中控制部分，只是利用局部的机制影响全局行为。也就是说系统中的个体没有全局图景，其影响和作用是局部的。

（7）可重复性：在涌现生成过程中，会存在大量的不断生成的结构和模式，这些结构和模式具有恒新性，更为重要的是，它们可以重复发生作用，因而是可以被仔细观察和认识的。

SFI 采用计算机建模的方式来模拟、还原这些涌现现象，其模型的核心是受限生成过程（constrained generating procedures，CGP），其主要思想是将规则的概念转换成机制的概念，用机制来定义系统中的元素，然后把多种机制连接起来形成网络，这些网络就是受限生成过程。

SFI 实现 CGP 网络并进行计算机模拟的主要途径是多代理主体系统（multi-agent system，MAS）。SFI 研究者相信只要设计好具有适应性的代理主体，使其按照少数几条局部规则相互作用，就可以在演化过程中通过自组织涌现出难以预料的宏观整体特性。以计算机程序表述这些局部规则，建立基于计算机的系统模型，就可以在计算机上进行仿真实验，观察整体特性是如何涌现出来的。

运用上述思想和工具，许多研究者在模拟证券市场、劳动市场、城市发展、群体（如蚂蚁、蚁群、鸟群）行为等方面获得了一定的成功，并形成了人工生命和人工社会等全新研究领域。这些成功启发人工智能研究者从复杂适应系统和 MAS 仿真的角度审视群体智能的特征，得到如下几点认识。

（1）自恢复能力：群体是由很多个体组成的，不存在中央控制，几乎每个个体都在群体中享有同样重要的地位。群体中少数个体状态的变化（如死亡），不会直接影响到整个群体。换言之，群体具有一定的自我恢复（容错）能力。

（2）间接通信能力：群体中个体之间很少直接通信，传递信息通常都是通过改变局部环境来实现，其他个体通过感知环境变化就获得了相应的信息。

（3）学习能力：学习的目的在于适应和优化，对于任何表现出智能的生物而言，学习都是极其重要的特征。群体生物的独特学习方法是进化，它们先以其数量占据优势，然后随着环境的变化，淘汰不能适应环境的个体。在这个过程中，个体层面并没有显式学习行为，它们只是改变自己然后接受环境的选择。但从整体来看，环境变化后的群体具有更强的适应能力。

（4）多样性和正反馈：它们是实现进化的两个最重要的前提条件，只有不断保持个体的多样性，群体拥有多种选择，才有实现进化的可能；同样，只有实现对有利条件的正反馈，形成一个吸引子，才能促进群体向有利于生存的方向进化。

进而由上述特征推论出：（群体）智能是由许多简单、线性的个体相互作用，由个体的线性上升到整体的非线性的过程中在某个相对稳定的阶段所涌现出来的一种特性。智能是群体的、非线性的、涌现的复杂系统特征。上述观察和结论为我们研究和促进综合集成法中社会智能的涌现（亦即群体认识的飞跃）提供了有价值的启示。

2.1.4 大模型时代的智能涌现

大模型是近期人工智能领域的一个研究热点，出现了 ChatGPT、Palm、Bard、LLaMA 等大语言模型和 DALL-E、PaLM-E 等大规模多模态模型，取得了大量令人印象深刻的成果。大模型又称基础模型或预训练模型，通常是在大规模数据上预训练，包含百亿及以上参数且能通过微调、上下文学习、零样本等方式广泛应用于下游任务的模型。

其中的大语言模型在模型能力、应用范围、智能程度等方面最具代表性。在经历了统计语言模型、神经语言模型和预训练语言模型等阶段的发展后，研究人员发现，随着模型大小和预训练数据的增大，语言模型会呈现出能力涌现的现象，即模型尺度超过一定量级后，会以难以预测的方式产生小模型中不具备的能力或者某些能力急剧提升，并且这一性质可以跨越不同模型结构、任务类型和实验场景。

图 2.3 是 5 种常见的大语言模型（LaMDA、GPT-3、Gopher、Chinchilla 和 PaLM）在 8 个任务图（a）~图（h）上的表现，横轴为模型参数的数量，纵轴为准确度，虚线为随机回答（即从所有的答案中随机选择一个）的正确率，可作为比较基准。从该图可以看出，所有模型在参数规模低于一定量级时，在各个任务上的正确率都很低，基本上等同于，有时甚至还会低于，随机回答的正确率，但在参数规模上升到某个临界点之后，正确率会忽然发生飙升，并随着参数规模的增大而进一步上升。

以图 2.3（a）为例，参数规模不足 10B（100 亿）的 GPT-3 模型在处理算术运算时，其正确率接近 0，等于什么也不会。当参数规模超过 10B，正确率开始显著上升，在参数规模达到 100B 时，其正确率已经超过 30%。同样，参数规模不足 30B 的 LaMDA 模型处理算术运算的正确率也接近于 0，参数

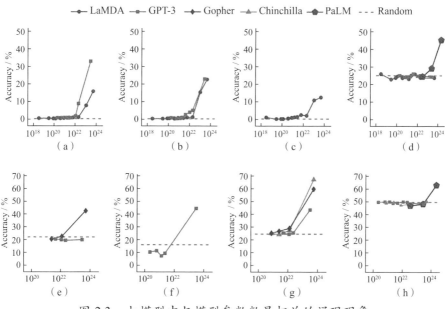

图 2.3 大模型中与模型参数数量相关的涌现现象

（a）Mod. arithmetic；（b）IPA transliterate；（c）Word unscramble；（d）Persian QA；

（e）TruthfulQA；（f）Grounded mappings；（g）Multi-task NLU；（h）Word in context

规模超过 30% 后正确率开始显著上升，在参数规模达到 100B 时，其正确率也超过 15%。

这种涌现现象与 CAS 系统有所不同，因为大语言模型不是动态交互模型，不存在大量交互的个体，所以不存在简单规则、分散控制等概念，也无所谓适应性主体的学习能力、间接通信能力、多样性和正反馈。但是它仍然具有非加和性和新奇性的特征，即一个大语言模型的能力不表现为组成该模型网络的各个节点的能力之和，其能力的突然跃升出乎人们的预料，因此仍然符合涌现的定义。同时，这种涌现现象也具备方向性和重复性，是系统级别的宏观能力，从小到大、由简入繁，可反复展现，因而可以进行研究与探讨。

对于大模型为什么会出现涌现现象，目前尚无严谨的研究结论。一般来说有 3 种合理的推测：①大模型的参数规模代表了其记忆能力（容量），就像人类或者其他智慧生物一样，只有脑容量（或神经元的数目）达到一定规模之后才能表现出高级智能特征；②一般而言，参数规模越大，训练模型需要的语料规模也越大，模型学到的知识就越多，同样地，当其学习和存储的知识达到一定规模之后才能表现出高级智能特征；③大量任务需要进行多步骤推理，模型必须拥有与所需步骤数匹配的深度才能正确处理这些任务。

上述推测与传统人工智能的"知识阈值理论"颇有相通之处，前文曾经提及封闭型巨型智能方案的大百科全书（CYC）计划，该计划的发起者认为克服知识获取困难及脆弱性的关键在于系统应有足够的、起码的一般性知识（这里是指大家公认的知识），他们估计，这个阈值大约为 100 万个被集成的 Frames[①]。在某种意义上确实可以说，大语言模型采用机器学习的方式成功构建了一个大百科全书系统。

与此同时，当应用于下游任务时，某些增强方法至关重要，如果不加入这些方法，系统将不会产生显著的涌现现象。如图 2.4 所示，以图（a）math word problems（数学应用题）任务为例，如果不采用思维链（chain of thought）方法进行增强，随着计算量（与模型的参数规模正相关）的指数级

---

① Frame——一种知识表达方式，用于描述对象的结构化属性和约束。

增长，大模型的解题正确率只有缓慢的线性增长，但在加入思维链方法后，计算量一旦超过 6×10^{22}FLOPs，解题正确率便会突然飙升。同样，对于遵从指令（instruction following）任务，如果不加入指令微调方法，大模型同样不会表现出涌现行为。

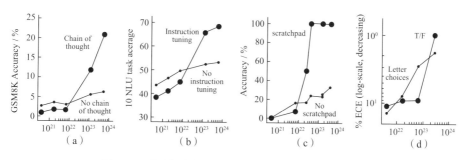

图 2.4 大模型应用于不同下游任务的准确率

（a）Math word problems；（b）Instruction following；（c）8-digit addition；（d）Calibration

大模型的这两种现象对社会化智能的涌现都具有重要启发意义：①参数规模阈值说明，要实现智能的涌现，系统必须具备巨大的记忆容量和充足的知识；②增强方法则说明，充足的记忆和知识只构成必要条件，某些关键方法在涌现过程中发挥重要作用，如果缺少这些关键方法，涌现行为将无法产生。

2.2 人机结合智慧涌现

2.2.1 个体智慧涌现

首先考虑综合集成法中认识飞跃的第一种表现形式，某位专家在问题求解过程中率先获得灵感，实现了认识上的飞跃，然后把这种飞跃共享给整个系统，得到系统的验证和认可，转化为群体性知识，实现群体智能的涌现。

对于人类个体认识上的飞跃，钱学森曾经借鉴我国哲学家熊十力的智慧划分假说予以说明，他认为人的智慧，通常叫作心智，可以分成两部分：一部分叫作性智，另一部分叫作量智。

其中性智是一个人把握全局，定性进行预测、判断的能力，是通过文学、艺术等方面的培养与训练而形成的，我国古代的读书人所学的功课中，包括琴、棋、书、画，对一个人的修身养性起着重要的作用。性智可以说是形象（直感）思维的结果，人们对艺术、音乐、绘画等方面的创作与鉴赏能力等都是形象（直感）思维的体现。心智的另一部分称为量智，是通过对问题的分析、计算、通过科学的训练而形成的智慧。人们对理论的掌握与推导、用系统的方法解决问题的能力都属于量智，是逻辑思维的体现。

人的智慧包括性智和量智，是二者的综合体现。对比前面思维科学的研究内容，可以发现：此处的性智接近于思维科学中的形象思维，量智接近于思维科学中的逻辑思维。创造思维则是宏观与微观的有机结合，必须综合运用形象（直感）思维和抽象（逻辑）思维才有可能获得创造性思维。换言之，人的认知的飞跃（思维产生创造性导致智慧提升）也必然是性智与量智综合集成作用的结果。

由此总结人类个体（专家）实现认识上的飞跃，一般遵循图 2.5 所示的过程。

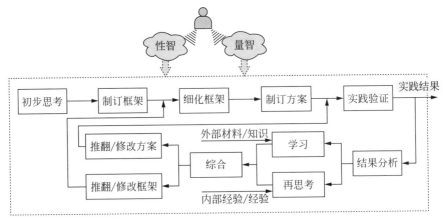

图 2.5　专家综合运用性智和量智求解复杂问题的过程

　　在面对复杂问题时，专家首先针对问题的性质、特点进行初步思考，从既有知识和经验出发，拟定一个解决问题的粗略框架，然后对框架进行细化，明确其组成要素和各要素的具体要求，在此基础上制订详细的问题求解方案。待方案确定后，进行实际操作和实践验证（当然，如果是决策类问题，方案一般是在模拟系统中进行实践和验证的），得到实践结果。

　　一般来说，第一轮的实践结果往往很难令人满意，甚至常常是一塌糊涂，专家对结果进行分析，竭力找出问题出在哪里、该怎样修正。在这个过程中，专家经常需要引入外部材料和知识，或通过与其他专家/专家社区对话的方式进行学习，提升其对该问题的理解水平和操作方法；同时，也会深入思考，从过往经验中挖掘解决当前困境的思路。

　　经过一段时间的学习与再思考，融合二者的成果，专家经常会获得新的解题思路，大幅修改乃至推翻之前的问题处理框架，然后重新细化框架、制订方案，重复实践验证、结果分析等流程。或者在保持既有框架大致不变的情况下，大幅修改乃至推翻具体的问题求解方案，制订新方案。

　　虽然框架或方案经过了大修，但通常情况下，第二轮、第三轮的实践结果也不会令人满意，甚至仍然是一塌糊涂（这正体现了认识论意义上"复杂问题"的含义）。经过多轮"失败"之后，专家开始面临时间、经济或者名声等方面的压力，迫使其苦苦思索、竭力学习，解决问题成为其生活的唯一目标，无论处于何种生活状态（如工作、吃饭和睡觉），问题总是萦绕在其脑海中，无法驱离。

　　这种状态持续一段时间之后，某个想法可能会忽然无意识地涌入专家的脑海，专家瞬间领悟到这个想法很可能是解决问题的关键，这就是所谓的"灵感"。他迫不及待地着手实施，有时可能需要对整个框架进行大改，有时可能仅仅需要调整求解方案的某个细节或者替换其中的某个小方法。经过这次修改之后，实践结果大大改善，即便不是最优的，至少也有望揭示一条通往圆满解决问题的道路。

　　这个过程是在灵感激发下涌现智慧的过程，也是一个典型的认识飞跃的过程，性智与量智在这个过程中均起到重要作用。在初步思考、制定框架、学习、再思考、综合、推翻 / 修改框架环节，性智起着相对重要的作用，这些环节对问题进行整体上的把握，更多依靠不成文的经验、智慧和直觉（也就是形象思维），不需要太高的精度；而在细化框架、制订方案、实践验证、结果分析和推翻 / 修改方案环节，量智起着更重要的作用，因为这些环节与实践的关系密切，需要具备较好的可行性、可操作性和经济性，因此必须进行逻辑严密的规划、设计和实施，依靠经由科学训练获得的专业技能。

二者互相结合，通过思考—设计—实践—反馈—学习—再思考—重设计—再实践等不断反复的迭代过程，生成越来越多的知识，导向越来越深入的认识。尤其是灵感的乍现，更是性智与量智在潜意识、半清醒甚至是梦境状态下高度混合、充分激发，突然展现出来的创造性结果，是智慧涌现的必由之路。

2.2.2 人机结合，以人为主

早在提出创建思维科学体系的构想时，相关学者就意识到，计算机的运行方式和专长与人的量智具有某种程度上的相似性，可以对人的量智进行辅助、补充和增强。尤其是计算机能力的增长一日千里，其在逻辑运算方面的优势毋庸置疑，早已超过人类。因此，如果能以人机结合的方式共同处理复杂问题，无疑将有助于专家智慧的涌现。

基于这一认识，从智能系统的角度出发，把人和计算机视为两类不同的智能系统，可以发现二者在认识层次、体系层次、表示层次和操作层次都存在互补之处。

表 2.2　作为智能系统的人机差异与互补策略

层次名称	不精确（定性）处理	精确（定量）处理
认识层次	感受	知识
体系层次	人	计算机
表示层次	联接机制	物理符号机制
操作层次	反馈、自组织	搜索、推理

在认识层次，人的专长在于感受，而计算机的专长在于知识。这里的感受指的是定性的、非精确的、知其然不知其所以然的技能。知识则是可用清晰的指令描述的、精确的技能。感受的特点是没有独立的结构，它的结构甚至它的存在均依赖于与其有关的知识，但又无法使用相关的知识明确表达，所以很难为计算机模拟，但它在表现智能行为上至关重要。

在表示层次，人类用以思考的器官——大脑由数百亿个神经元组成，每个神经元具有数千个突触，神经元之间通过突触互相联接，形成了一个超过万亿结点的巨大并行网络，属于典型的联接机制，人类的感受正是诞生于这一结构和机制。而传统的人工智能倾向于物理符号机制，这一机制认为知识的基本元素是符号，智能的基础依赖于知识，因此系统的智能体现为它对符号的处理能力。物理符号机制的优点是可以做推理，缺点则是只能做精确推理，任何隶属于它的非确定性理论，均是以事先精确化的局部评价为条件。这与联接机制形成了鲜明的对比，后者可以用极其简单的结构来表示非确定性世界中的实体，并可用"举例说明"的方式进行不精确推理，且不用要求精确化的局部评价。

在操作层次，传统人工智能的物理符号系统以搜索作为实现推理的核心，大量的知识组成一个规则库，推理的过程就是在规则库中进行搜索的过程。而人类的思索大致遵循反馈－自组织模式，思索结果一旦形成，便可与外部材料和知识进行对比，获得虚拟检验；付诸实践之后，则随时收到外部环境和主体的真实反馈。基于这些反馈，人类形成新的方法和记忆，其在硬件（大脑神经元）层面表现为突触的重新组织，在软件（知识）层面表现为知识的重新组织。因此，传统的人工智能更擅长于利用已有知识进行推理和计算，而人则更擅长于获得新知识、解决新问题。

总结人与计算机在不同层次的差异，就会发现不精确处理和精确处理是核心问题。相对而言，人是更加擅长不精确处理的智能系统，而计算机是更擅长精确处理的智能系统，因此二者存在广泛的互补。在面对具体问题时，同时引入人和计算机，把二者的优势结合起来，协同工作，这就形成了一个巨型的人机结合的智能系统。该系统的能力在理论上优于其中任何一个成员，因而更加有助于专家个体智能的涌现。这是研究者提出人机结合策略的理论基础，并由此催生了人机结合的智能系统这样一个研究领域。

因此，综合集成法的专家个体被人机结合的智能系统取代，以充分发挥二者的综合优势，更快迈向认识飞跃。研究者相信，即便是仅仅考虑计算机本身的能力增长问题，由于现实世界中的问题复杂多变，经常缺乏清晰结构，导致人作为一个重要成员被引入智能系统几乎成为必然，智能行为必将诞生在基于优势互补的系统之中。

在人机互补策略中值得注意的一个问题是，所谓人不擅长精确处理仅仅是相对而言的，人并非没有精确处理能力，有的人还非常强大，只是比不上计算机。因此，在没有计算机的时代，人类通过综合运用自身的思维能力——包括性智（形象思维、不精确处理）、量智（形象思维、精确处理）——和实践能力不断改造客观世界，同时改造了自身，使得知识、智能和智慧源源不断地涌现出来。

而以物理符号系统为代表的传统计算机工作模式，在不精确处理方面的能力很差，以至于其既无法单纯处理真正复杂的问题，也无法产生新知识、新智能。所以，在人机结合的巨型智能系统中，人作为一个更加完善的智能成员处于主导地位，计算机作为一个"偏科生"居于次要地位，人机结合因此也经常被表述为"人机结合、以人为主"。

2.2.3　群体交互与社会化智能涌现

现在考虑综合集成法中认识飞跃的第二种表现形式，专家群体在反复不断的辩论和推演中同时实现了飞跃，然后把飞跃以模型、规则等形式固化于系统之中，同时输出解决问题的最佳方案，这一过程可以用图 2.6 做概括性描述。

与专家个体的求解过程相似，在面对复杂问题时，专家群体首先针对问题的性质、特点进行初步讨论，从既有知识和经验出发，共同拟定一个解决问题的粗略框架，然后对框架进行细化，在此基础上制订详细的问题求解方案并进行实际操作和实践验证得到实践结果。

同样，第一轮实践结果很难令人满意，专家群体对结果进行分析，竭力找出问题出在哪里、该怎样修正。在这个过程中，专家个体的行为模式与个人单独求解时出现显著差别，在于其除了可以通过引入新的外部材料和知识进行个人学习外，还可以通过讨论、辩论乃至模仿等途径向群体的内部人员进行学习。同时，专家群体也可以针对内部人员直接开展讲座、培训等形式的学习活动。也就是说，无论是学习的方式还是途径，都大大扩展了，专家个体的认识更容易获得提升。

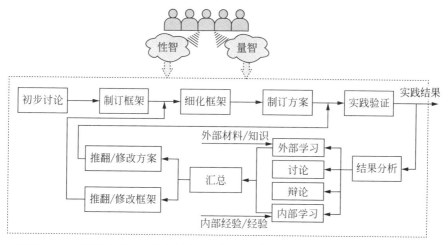

图 2.6　专家群体综合运用性智、量智和内外交互求解复杂问题的过程

专家个体单独学习过程与其在群体中的学习过程对比，如图 2.7 所示。专家个体单独学习时，其主要步骤包括：①从外部环境摄取材料；②消化吸收这些材料，与既有经验知识融合，获得新思路；③拟订新方案；④对新方案进行实践检验；⑤根据实践获得的新材料（内部材料），开启新一轮的思考和改进过程。

专家个体在群体中学习时，其步骤与单独学习相同，但在每一个具体环节都能获得更为丰富的外部输入。例如，在摄取材料环节，他除了可以通过个人渠道获取外部材料外，还可以从参与研讨的其他专家那里获取外部材料，以及通过讨论和辩论直接摄取其他专家的观点；在思考和消化新获得的材料时，他同样可以通过讨论和辩论，加快、加深自己的思考过程，提高效率和准确度；尤为重要的是，在实践检验环节，专家群体可以通过虚拟实验（思维实验）的方式预先对某个专家提出的方案进行检验，提前发现其重大缺陷，而不用付诸现实实验，从而能够节省大量时间与物质成本（当然，最终的现实实验和实践还是必不可少的，但是中间的实验次数可以大大减少）。

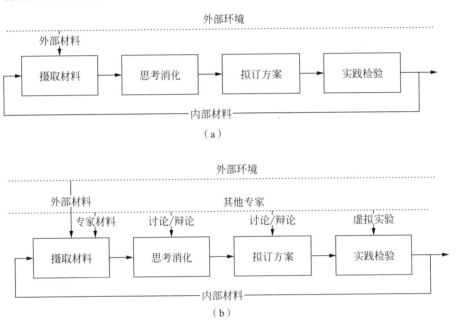

图 2.7　专家个体单独学习过程与其在群体中的学习过程对比

（a）专家个体的单独学习过程；（b）专家个体在群体中的学习过程

这就意味着专家个体在群体中学习时，专家群体实质上构成了一个动态知识环境，它可以主动（群体向个体询问）或被动（个体向群体请教）地介入专家个体的学习过程，改善后者在各个环节的学习质量，从而提高其认识提升的效率。每个专家个体认识的提升，都为专家群体提供了新知识、新营养，这些新知识、新营养反哺给专家，形成正反馈，将会有力地促进社会化智能的涌现，如图 2.8 所示。

这种个体认识与群体认知之间有效互动、相互促进的过程，体现的是专家群体的"综合优势"。设想有两个专家群体 A 和 B 分别面对同一个复杂问题，二者的人数和构成都是相同的，区别是群体 A 没有广泛深入的研讨交互，各个专家之间仅根据所属领域和任务分工做流程上的衔接；而群体 B 则通过讨论、辩论和培训而互相激发、互相学习，使得问题求解的质量有了飞跃式进步。那么，群体 A 仅仅是发挥了自身的整体优势，实现了 1+1=2 的效果；群体 B 则实现了 1+1 ≫ 2 的效果，充分发挥了自身的综合优势。

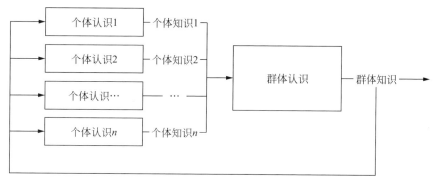

图 2.8　个体认识与群体认识之间的正反馈

现在回到专家群体求解复杂问题的过程，通过第一轮的结果反馈、内外部学习和汇总之后，专家对复杂问题和求解方法的认识得到显著提升，由此推翻/修正方案与框架，重新进行第二轮次的实践验证。与专家个体求解情况类似，通常情况下，第二轮、第三轮的实践结果也不会令人满意，甚至仍然是一塌糊涂。经过多轮"失败"之后，专家们开始面临时间、经济或者名声等方面的压力，迫使其在个体层面加强思考和学习，在群体层面加强协作与交流。

这种状态持续一段时间之后，很多专家陷入"卡壳"状态，专家之间的交互也变得激烈而尖锐，甚至出现质疑、攻击和拉帮结派等非理性交互行为，曾经和谐团结的群体关系面临分崩离析的困境。此时，就需要一位德高望重的专家出面稳定局面，或者由一位经验丰富的沟通工程师调节氛围，疏导各方情绪，把研讨拉回到正常轨道，这就是所谓的"研讨组织"。

专家群体经历"冲突—消解—再冲突—再消解"的多轮迭代之后，有可能始终找不到突破口，求解任务失败，或者只能获得一些差强人意或者了无新意的求解结果。但也存在另外一种可能：某些有价值的思路忽然进入群体视野，专家们瞬间领悟到这个想法很可能是解决整个问题的关键。他们迫不及待地完善方案、着手实施。经过这次修改，实践结果大有改善。专家们从阶段性成果中获得激励，思路得以开阔，精神饱满地投入新一轮迭代，再次迈入正反馈的循环。

当然，在专家群体求解复杂问题的过程中，性智和量智在不同阶段仍然有着不同的表现，二者缺一不可。专家个体认识水平的提升是其性智和量智综合作用的结果，此结果积微成著，促使专家群体认识水平的提高，导致新知识的产生。这些新知识作为新的学习材料，同样会增强专家个体的性智和量智。

总结上述专家群体求解复杂问题的过程，可以发现它包含以下6个重要特征。

（1）专家群体认识的提升以个体认识的提升为基础，个体仍然是对性智、量智的综合运用，经由思考—设计—实践—反馈—学习—再思考—重设计—再实践环节实现认识的提升，与其个体求解的特征大致相同。

（2）在群体研讨背景下，专家个体提升认识的途径得到显著拓展。除了外部环境，专家群体自身也构成了一个能动的知识环境，可以主动或被动地介入专家个体的学习过程，有效提升后者的思考质量和效率。

（3）由于存在个体和群体两个层次，以及从个体认识上升到群体认识再反馈给个体认识的循环通路，组织得当的专家群体可以构成一个知识的正反馈系统，其知识生产效率大大优于独立求解的专家个体。

（4）群体情绪可以构成另外一个循环通路，当问题求解取得较大进展时，专家群体乐观昂扬的情绪会传达给专家个体，激发后者的工作热情和思维状态，促进后者认识水平的加速提升。个体加速导致群体加速，进一步提升群体的昂扬情绪。

（5）适当的压力是促成智能涌现的必要条件。与个体求解不同，在群体求解过程中，专家群体自身也构成了一个压力来源。这种压力可能导致专家出现非理性行为，但这种行为并非全无益处，通过恰当的引导实现"冲突—消解"过程，反而有可能引发群体灵感的闪现。

（6）但是群体合作也是一把双刃剑，如果没有恰当的组织（包括组织者和组织方式），个体之间产生负向影响，那么群体求解的质量可能反而不如个体，社会化智能的涌现就更无从谈起了。

由以上分析可知：要保证群体求解的质量，促进群体智慧超越个体智慧，有以下两个关键环节。

（1）能动的交互。这里的"能动"有三方面含义：一是及时，如果专家群体内部的交互拖沓、随意，就无法形成动态知识环境，群体就失去了意义；二是恰当，包括时机和方式等多方面的恰当，简单地说就是在合适的时机以合适的方式进行合适的交互，否则可能形成反作用；三是有效，指专家之间能够理解彼此的语言和意图，交互时能抓住对方的要点，在大致相同的认知水平上进行辩论、讨论和培训，不会出现严重浪费和误解。

（2）优良的组织。要激活知识生产和情绪激发这两个正反馈通路，必须对专家之间的交互进行精心组织，其目的首先在于维持保障"能动的交互"，其次在于安排执行合理的研讨流程，以便化繁为简、因势利导，有步骤地解决问题。如前文所述，研讨组织需要权威专家或沟通工程师（以下简称主持人）的显式介入，这代表了社会化智能系统中的"逻辑、理性"，是融合专家群体的"非逻辑、非理性智能"不可或缺的关键要素。

2.2.4　社会化智能系统中的人机结合

在促进智能涌现方面，社会化智能系统与独立智能系统（如专家个体）区别之处在于上节所述两个关键环节：能动的交互和优良的组织。如果向社会化智能系统引入计算机，其发挥作用的最佳场所显然也是这两个环节及其衍生的动态知识环境。

首先，考虑知识环境。专家个体都有自己的外部知识环境（如互联网、数据库、论文库和书籍、报告等），这类环境或多或少具有静态特征，知识的更新大多以月和年为周期，即便包含"实时性"内容，也需要一段时间去验证和解读，因而相对来说，是一种稳定的"长期记忆"。其优势在于分门别类，便于检索，相对可靠。

而专家研讨过程中形成的动态知识环境，其特点是更新快、水平高，只要研讨在继续，新知识就会源源不断地生成，形成一种活跃的"短期记忆"。但其形式大多以自然语言、演讲文稿和图片示例为主，便于现场学习，不便于事后检索。这一事实就为发挥计算机的作用提供了空间。

如图 2.9 所示，可以使用计算机记录专家群体研讨的全部过程，对这一过程中生成的动态知识进行存储、分类和索引。这样，就在一定程度上把动态知识条理化、结构化和静态化了，便于专家检索及重复使用，无须每次重新翻阅冗长的研讨记录。这些条理化的知识与外部知识具有大致相同的访问形式，可以方便地融入外部知识环境，成为更大范围内的公共资源，体现综合集成法知识生产与服务系统的功能。

图 2.9　使用计算机处理动态知识

其次，考虑研讨组织问题。这一问题涉及大量琐碎的日常组织工作，但在某些重要时刻又需要发挥主持人的创造性，因而天生属于适宜于人机结合的领域。例如，对于每次研讨拟邀请的专家人选，可以建立专家人才库，让计算机根据一定的条件进行筛选和推荐，然后由用户予以调整定夺。再如，对于研讨的议程和步骤，可使用类似会议秘书的软件进行自动安排，并根据用户的设置进行自动提醒或转换。在这里，计算机主要充当主持人助手的角色，发挥自己不知疲倦的自动化能力，使主持人从烦琐的、平庸的事务中解脱出来，使其能够专注于处理研讨过程中真正重要的协调、激励与管理问题。

最后，考虑能动交互问题，主要包括 3 个方面：①交互的及时性，计算机可通过对研讨过程中各个专家工作状态（如登录状态、发言频率、任务进度等）的跟踪分析，主动向专家个体、群体或主持专家发布提醒，提示其进行必要的交互，以免专家各自为战；②交互的恰当性，计算机可通过对研讨进度、交互状态、分歧状况的综合分析，持续判断专家群体当前的交互状态是否恰当，是否需要主持人的主动介入，并在后者主动介入的情况下，为其提供相关的主持建议；③交互的有效性，在进行恰当性判断的同时，计算机可以对专家交互的有效性进行分析，关注点主要放在专家之间的交互结构、主要分歧和意见收敛（发散）曲线，并可通过定期/不定期的简短问卷征询专家们对当前交互有效性的评价，从而向组织专家发出提醒，提供建议。

计算机在以上环节的作用，主要体现了其"量智"方面的特长，包括资料存储、数据分析和逻辑推理等，是对包括主持人在内的专家群体的量智的补充，有助于后者提高个体工作和群体研讨的效率、质量，加快新知识的生产进程。但也应注意到：计算机在此承担的主要是程序性、辅助性的工作，不涉及复杂问题的实质性处理，有用但不关键，因而其对整个系统的贡献是有限的。

要让计算机发挥更重要的作用，就必须令其深度介入实质性问题的处理，除了专家个体在人机结合过程中使用的计算机软硬件，一个早期构想和实践是把整个互联网纳入综合集成体系，作为社会化智能系统的一位"特殊专家"（与此相对应，把系统中的人类专家改称为"普通专家"），实质性参与人类专家群体的研讨进程。

其大致构想是：在研讨过程中，计算机主动或被动地了解当前的研讨内容及关键问题，获得相应的搜索词，利用搜索引擎在互联网上进行搜索，把前若干条搜索结果（网页）作为该"特殊专家"针对当前关键问题的"发言"，呈现给专家群体。普通专家可以对这些发言进行讨论和评论，计算机针对其疑问再次进行搜索，返回搜索结果的前若干条内容作为"回应"。

通过上述"发言—评论—回应"过程，互联网上大量有价值的信息可以借助计算机源源不断地引入综合集成系统，而且这种输入具有某种程度上的主动性和智能性，较好地体现了综合集成法大跨度集成"在场、不在场的专家智慧，前人经验和古今中外所有相关知识"的构想。

对于"特殊专家"的实现，有"自主式"和"助手式"两种方案，前者基本上由计算机自主进行，工作流程如图 2.10 所示。

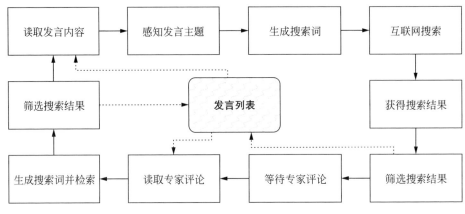

图 2.10　自主式特殊专家的工作流程

　　计算机实时读取普通专家的研讨内容，分析其发言主题，待主题和问题大致明确后自动生成与其相关的搜索词，发送给互联网搜索引擎进行搜索。收到搜索引擎返回的结果页后，计算机对其进行解析，去除广告，读取前若干条链接指向的具体内容，分析其与当前主题和问题的匹配度，筛选匹配度最高的一个子集加入发言列表，作为特殊专家的意见。

　　计算机继续读取普通专家的发言，分析他们对于特殊专家意见的评论情况，待疑问清晰后自动生成相关的搜索词发送给搜索引擎予以检索，收到检索结果后经过筛选加入发言列表，作为特殊专家对普通专家疑问的回应。如果回应不令人满意，则普通专家们继续提出疑问，计算机就返回重复"检索—回应"过程，直到回应令人满意，或者普通专家转换话题为止。

　　这种由计算机自主扮演特殊专家的优点是反应及时，"性格"稳定，但其中存在不少技术难点，如对于搜索词的选取问题，如果范围选取得太宽泛，搜索结果就会不准确，甚至导致离题千里，无法引起普通专家的兴趣；如果范围选取得太窄，又会导致搜索结果过少，其内容早已为普通专家掌握，起不到补充新知识的效果。再如，评价和反馈阶段，由于搜索引擎不具备上下文记忆能力，针对普通专家疑问进行的二次搜索，其结果经常与第一次搜索毫无关联，很难完成一轮高质量的"特殊专家发言—普通专家评论—特殊专家回应"过程，更不用说多轮迭代了。所以"自主式"特殊专家通常只能起到针对普通专家发言即时提供相关网络材料的作用，无法展现出真正的创造性。

"助手式"方案则采取"以人为主"的方式，为特殊专家指派了一名人类助手（计算机操作员）来帮助其发表意见并与普通专家互动。其工作流程与"自主式"方案相同，但其中大部分工作由人类助手来完成。该助手处于研讨空间之中，时刻关注普通专家的研讨内容，在研讨出现争执或遭遇瓶颈时，立即根据当时的主题和问题使用计算机在互联网上进行搜索，然后对搜索结果进行筛选和排序，推荐匹配度最高的一个子集加入发言列表，作为特殊专家的意见。

同样，如果普通专家对特殊专家的意见予以评价并提出疑问，人类助手根据其提问再次进行搜索，对搜索结果筛选、排序后加入发言列表，作为特殊专家的回应。在此过程中，人类助手和计算机实际充当了普通专家与互联网资料库之间的交互界面，助手"扫描"发言，提炼搜索词，然后把搜索词通过计算机提交给互联网搜索引擎，搜索引擎把结果（互联网资料）返回给计算机，计算机再把它展示给普通专家。

由于人类助手的介入，"特殊专家"在发表意见的适时性和关联度上均有一定保障，而且可以支持多轮"特殊专家发言—普通专家评论—特殊专家回应"过程，这是其相对于独立式方案的优点。但在实践过程中，这一方式仍然面临诸多问题，首先是助手的人选问题，由于复杂问题的领域跨度大，涉及多方面的专业知识，想让一名助手正确应对多个专业领域的互联网检索需求并对检索结果进行筛选和排序，是非常困难的，而指派多名助手又涉及彼此之间的衔接和协调，还要付出巨大的经济成本，这往往是不现实的。

其次是互联网资料的展现形式问题。搜索引擎返回的结果大多以富文本形式编排，包含丰富的文字、公式、图片乃至声音和视频，可读性很强。但其内容并未针对具体任务进行优化，篇幅（或时长）一般较长，充斥着科普材料、常识性解释或者虚构内容，因此要在短时间内阅读、鉴别、消化这些内容是有一定难度的。即便返回结果是严谨的科学论文，也更适宜作为离线材料阅读学习，而不是在研讨过程中作为一名专家的发言予以审视。

所以无论是独立式方案还是助手式方案都存在严重制约性，二者互相结合也难以解决以上两个关键问题：①跨领域的搜索词提炼问题；②互联网资料的凝缩展现问题，以及速度与质量的均衡问题（独立式方案的发言快但不准确，助手式方案的发言相对准确但是慢）。

因此，尽管互联网早已成为人类知识的巨大宝库（目前几乎已经成为人类全部知识的宝库），研究者也早就意识到互联网对于综合集成法的巨大价值，并把整个互联网资料库纳入综合集成研讨体系作为其"集大成，得智慧"的一块重要基石，从而形成了把互联网具象化为特殊专家、把互联网相关资料具象化为特殊专家的专业意见的构思。这一构思曾经得到小规模的实现、验证，展现出一定的价值和潜力，促进了相关问题求解过程中社会化智能的涌现。

但鉴于在研讨环境中即时引入恰当互联网资料的难度，在更大规模场景中实现交互及时、水平可靠、表达良好的特殊专家，使其能够融入研讨环境，真正成为专家群体的一员，仍是一个值得深入研究的问题。甚至可以说，这一问题的解决对于新的技术背景下综合集成法的有效应用，起着非常重要的作用。

主要参考文献

[1] 钱学森 . 创建系统学 [M]. 太原 : 山西科学技术出版社 , 2001.

[2] 钱学森 , 于景元 , 戴汝为 . 一个科学新领域 : 开放的复杂巨系统及其方法论 [J]. 自然杂志 , 1990, 13(1): 3-10, 64.

[3] 戴汝为 , 于景元 , 钱学敏 , 等 . 我们正面临第五次产业革命 [J]. 科技文萃 , 1994(7): 2-7.

[4] 卢明森 . 钱学森思维科学思想 [M]. 北京 : 科学出版社 , 2012.

[5] 戴汝为 , 王珏 . 巨型智能系统的探讨 [J]. 自动化学报 , 1993, 19(6): 645-655.

[6] 施杨 . 涌现研究的学科演进及其系统思考 [J]. 系统科学学报 , 2006, 14(2): 58-63.

[7] 苗东升 . 论涌现 [J]. 河池学院学报 , 2008, 28(1): 6-12.

[8] WALDROP M. 复杂：诞生于秩序与混沌边缘的科学 [M]. 陈玲，译 . 北京：生活·读书·新知三联书店，1997.

[9] 何小贤，朱云龙，王玫 . 群体智能中的知识涌现与复杂适应性问题综述研究 [J]. 信息与控制，2005, 34(5): 560-566.

[10] 刘洪 . 涌现与组织管理 [J]. 研究与发展管理，2002, 14(4): 40-45.

[11] WEI J, Tay Y, BOMMASANI R, et al. Emergent abilities of large language models[J]. arXiv preprint arXiv: 2206.07682, 2022.

[12] 戴汝为，王珏 . 关于智能系统的综合集成 [J]. 科学通报，1993, 38(14): 1249-1256.

[13] 李耀东 . 综合集成研讨厅设计与实现中的若干问题研究 [D]. 北京：中国科学院自动化研究所，2003.

[14] 张乾君 . AI 大模型发展综述 [J]. 通信技术，2023, 56(3): 255-262.

[15] 罗锦钊，孙玉龙，钱增志，等 . 人工智能大模型综述及展望 [J]. 无线电工程，2023, 53(11): 2461-2472.

[16] 夏润泽，李丕绩 . ChatGPT 大模型技术发展与应用 [J]. 数据采集与处理，2023, 38(5): 1017-1034.

第二篇

大模型时代的综合集成法

随着人工智能技术的蓬勃发展，大语言模型已成为引领潮流的关键角色，其应用范围不断拓展，深入到各个领域。而从定性到定量的综合集成法，正是一种将专家群体、数据以及各类信息与计算机技术有机结合的方法，旨在处理开放的复杂巨系统问题。专家体系、机器体系和知识体系被视为综合集成法的三大核心体系。把以大模型为代表的人工智能系统纳入综合集成工程作为被综合集成的对象，形成新型的"人机融合"，是综合集成研究的新课题，也是本篇讨论的主要内容。

随着大语言模型的应用，这三大体系也迎来了新的发展机遇，推动了综合集成法的不断演进。专家体系能够借助大语言模型优化研讨过程、提升专家的认知与思维水平，从而更好地解决复杂问题。机器体系通过大语言模型实现智能分析、决策与预测，为问题的解决提供了更高效、更准确的支持。知识体系得以利用大语言模型进行知识的补充、挖掘与表示，从而使得问题的解决方案更加全面和深入。接下来的 5 章为本书第二篇，也是本书的核心内容，全面探讨把大模型系统纳入综合集成法的途径和把大模型系统作为被综合集成对象所产生的问题及其应对方法。第 3 章"大语言模型概述"从大模型的三要素到其展现的通用智能，以及面临的安全挑战等角度，概述了大模型在自然语言处理领域的重要性、发展现状和挑战。第 4 章"综合集成法中的大模型应用框架"首先介绍综合集成法中的三大体系——专家体系、计算机体系和知识体系，分析三者之间的关系，确定大模型技术在以上三大体系中的定位和应用框架。第 5 章"知识体系"、第 6 章"专家体系"和第 7 章"机器体系"则具体讨论以大模型为代表的人工智能技术在每个体系中的具体应用方式或应用构想。

第 3 章

大语言模型概述

随着人工智能技术的飞速发展，大语言模型正展现出蓬勃的发展态势，其应用已经深入到各个领域。本章首先简要介绍大模型的结构、预训练及其微调方法，在此基础之上介绍大模型在各个领域所展现的通用智能，然后进一步从思维科学的角度分析大模型的类人智能。随着大模型的广泛应用，其安全性问题日益凸显，深入了解这些挑战及社会影响，有助于我们认识大模型发展过程中面临的现实问题。

3.1 大模型的三要素

语言模型旨在计算给定词序列 $w_1, w_2, \cdots, w_m$ 作为句子的概率分布 $P(w_1, w_2, \cdots, w_m)$，然而，联合概率的参数量十分巨大，为了减少模型的参数量，n 元语言模型利用链式法则从左到右地生成句子序列。随着深度学习的进步，利用分布式表示和神经网络的语言模型已成为研究的热点。神经网络方法可以在一定程度上避免数据稀疏问题。此外，一些神经网络模型可以突破对历史长度的限制，从而更好地建模长距离依赖关系。但语言模型的训练过程通常采用有监督方法，需要大量地标注数据。为此，研究者开始利用大规模语料库来获取更好的单词表示，如 word2vec 和 ELMo。大模型通常指的是参数量非常庞大的深度学习模型，它们具有数以亿计的参数。这些模型通常在大规模的数据集上进行训练，可以用于各种自然语言处理、计算机视觉、语音识别等任务。OpenAI 于 2018 年发布了 GPT 的第一个版本（GPT-1）。

尽管 ChatGPT 的绝大部分技术细节还未完全公开，但一些已经公开的研究表明，ChatGPT 的底层模型架构与 GPT-1 类似，均取自 Transformer 架构。

GPT-1 的训练是半监督的，包括最初的无监督预训练，以对语言中使用的单词之间的关联关系进行编码，接着是监督微调以优化特定自然语言处理任务的性能。为了简化过程，结构化输入查询（例如，因果排序的段落、离散段落、多项选择题和答案）被转换为单词的单个线性序列。预训练时，GPT-1使用了 BooksCorpus 数据集，该数据集包含 11 308 部小说，约 7400 万个句子、10^9 个单词。这种新型模型的总体性能非常出色，在 12 项自然语言处理任务中，9 个优于定制的模型，在多数情况下具有零样本学习的能力。

GPT-2（2019 年发布）拥有 15 亿个参数，参数规模比其前身大 10 倍。其训练数据源自 WebText，这是一个超过 800 万份文档的 40GB 数据集。GPT-2 最初在多项自然语言处理任务（阅读理解、摘要、翻译和问答）中进行了评估，即使在零样本设置下，其性能也要优于多数专门针对特定任务用例训练的模型。GPT-2 展示了大模型在执行不熟悉的任务时仍能够达到最先进水平的能力，但在文本摘要任务中的表现明显较弱，其性能与其他特定任务的模型相似或更差。在少样本设置或任务提示下，其性能可以得到提高，这说明大模型集成提示信息可以更好地完成特定的任务。

2020 年，GPT-3 发布，拥有 1750 亿个参数，是 GPT-2 的参数规模的 100多倍。更广泛的训练赋予了其更强的少样本学习和零样本学习能力，在各种自然语言处理任务中实现了最佳的性能。其训练数据集由 5 个语料库组成：Common Crawl（网页）、WebText2、Books1、Books2 和 Wikipedia，大小为45TB。总的来说，GPT-3 的开发专门解决了其前身的弱点，是迄今为止设计得最复杂的大模型。GPT-4 现已发布，在自然语言处理以及各类专业能力测试方面取得了比 GPT-3 更高的性能。此外，GPT-4 可以接受多模态信息输入：用户的提问中可以包含图像。但是其架构、开发和训练数据仍然是保密的。目前，GPT-4 已经在 ChatGPT 的一个版本中实现，并且可以通过应用程序编程接口（API）进行访问。

为了处理大规模数据和参数，大模型通常具有复杂的网络结构，如Transformer 架构，包括深层的神经网络、多头注意力机制、残差连接等。大模型通常通过预训练（pre-training）和微调（fine-tuning）的方式进行训练。

在预训练阶段，模型使用大规模数据集进行无监督或半监督的训练，学习通用的数据表示。在微调阶段，模型使用任务特定的数据对预训练模型进行调整，以适应具体的任务需求。下面本书将介绍大模型的基本结构——Transformer 架构、预训练方法及微调方式。

3.1.1　Transformer 架构

Transformer 架构是一种用于序列到序列（sequence-to-sequence）学习任务的深度学习模型架构，最初由谷歌于 2017 年提出。它在自然语言处理领域的翻译、文本生成等任务中取得了巨大成功，成为当前最先进的模型之一。Transformer 架构的核心思想是通过自注意力机制（self-attention mechanism）捕捉输入序列中的依赖关系，从而实现对序列的有效表示。ChatGPT 在此基础上进行了扩展和优化，以更好地处理长文本和复杂的语言现象。

如图 3.1 所示，Transformer 的模型架构主要由两部分组成：编码器（a）和解码器（b）。编码器用于将输入序列映射到一个连续的表示空间，解码器则将该表示空间映射回目标序列。这种编码器 – 解码器结构能够同时处理输入和输出，实现端到端的自然语言处理。

在编码器部分，Transformer 采用了多层自注意力机制和位置编码技术。自注意力机制允许模型在输入序列的每个位置上为每个位置分配不同的注意力权重，以捕捉序列中各个部分之间的依赖关系。通过自注意力机制，Transformer 能够同时考虑整个输入序列的上下文信息，避免了传统循环神经网络中的顺序依赖性问题。由于 Transformer 没有显式的顺序信息，因此在输入序列中加入位置编码以表示单词的位置信息，以帮助模型理解序列中的顺序关系。这些技术的结合使得编码器能够生成高质量的向量表示，为后续的解码器提供有力的支持。

在解码器部分，Transformer 同样采用了多层自注意力机制，并引入了编码器 – 解码器注意力机制。这种机制使得解码器在生成输出序列时能够关注到编码器生成的序列表示，从而实现对输入序列的理解和生成。此外，解码器还采用了掩码（masking）技术来避免在生成过程中看到未来的信息，保证

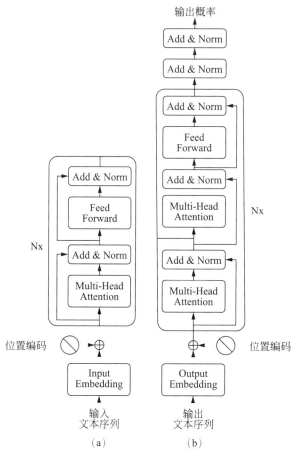

图 3.1　Transformer 架构图

（a）编码器；（b）解码器

生成的序列是合理的。

除基本的编码器 – 解码器结构外，Transformer 还采用了其他一些技术来增强模型的性能。Transformer 中的每个子层（如自注意力层和前馈神经网络层）之间都包含残差连接（residual connections）和层归一化（layer normalization），有助于稳定训练和提高模型性能，防止模型在训练过程中出现梯度消失或爆炸的问题。此外，Transformer 还采用了多头注意力机制（multi-head attention mechanism），它允许模型在进行自注意力计算时使用多组注意力权重，从而能够捕捉多个不同表示空间的信息，通过并行处理多个自注意力头来捕捉输入序列中的不同方面信息，提高模型的表示能力。

3.1.2　预训练

预训练是指在大规模数据集上进行的一种先验训练，目标是训练一个通用的模型，通常是无监督或半监督地学习数据的表示。预训练阶段的目标通常是学习一种通用的语言表示，即模型能够理解和表达文本数据的语义信息。大语言模型训练需要数万亿的各类型数据。如何构造海量"高质量"数据对于大语言模型的训练具有至关重要的作用。虽然，截至 2023 年 9 月，还没有非常好的大模型的理论分析和解释，也缺乏对语言模型训练数据的严格说明和定义。但是，大多数研究人员都普遍认为训练数据是影响大语言模型效果以及样本泛化能力的关键因素之一。从此前的研究来看，预训练数据需要涵盖各种类型，包括网络数据、图书和论文等，还需要覆盖尽可能多的领域、语言、文化和视角，从而提高大语言模型的泛化能力和适应性。

本节将介绍当前常见大语言模型训练数据的来源、处理方法，以及预训练数据对大语言模型的影响。

1. 数据来源

要开发一个功能强大的语言模型，关键在于从各种数据源收集大量的自然语言语料库。现有的大模型主要利用多种公共文本数据集作为预训练语料库，其来源主要可以分为两类：通用数据和专用数据。通用数据通常具有较高的普适性，适用于多种不同的应用场景，来源包括网页、书籍和对话文本等，因其数量庞大、多样且易于获取，被大多数大语言模型所采用。这种数据的丰富性有助于提升大模型的语言建模和泛化能力。鉴于大模型展现出的强大泛化能力，也有研究将预训练语料库扩展到更专业的数据集，如多语言数据、科学数据和代码，从而使大模型具备解决特定任务的能力。

2. 数据处理方法

在收集了大量文本数据后，需要对数据进行预处理以构建预训练语料库，预处理包括去除嘈杂、冗余、无关和可能有害的数据，因为这些数据可能会严重影响大模型的性能，数据处理方法主要包括文本过滤和文本去重等。

文本过滤：对文本数据进行筛选、清理或修改，以满足特定的需求或标准。这种过滤通常用于清除不必要的内容、识别敏感信息、规范文本格式等。为了从收集的语料库中去除低质量数据，现有工作通常采用两种方法：①基于分类器的方法；②基于启发式的方法。前者基于高质量文本训练一个选择分类器，并利用该分类器识别和过滤出低质量数据。通常，这些方法使用精心挑选的数据（例如，维基百科）作为正例，将候选数据作为负例，训练一个二元分类器，并预测每个数据样本的质量得分。一些研究发现，基于分类器的方法可能会导致方言、口语和社会语言中的高质量文本被意外删除，这可能导致预训练语料库存在偏见并降低语料库的多样性。基于启发式的方法，通过一系列精心设计的规则来消除低质量的文本，包括基于语言的过滤规则、基于度量的过滤规则、基于统计方法的过滤和基于关键词的过滤规则等。

文本去重：语料库中的重复数据会降低语言模型的多样性，可能导致训练过程不稳定，从而影响模型性能。因此，对预训练语料库进行去重是必要的。文本去重是指从一组文本数据中识别并删除重复的文本内容，以减少数据冗余并提高数据质量。去重可以在不同粒度上进行，包括句子级别、文档级别和数据集级别的去重。首先，应去除包含重复单词和短语的低质量句子，因为它们可能会在语言建模中引入重复模式。在文档级别上，现有研究主要依赖于文档之间字符特征（例如，单词和 n 元组重叠）的重叠率来检测和去除包含相似内容的重复文档。此外，为避免数据集污染问题，还需防止训练集和验证集之间的重叠，即从训练集中去除可能重复的文本。研究表明，这三个级别的去重对于改进大模型的训练是有效的，因此在实际应用中会经常被一起使用。

3. 预训练数据对大语言模型影响的分析

预训练数据对大语言模型的影响是至关重要的，它直接影响着模型的语言理解能力、泛化能力和性能。预训练数据集的规模和多样性直接影响模型对语言的覆盖范围。更大、更多样的数据集能够涵盖更广泛的语言现象，使模型更加全面地理解和生成语言。预训练数据集中包含的不同领域的数据会影响模型在不同领域任务上的表现。如果预训练数据覆盖了多个领域，模型可能具有较好的领域适应能力，能够更好地处理多样的任务和文本类型。预训练数据集的来源和组成可能会反映出特定文化和地域的偏好。这可能导致模型在不同文化和地域的语言理解上存在偏差，需要在特定场景下进行适当的微调或数据增强。预训练数据中存在的噪声和错误会直接影响模型的性能和稳健性。低质量的数据可能会引入模糊性和不准确性，降低模型的准确性和可靠性。研究表明，在质量较差的语料库（如嘈杂、有害和重复的数据）上进行预训练会极大地损害模型性能。近期的研究，如 T5、GLaM 和 Gopher，通过比较在过滤和未过滤语料库上训练的模型性能，得出了这样的结论：在处理后的数据上，预训练大模型可以提高模型性能。此外，重复数据会降低大模型从上下文中复制的能力，这可能进一步影响使用上下文学习的大模型的泛化能力。因此，利用文本过滤和文本去重等预处理方法来清理预训练语料库是至关重要的，有助于提高训练过程的稳定性并避免影响模型的性能。值得注意的是，预训练数据集的获取和使用涉及隐私和道德问题，必须确保数据集的合法性、合规性和隐私保护，避免对个人隐私造成侵犯。因此，有效管理和利用好预训练数据是提高语言模型性能和泛化能力的关键之一。

3.1.3 微调

预训练的目的是通过大规模数据的学习，使模型能够学习到通用的语言表示，从而在各种自然语言处理任务上具有更好的表现；而微调的目的是根据具体任务的需求，对预训练模型进行定制化调整，使其在特定任务上能够取得更好的性能。因此，微调通常是有监督的学习，目标是调整模型的参数以适应特定任务的要求。微调可以帮助模型更好地适应任务特定的语境、领域和数据分布，提高模型的泛化能力和准确性。微调一方面可以提升模型在垂直领域的表现，成为某一领域的专家；另一方面，可以与人类价值观对齐，体现出类人的智能。本节将介绍两种主要的微调大模型的方法：指令微调（prompt-based fine-tuning）和对齐微调（alignment-based fine-tuning）。前一种方法旨在增强（或解锁）大模型的能力，而后一种方法旨在使大模型的行为与人类的价值观或偏好保持一致。

1. 指令微调

指令微调是一种通过提供指令（prompt）来指导模型生成特定类型的输出的微调方法。在指令微调中，用户为模型提供一些指令文本，指示模型生成特定类型的文本输出。本质上，指令微调是以自然语言形式的一组格式化实例对预先训练的大模型进行微调的方法，这与监督微调和多任务提示训练高度相关。为了执行指令微调，首先需要收集或构造具有指令格式的实例。例如，为了进行情感分类，用户可以提供类似于 Positive: I really enjoyed this movie. 或 Negative: I did not like this movie. 的指令。然后，使用这些格式化的实例，模型通过理解指令的语义和结构，以及预训练的语言表示进行微调，从而生成与指令相匹配的输出。在指令微调之后，大模型可以展示出在看不见的任务上推广能力的优越表现，这种能力在多语言环境下同样得到了验证。

2. 对齐微调

对齐微调是一种将预训练模型对齐到特定任务数据分布的微调方法，其目的是消除模型输出的答案与人类的价值观或者偏好不一致的问题。这种对齐微调需要考虑不同的标准。例如，输出是否无害，是否符合人类价值观等。与指令微调不同，我们很难对大模型的输出做出是否符合人类价值观的标注，因为评价人类价值观的标准通常比较主观，很难对齐量化。

为了将大模型的输出与人类价值观进行对齐，InstructGPT 提出了基于人类反馈的强化学习，使用收集到的人类反馈数据对大模型进行微调。该方法采用强化学习算法（例如，近端策略优化）来学习奖励模型，使大模型适应人类反馈的同时改进对齐标准。这种方法将人类的反馈纳入训练的循环中，以开发具有良好对齐性的大模型。尽管基于人类强化学习的对齐方法取得了不错的效果，但是这种方法存在两点不足：①该方法需要同时训练大模型、奖励模型和参考模型，这在实际微调大模型时非常耗时；②强化学习通常会采用近端策略优化算法（proximal policy optimization，PPO）来更新模型，但是

PPO 相当复杂，而且通常对超参数非常敏感。

为此，研究人员开始探索直接优化大模型的方法。这类方法首先需要构建一个价值对齐数据集。对齐数据集的构建方法主要有 3 种，分别是基于奖励模型的方法，基于大模型生成的方法和基于大模型交互的方法。

基于奖励模型的方法通过重用基于人类反馈强化学习中的奖励模型来筛选高质量数据。例如，基于奖励排序的微调算法（Reward rAnked Fine Tuning Fine-tuning，RAFT）采用基于人类偏好数据训练的奖励模型，对大模型的回答进行排序，并收集那些奖励较高的回答来对大模型进行监督微调。此外，奖励模型还可以用于对模型的输出进行评分。基于语言反馈的模仿学习（Imitation learning from Language Feedback，ILF）首先利用大模型生成更详细的答案，然后利用奖励模型选择出与人类反馈结果最匹配的答案，并进一步训练大语言模型。

奖励模型有助于从模型反应中选择对齐的数据。然而，训练奖励模型本身需要大量高质量的人工标记数据，这通常是很难获取的。此外，现有的奖励模型虽然可以被重用，但是这种奖励模型通常是特定于某一个大模型，这可能导致奖励模型无法被用于其他大模型的对齐微调。因此，一些工作开始探索利用大模型来自动生成与人类价值观对齐的数据。例如，自对齐算法通过人工设计了一些模型应该遵守的规则来生成有用的、符合道德要求且可靠的回答，并将其作为对齐数据。

基于大模型交互的方法借鉴人类学习社会规范和价值观的机制——与社会环境进行交互，通过大模型之间的交互来自动地学习与人类价值观对齐的标准。例如，Stable Alignment 构建了一个由大模型智能体组成的模拟交互环境，其中大模型智能体之间相互作用，并接收改进的反馈。

可以发现，大模型在任务上的泛化能力很大程度上来源于指令微调，通过指令微调来让模型更好地理解任务并完成任务。而对齐微调的目的则是让模型与人类的价值观保持一致，使得模型更具人性。

3.1.4 高效地使用大语言模型

大模型的出现极大地方便了使用者，因为只需要通过输入问题，模型就可以输出使用者想要的回答。但是研究结果表明，大模型输出回答的质量取决于提示的内容。为此，OpenAI 给出了 6 条关于高质量使用大语言模型的提示策略。

（1）提示的内容量清晰：模型无法知道使用者的想法，如果模型的输出太长，可以要求模型简短回复，如果输出太简单，也可以要求模型提供专家级别的回答，如果不喜欢模型的输出格式，可以提供希望得到的格式。为此，可以通过以下几种方式来使提示更加明确：在问题中尽可能地提供详细的信息来获取相关的答案、让模型扮演具体的角色、使用分隔符清楚地划分输入的不同部分、制定完成任务所需的步骤、提供示例、制定所需输出的长度等。

（2）提供参考文档：大模型有时候会很自行地给出错误的答案，特别是当被问到深奥的话题或要给出引用和链接时。此时提供一些参考文档可以帮助减少询问的次数。

（3）将复杂的任务拆分为更简单的子任务：完成复杂的任务比简单的任务有更高的错误率。因此，将复杂的任务重新定义为更简单任务的工作流程有利于提高模型回答的质量，其中前序任务的输出可以用于构造后序任务的输入。

（4）给模型时间去"思考"：模型在给出答案之前，提供思维链可以帮助模型推理出更可靠的答案。

（5）使用外部工具：通过向模型提供其他工具的输出来弥补模型的弱点。例如，文本检索系统可以告诉模型相关文档，如果一项任务可以通过工具更可靠或者更有效地完成，那么可以充分的利用工具来回答。

（6）系统地测试：在某些情况下，对提示的修改将在一些孤立的示例上实现更好的性能，但会导致一组更具代表性的示例整体性能变差。因此，有必要定义一个全面的测试套件。

通过对上述 6 条提示策略的介绍，我们可以发现，大模型的智能程度还在很大程度上依赖于人的提示方式，可见目前的大模型尽管已经初步表现出了通用智能的特点，但是其智能程度仍然有待提升，在面对复杂任务时仍然需要依靠人类来分解复杂的任务，或者给出具体的实施步骤才能更好地完成任务。从这一点来看，人机结合的综合集成法显得更有必要。

3.2 大模型的表现

本节介绍大模型在自然语言理解、社会科学、数学计算和医学领域的表现，希望读者对大模型在不同领域的通用智能表现有一个全面的了解。

3.2.1 自然语言理解

自然语言理解任务包括情感分析、文本分类、自然语言推理等。

情感分析：是一项通过分析和解读文本以确定情感倾向的任务。这通常是一个二元（积极和消极）或三元（积极、中性和消极）分类问题。研究表明，模型在此任务上的性能通常较高。ChatGPT 在情感分析预测方面的表现优于传统方法。在细粒度的情感分析和情感原因分析方面，ChatGPT 也展现出卓越的性能。在低资源学习环境中，大模型相较于小型语言模型具有显著优势，但 ChatGPT 理解低资源语言的能力有限。总的来说，大模型在情感分析任务中表现出了出色的性能。

文本分类：和情感分析是相关领域，但文本分类不仅关注情感，还包括对所有文本和任务的处理。有研究表明，GLM-130B 模型在各种文本分类中表现最佳，整体准确率为 85.8%。而且，ChatGPT 能够为大量的新闻生成可信度评分，并且这些评分与人类专家的评分之间存在一定程度的相关性。此外，ChatGPT 在二元分类场景中达到了可接受的准确度（AUC=0.89）（AUC 为模型评估指标）。大模型与支持向量机相结合可以有效地执行公共事务领域多标签话题分类任务，其准确率超过 85%。总的来说，大模型在文本分类方面表现良好。

自然语言推理：是确定给定"假设"是否能从"前提"中推理得出的任务。研究表明，ChatGPT 在处理事实性输入方面表现出色，这可以归因于其偏好人类反馈的训练过程。然而，部分研究表明大语言模型在自然语言推理领域的表现不佳，这表明大语言模型在这一领域仍有很大的改进空间。

3.2.2　社会科学

社会科学涉及对人类社会和个人行为的研究，包括经济学、社会学、政治学、法律等学科。有学者评估了大模型在解决社会科学中的缩放和测量问题方面的潜在用途，发现大模型可以产生关于政治意识形态的反应。

在计算社会科学（computational social science，CSS）任务中，研究人员对几个CSS任务上的大模型进行了综合评估。在分类任务中，大模型在事件参数提取、字符比喻、隐式仇恨和共情分类方面表现出最低的绝对性能，准确率低于40%。这些任务要么涉及复杂的结构（事件参数），要么涉及主观的专家分类，其语义与在大模型预训练中学习到的语义不同。相反，大模型在错误信息、立场和情绪分类方面表现最好。当涉及生成任务时，大模型经常会产生超过人类的见解。可见，虽然大模型可以极大地增强传统的CSS研究，但尚不能完全取代。

在法律案件的判决摘要中，大模型的零样本学习能力表现一般。大模型存在以下几个问题，包括不完整的句子和单词，无意义的句子合并，以及更严重的错误，如不一致和幻觉等信息。研究发现当大模型与提示增强和正确的法律文本相结合时，可以表现得更好，但尚未达到专业税务律师的水平。这表明，大模型还有进一步改进的空间。

在心理学领域内，有学者采用跨学科的方法，从发展心理学和比较心理学中汲取意见，以探索评估大模型能力的替代方法。通过整合不同的观点，研究人员可以加深他们对认知本质的理解，并有效地利用大模型进行心理学实验，以减轻潜在的伦理风险。

总之，大模型的应用极大地帮助了个人处理社会科学相关任务，提高了工作效率。然而，必须承认的是现有的大模型尚且不能完全取代该领域的人类专业人员。

3.2.3　数学计算

对于基础数学问题，大多数大模型在加法和减法方面表现出色，并具备一定的乘法能力。然而，它们在除法、指数运算、三角函数和对数函数方面面临挑战。另外，大模型在处理小数、负数和无理数方面展现出一定的能力。在性能方面，ChatGPT 和 GPT-4 显著优于其他模型，展现出在解决数学任务上的优势。这两个模型在处理大数和复杂、冗长的数学查询方面具有明显的优势。GPT-4 以 10 个百分点的准确度提升和相对误差降低 50% 的表现优于ChatGPT，这主要归功于其优越的除法和三角函数能力、对无理数的正确理解以及对长表达式的连贯计算。

在面对复杂且具有挑战性的数学问题时，大模型的表现往往不尽如人意。具体来说，GPT-3 的表现近乎随机，GPT-3.5 有所提升，GPT-4 表现最佳。尽管新模型取得了进步，但值得注意的是，与专家相比，它们的最佳表现仍相对较低，且缺乏进行数学研究的能力。代数运算和计算等特定任务对 GPT 系列模型来说仍然是挑战。GPT-4 在这些任务中表现不佳的主要原因在于代数运算中的错误以及难以检索相关领域的特定概念。研究人员评估了 GPT-4 在解决高中竞赛难题上的表现，结果显示 GPT-4 在半数类别中达到了 60% 的准确率。然而，在中级代数和预科微积分等领域，GPT-4 只能以约 20% 的低准确率进行解答。ChatGPT 在涉及导数与应用、$Oxyz$ 空间微积分和空间几何等主题问题上的回答能力也较弱。研究表明，随着任务难度的增加，ChatGPT 的表现会下降：在识别层面，它正确回答了 83% 的问题；在理解层面为 62%；在应用层面降至 27%；在最高认知复杂度层面仅为 10%。鉴于高知识水平的问题往往更为复杂，需要深入理解和问题解决能力，这样的结果也是可以预见的。

这些结果表明，大模型的有效性在很大程度上受所遇问题复杂性的影响。这一发现对于设计和开发能够成功处理这些具有挑战性任务的优化人工智能系统具有重要意义。

3.2.4 医学领域

大模型在医学领域的应用主要包括三类：医疗查询、医疗检查和医疗助手。

医疗查询： 大模型在医疗查询方面的重要性在于提供准确可靠的医疗信

息，以满足医疗专业人士和患者对高质量医疗信息的需求。ChatGPT 在多种医疗查询中生成了相对准确的信息，包括遗传学、放射肿瘤物理学、生物医学以及其他医学学科，这在一定程度上证明了其在医疗查询领域的有效性。然而，也存在一些局限性。Thirunavukarasu 等评估了 ChatGPT 在初级保健中的表现，发现其在学生全面评估中的平均分数低于及格分数。Chervenak 等强调，尽管 ChatGPT 可以在与生育相关的临床提示中生成与现有资料相似的回应，但其在引用可靠资料方面的局限性和可能编造信息的风险限制了其在临床上的实用性。

医疗检查： 吉尔森等和孔等通过美国医学执照考试评估了大模型在医疗检查中的表现。结果表明，ChatGPT 在不同数据集上的准确性有所不同。然而，与正确答案相比，错误答案中提及的外部信息（非提示词中的信息）较少。孔等的研究表明，ChatGPT 在这些考试中达到了或接近及格分数线，且没有进行针对性的训练。该模型表现出高一致性和洞察力，表明其在医学教育和临床决策制定方面具有潜在的辅助作用。ChatGPT 可以作为一个工具，用于回答医学问题、提供解释和支持决策制定的过程中。这为医学学生和临床医生在教育和临床实践中提供了额外的资源和支持。此外，沙尔马等发现，与谷歌搜索结果相比，ChatGPT 生成的答案更具上下文意识，并具备更好的演绎推理能力。

医疗助手： 在医疗助手领域，大模型展示了潜在的应用，包括胃肠道疾病识别研究、痴呆症诊断。然而，大模型也存在一些局限性和挑战，如缺乏创新性、高输入要求、资源限制、答案的不确定性以及与误诊和患者隐私相关的潜在风险。

此外，多项研究评估了 ChatGPT 在医学教育领域的表现和可行性。Oh 等评估了 GPT-3.5 和 GPT-4 模型在理解外科手术临床信息及其对手术教育和培训潜在影响方面的表现。结果显示，GPT-3.5 的总体准确率为 46.8%，而 GPT-4 的准确率为 76.4%，表明这两个模型之间存在显著的性能差异。值得注意的是，GPT-4 在不同子专业领域均表现出色，这表明它具备理解复杂临床信息并有助于辅助手术教育和培训的能力。另一项由吕等进行的研究探讨了将 ChatGPT 应用于临床教育的可行性，特别是在将放射学报告转化为易于理解的语言方面。研究发现，ChatGPT 能够有效地将放射学报告转化为通俗易懂的语言，并提供一般性的建议。此外，与 GPT-4 相比，ChatGPT 的质量有所改进。这些发现表明，在临床教育中应用大模型是可行的。

3.3 思维科学与大语言模型

2023 年 4 月 21 日，俄罗斯科学技术中心发表了《大模型认知发展前景》文章。文章称，在过去的几年里，人工智能系统在解决图像、语音识别、严重疾病和复杂游戏等方面的能力已远远超过人类。因此，人们对于生成式人工智能拥有，甚至超越人类智慧的担忧也与日俱增。那么机器真的能够拥有人类的智慧吗？

为此，思维科学领域的学者对大语言模型的能力及其与思维的关系进行了更为清晰和深入的探讨。大语言模型的能力主要依据其在语言使用中的有效性来衡量，这包括形式语言能力和功能语言能力两个方面。形式语言能力是指掌握特定语言的规则和模型知识，而功能语言能力则涵盖了多种认知能力，如在现实世界中理解和使用语言。

在探讨大语言模型时，一个常见的误解是将语言能力与思维能力等同起来。事实上，语言是反映思维的窗口，但语言能力并不等同于思维能力。一个人可能拥有出色的语言能力，但并不一定具备强大的思维能力；反之亦然。这种误解的根源在于混淆了形式语言能力和功能语言能力的概念。形式语言能力是创造和理解给定语言所必需的核心能力，包括词汇量、语法规则等。在这方面，大语言模型已经取得了显著的进展，能够生成符合语法的文本，并从输入数据中推断出语言概念。然而，这并不意味着大语言模型已经具备了与人类相似的思维能力。

功能语言能力是在现实生活环境中使用语言时所需的一组非特定认知功能，如推理、逻辑分析等。这些能力并不是语言所独有的，而是与其他神经连接和认知功能紧密相连。目前的大语言模型在这方面还存在很大的局限性，无法像人类一样全面地理解和使用语言。因此，尽管大语言模型在语言处理方面取得了显著的进展，但我们仍需要保持审慎的态度。从目前的情况来看，大语言模型尽管还不是真正意义上的思维机器，但是也已经具备了通用智能的雏形——功能性语言能力。

在大语言模型时代以前，自然语言领域的学者通过认知神经计算方法来指导语言模型构建，这类方法主要分为 4 种：①借鉴大脑表征、学习、注意力、记忆等认知机制，设计或改进计算模型，如 Wang 等受人类注意力机制启发设计了句子表示模型；②将大脑神经活动、神经影像或行为数据看作一种额外模态的数据，如 Klerke 等设计了一种多任务学习的方法将眼动数据引入句子压缩任务中；③从模型底层架构上模拟生物神经元或神经环路的结构和工作机理，如神经图灵机；④借鉴或使用认知科学的研究方法来解析神经网络模型编码的信息，如 Chien 等利用神经科学领域常用的时间尺度映射方法来研究长短时记忆模型中每个神经元编码的信息。这些方法尽管在某些特定任务上带来了不错的效果，但是大模型在一些稍微复杂的推理场景中表现得并不理想，例如简单的数学问题。为此，越来越多的学者开始使用借鉴人类思维的机制来优化大模型的推理能力。

3.3.1　思维链推理技术

强大的逻辑推理是大模型"智能涌现"出的核心能力之一，而这项能力的核心在于思维链技术（chain of thought，CoT）。如图 3.2 所示，思维链技术迫使模型沿着某条推理路径逐步得出中间结果，而不是直接给出原问题的回答。早期的 CoT 方法非常简单，只需要向大语言模型展示一些少量的推理样例，并在样例中解释推理过程，大模型在回答提示时也会显示出类似的推理过程，这种推理的解释往往会引导出更准确的结果。例如：

图 3.2　chain of thought 提示（CoT）

用户：	Roger 有 5 个网球，然后又买了 2 罐网球，每罐里有 3 个网球。计算 Roger 现在总共有多少个网球		
提示样例	思维链推理	假设 Roger 原来有的网球数量为 a 个，新买的每罐网球数量为 b 个，新买的罐数为 c 罐 Roger 原来有的网球数量 a = 5 个 每罐网球的数量 b = 3 个 Roger 新买的罐数 c = 2 罐 所以，Roger 新买的网球总数是 b × c Roger 现在总共有的网球数量是 a + b × c 用数学公式，我们可以表示为： 总网球数 = a + b × c 现在我们要来计算 Roger 现在总共有多少个网球 计算结果为：Roger 现在总共有 11 个网球	
LLM：	思维链推理	一个食堂原本有 23 个苹果，他们用了 20 个苹果来做午餐，然后又买了 6 个新的苹果，食堂现在有多少个苹果	
		假设食堂原来的苹果数量为 a 个，用掉的苹果数量为 b 个，新买的苹果数量为 c 个，现在的苹果数量为 d 个 根据题目，我们可以建立以下方程： 食堂原来的苹果数量是 a = 23 个 食堂用掉的苹果数量是 b = 20 个 食堂新买的苹果数量是 c = 6 个 食堂现在的苹果数量是 d = a − b + c 现在我们要来解这个方程，找出 d 的值 计算结果为：d = 9 所以，食堂现在有 9 个苹果	

通过这种方式，大模型在常识推理任务上的表现首次超越了人类，在数学逻辑推理方面也得到了大幅的提升，并且这种将一个逻辑推理问题分解成了多个步骤来逐步进行的方式，使生成的结果有了更加清晰的逻辑链路，这为大模型的回答提供了一定的可解释性，用户可以很容易看出答案的推理路径。

3.3.2 自一致性推理方法

尽管 CoT 提示与语言模型相结合在复杂推理任务上取得了令人赞叹的结果，但 CoT 提示中使用的朴素贪婪解码通常会导致重复性和局部最优性。为此，有研究学者进一步提出了一种改进 CoT 技术的方法——自一致性（self-consistency，SC）。如图 3.3 所示，该方法首先需要大模型像人一样对复杂推理问题生成多个推理路径，然后对一组不同的推理路径进行采样，而不是只采用朴素的贪婪解码，最后通过投票选择重复次数最多的答案。例如：

提示
问：如果停车场有 3 辆车，又来了 2 辆车，停车场里有多少辆车？
答：停车场里已经有 3 辆车了。又来了 2 辆。现在停车场有 3+2=5 辆车。答案是 5
问：珍妮特的鸭子每天下 16 个蛋。她每天早上吃 3 个当早餐，每天用 4 个做松饼给她的朋友们。剩下的她以每个 2 美元的价格出售。她每天能赚多少钱？
第一次运行大模型
答：她剩下 16−3−4＝9 个蛋。所以她每天能赚 2×9＝18 美元
第二次运行大模型
答：这意味着她以每个 2 美元的价格出售剩下的蛋，即 2×(16-4-3)=18 美元
第三次运行大模型
答：她早餐吃了 3 个蛋，所以还剩下 16−3＝13 个蛋。然后她用蛋做松饼，所以还剩下 13−4＝9 个蛋。所以她剩 9 个蛋，每个卖 2 美元，总共赚了 9×2＝18 美元

可以看到，在同样的提示下，大模型 3 次输出的答案分别为 18、26 和 18。通过投票选择重复次数最多的答案，即 18 美元。SC 方法类似于机器学习中的套袋（bootstrap aggregating，Bagging）技术，以增加计算量为代价，降低模型预测的方差，进而增强模型的泛化性。

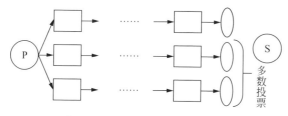

图 3.3　self-consistency（SC）

3.3.3　思维树推理技术

CoT 和 SC 方法本质上都是一种从左到右的回归方式，并不符合人类在推理过程中所展现的规划、回溯等特点，而且推理过程中无法反复利用有用的中间结果，导致模型在进行更加复杂的推理任务时（例如，24 点游戏）表现不佳。为此，有研究学者引入了一种新的语言模型推理框架——思维树（tree of thought，ToT），将 CoT 方法推广到了更一般的形式。如图 3.4 所示，ToT 可以对文本的连贯单元（"思维"）进行探索，并作为解决问题的中间步骤，通过考虑多种不同的推理路径和自我评估选择来进行决策，并在必要时向前或向后进行全局选择。从这一点来看，ToT 则更加符合人类推理的思维。以 24 点的游戏为例，ToT 完成该任务需要 3 个思维步骤，每一步都需要一个中间方程。而每个步骤保留最优的 5 个候选项。在推理中，ToT 方法会执行广度优先搜索（breadth-first search，BFS），每步思维的候选项都要求 LLM 给出能否得到 24 的评估——"sure/maybe/impossible"（一定能 / 可能 / 不可能）。评估的目的是希望基于"太大 / 太小"的常识消除那些不可能（impossible）的局部解，保留其余可能的（maybe）局部解，从而减少不必要的探索。Hulbert 等进一步将 ToT 的提示框架概括成了下面这一段简单的提示词，用于指导 LLM 在一次提示中对中间思维做出评估。ToT 提示词的例子如下。

假设三位不同的专家来回答这个问题。

所有专家都写下他们思考这个问题的第一个步骤，然后与大家分享。

然后，所有专家都写下他们思考的下一个步骤并分享。

以此类推，直到所有专家写完他们思考的所有步骤。

只要大家发现有专家的步骤出错了，就让这位专家离开。

请问……

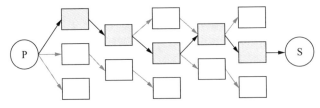

图 3.4　tree of thought（ToT）

3.3.4　思维传播推理技术

随着 CoT 技术的发展，大模型在推理任务方面取得了显著的成功。然而，这些方法并没有充分利用类似问题的解决方案。为此，有研究学者提出了一种思想传播（thought propagation，TP）的类比推理方法，进一步提升了 LLM 的推理能力。如图 3.5 所示，该方法首先提示大模型输出一组与输入问题相关的类似问题，然后，通过现有的 CoT 技术来得到所有问题的解决方案，并通过一个聚合模块进一步聚合类似问题的解决方案，该聚合模块会重用来自类似问题的解来生成输入问题的新解。该模块将输入问题与其类似的对应问题进行了比较，并基于类似问题的结果纠正其中间推理步骤，最终提升了大模型在复杂任务推理上的性能。

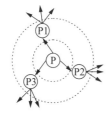
为初始问题P生成类似的问题P1，P2，P3

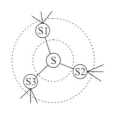
为初始问题P和类似问题P1，P2，P3生成解决方案S1，S2，S3

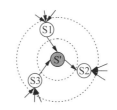
整合方案S1，S2，S3，并更新初始问题P的解决方案S到S′

图 3.5　思想传播

从核心思路上来看，CoT 技术、SC 技术、ToT 技术和 TP 技术都是通过多轮对话的形式来增强 LLM 解决复杂问题的能力。主要区别在于：① CoT 技术会沿着一条局部最优的路径进行搜索，直到得出最终的结论，结论有可能是对的，也可能是错的；② SC 技术则是沿着多个推理路径进行搜索，最终通过多数投票机制选出全局最佳的结果；③ ToT 技术不仅会沿着多条思维链进行搜索，在每一步搜索的过程中会额外地对中间结论进行评估，以便 LLM 及时停止不可能路径的搜索，进行思维回溯；④与 SC 技术相类似，在解决单个问题的推理时，TP 仍然需要借助 CoT 技术，但是 TP 通过整合多个相似问题的解来优化原问题的推理结果。与 SC 技术直接采用多数投票的机制相比，TP 技术通过类比推理的思路可以利用相似问题的解来更好地优化推理结果。

从这一点来看，TP 技术或许能更好地解决具有重复子问题的递归或者动态规划的问题，如最短路径问题。

3.4 大模型的安全挑战与社会影响

大模型深刻地改变了人们的生活方式和工作方式，大模型所涉及的安全挑战和对社会的影响也越来越引起重视。首先，数据层面上的挑战涉及数据的质量、隐私和安全性，这些因素直接影响着模型的可信度和鲁棒性。其次，算法层面上的挑战涉及模型的设计、训练和部署过程中的漏洞与缺陷，这些漏洞可能会被恶意利用，导致模型的性能下降或者产生严重的安全隐患。因此，本节从数据和算法两个角度对大模型的安全挑战进行介绍，并论述可能带来的社会影响。

3.4.1 数据的安全挑战

在当今数字化时代，数据的价值愈发凸显，这是因为模型的训练质量和性能很大程度上取决于所使用的数据的质量和多样性，因此大模型的数据获取、处理、分析和存储已成为各行业不可或缺的核心环节。大模型获取数据的方法包括从公开数据集、互联网文本、书籍以及其他来源中提取数据。这些数据覆盖了各种主题和领域，从而使模型能够学习到更广泛的知识，提高其应对不同任务的能力。尽管大模型的数据来源极其丰富，但仍然存在以下问题。

（1）包含虚假数据。由于大模型的数据来源包括互联网文本和社交媒体内容，其中不乏虚假信息、误导性信息或谣言。这些信息可能会在模型的训练过程中被错误地视为真实数据，从而影响模型的输出。举一个通俗易懂的例子，假设大模型接受了虚假事件文本"在 19 世纪末，一位名叫约翰·史密斯的工程师发明了世界上第一台飞行汽车，并成功飞越了大西洋，将世界各地连接了起来。"的输入，由于这个故事是完全虚构的，那么在缺乏足够的监督下，模型直接输出了错误信息。

（2）隐私泄露。大模型需要大量的数据来进行训练，这可能涉及个人隐私信息的收集和使用。如果这些数据未经适当的匿名化或保护就被模型使用，可能会泄露用户的敏感信息，引发隐私泄露和数据安全问题。

（3）公平性不足。如果数据集中包含有偏见或歧视性的内容，模型可能会学习到这些偏见，并在生成内容时表现出歧视性，加剧社会不公平现象（如职业歧视、性别歧视、种族歧视等）。

（4）引发版权纠纷。大模型的数据获取还可能引发版权纠纷和知识产权争议。如果模型使用了未经授权的受版权保护数据，可能会面临法律诉讼和经济赔偿责任。假设一个语言模型用于生成文本，但其训练数据包含了未经授权的受版权保护的书籍或文章内容，那么版权持有者可能会对此提出索赔。

（5）违反法律法规。对于某些特定领域的数据，如医疗健康数据或金融数据，还存在着法律法规和行业标准的限制，需要严格遵守。比如，使用医疗健康数据进行研究或分析时，必须符合医疗隐私法案（HIPAA）等相关法律，保护患者的隐私和数据安全。任何违反这些法律和标准的行为都可能需要承担法律责任和造成严重后果。

3.4.2　算法的安全挑战

大模型的训练过程基于深度学习技术，Transformer 架构是目前应用最广泛的一种模型结构，它通过自注意力机制实现了对输入序列的建模，使模型能够更好地理解长距离依赖关系和语境信息。但由于受到算法和模型的限制，大模型也存在以下问题。

（1）偏见和不平等。由于数据通常包含社会现实中存在的偏见和不平等，并且模型往往更倾向于学习频繁出现的模式，因此导致模型在生成内容或进行决策时可能会出现歧视性结果。例如，一个大语言模型在描述职业时，更倾向于将女性与家庭或传统的家务工作相关联，而将男性与职业成功或高薪工作联系起来。这种倾向性可能是因为模型在训练数据中接触到了社会中的这些偏见和性别刻板印象，而且由于模型更倾向于学习频繁出现的模式，因此会更倾向于生成这样的负面描述，从而强化了性别歧视和不平等现象。

（2）可解释性差。大模型具有巨大的参数规模和复杂的结构，导致其内部的运作机制难以理解和解释。这使得用户很难理解模型的决策过程和生成内容的依据，从而难以评估模型的准确性和可信度。缺乏可解释性也增加了模型被滥用或误用的风险，特别是在涉及敏感领域，如医疗诊断、司法决策等方面。例如，利用大模型对某个患者的 X 光片进行分类，判断该患者是否存在某种疾病，但是它可能无法提供清晰的解释说明为什么做出了这样的分类决策。这种缺乏解释性可能会让医生难以理解模型的判断依据，从而降低了医疗专业人员对模型的信任度，使得这些模型在临床实践中难以被广泛应用。

（3）逻辑能力不足。尽管大模型性能卓越，但在处理复杂任务时，仍然存在逻辑能力不足的问题，这在一定程度上给大模型的应用带来了挑战。例如，大模型在理解复杂逻辑或推理任务时表现不佳，因为它们可能仅仅是在学习数据中的模式，而没有真正理解背后的逻辑结构。举例来说，一个大语言模型被用于阅读理解等推理任务，尽管可能展现出惊人的准确度，但当面对涉及复杂逻辑关系或需要深入推理的问题时，它们的表现往往并不理想。这是因为大模型主要依赖于统计学习方法，通过大量数据的模式来进行预测和生成，而不是真正理解了问题的本质或逻辑结构。换句话说，它们可能会在表面上模仿人类的推理过程，但缺乏对问题本质的深层理解。此外，大模型可能会在处理因果关系方面遇到困难，因为它们往往只能根据相关性来进行预测，而无法确定因果关系。

（4）谄媚。谄媚问题是指大模型可能倾向于通过再次确认用户的误解和既定信念来奉承用户。当用户挑战模型的输出或反复强迫模型遵守时，这种现象尤为明显。这种现象出现的原因可能是因为如果模型被设计为最大化与人类用户的交互满意度或其他类似指标，那么模型在训练过程中的强化学习阶段会促进并强制执行人类用户的确认，这种奖励机制会促使模型生成那些能够获得积极反馈的内容，即使这些内容可能是不准确的或谄媚的。另一方面，由于模型内部缺乏逻辑和推理，也会导致谄媚问题。

3.4.3　安全挑战带来的社会影响

大模型的安全挑战带来的社会影响是多方面且深远的。这些挑战不仅可能损害人们对人工智能技术的信任，导致信息泄露、隐私侵犯和数据误导，也可能引发广泛的社会焦虑与不公平现象，其中包括以下 4 点。

（1）信任危机。如果大模型被发现使用虚假数据进行训练，或者在其运行过程中由于数据质量问题而产生虚假结果，将会严重损害人们对这些技术的信任，导致公众对人工智能技术的普及和应用持怀疑态度，降低其采用率。

（2）决策失误。基于大模型生成的虚假数据进行决策可能导致严重的后果。例如，在医疗诊断中使用虚假数据可能导致错误的诊断结果，而在金融领域中使用虚假数据可能导致错误的风险评估和投资决策。

（3）隐私侵犯。大模型的训练数据可能包含个人敏感信息。如果这些数据被泄露或滥用，将对个人隐私造成严重侵犯，引发法律诉讼、监管调查以及公众对数据隐私保护的关注和恐慌。

（4）社会不平等。大模型在数据获取方面存在偏差可能会加剧现有的社会不平等问题。如果大模型主要依赖于某些人群的数据，那么它们可能会无意中加剧对那些数据贡献者以外人群的歧视或忽视。

因此，需要加强数据安全保护、建立有效的监管机制、提升技术的透明度与可解释性，并促进公众与相关利益方的积极参与，以应对这些安全挑战，确保人工智能技术的安全和可持续发展。

主要参考文献

[1] ZHAO W X, LIU J, REN R, et al. Dense text retrieval based on pretrained language models: A survey[J]. ACM Transactions on Information Systems, 2024, 42(4): 1-60.

[2] YAO S, YU D, ZHAO J, et al. Tree of thoughts: Deliberate problem solving with large language models[J]. Advances in Neural Information Processing Systems, 2024, 36.

[3] XIE S M, PHAM H, DONG X, et al. Doremi: Optimizing data mixtures speeds up language model pretraining[J]. Advances in Neural Information

Processing Systems, 2024, 36.

[4] SUN Z，SHEN Y, ZHOU Q, et al. Principle-driven self-alignment of language models from scratch with minimal human supervision[J]. Advances in Neural Information Processing Systems, 2024, 36.

[5] SHANAHAN M. Talking about large language models[J]. Communications of the ACM, 2024, 67(2): 68-79.

[6] SCHICK T, DWIVEDI-YU J, DESSì R, et al. Toolformer: Language models can teach themselves to use tools[J]. Advances in Neural Information Processing Systems, 2024, 36.

[7] MUENNIGHOFF N, RUSH A, BARAK B, et al. Scaling data-constrained language models[J]. Advances in Neural Information Processing Systems, 2024, 36.

[8] HUANG S, DONG L, WANG W, et al. Language is not all you need: Aligning perception with language models[J]. Advances in Neural Information Processing Systems, 2024, 36.

[9] ZHOU J, KE P, QIU X, et al. ChatGPT: potential, prospects, and limitations[J]. Frontiers of Information Technology & Electronic Engineering, 2023: 1-6.

[10] ZHOU C, LI Q, LI C, et al. A comprehensive survey on pretrained foundation models: A history from bert to chatgpt[J]. arXiv preprint arXiv: 2302.09419, 2023.

[11] YU J, HE R, YING R. Thought propagation: An analogical approach to complex reasoning with large language models[J]. arXiv preprint arXiv: 2310.03965，2023.

[12] WU C, YIN S, QI W, et al. Visual chatgpt: Talking, drawing and editing with visual foundation models[J]. arXiv preprint arXiv: 2303.04671, 2023.

[13] TOUVRON H, LAVRIL T, IZACARD G, et al. Llama: Open and efficient foundation language models[J]. arXiv preprint arXiv: 2302.13971, 2023.

[14] SCHEURER J, CAMPOS J A, KORBAK T, et al. Training language models with language feedback at scale[J]. arXiv preprint arXiv: 2303.16755, 2023.

[15] ROMERO O J, ZIMMERMAN J, STEINFELD A, et al. Synergistic integration of large language models and cognitive architectures for robust ai: An exploratory analysis[C]. Proceedings of the AAAI Symposium Series, 2023: 396-405.

[16] QIAO S, OU Y, ZHANG N, et al. Reasoning with Language Model Prompting: A Survey[C]. Proceedings of the 61st Annual Meeting of the Association for Computational Linguistics (Volume 1: Long Papers), 2023: 5368-5393.

[17] LIU Y, YAO Y, TON J-F, et al. Trustworthy LLMs: a Survey and Guideline for Evaluating Large Language Models' Alignment[J]. arXiv preprint arXiv: 2308.05374, 2023.

[18] LIU R, YANG R, JIA C, et al. Training socially aligned language models in simulated human society[J]. arXiv preprint arXiv: 2305.16960, 2023.

[19] LIU P, YUAN W, FU J, et al. Pre-train, prompt, and predict: A systematic survey of prompting methods in natural language processing[J]. ACM Computing Surveys, 2023, 55(9): 1-35.

[20] KORTHIKANTI V A, CASPER J, LYM S, et al. Reducing activation recomputation in large transformer models[J]. Proceedings of Machine Learning and Systems, 2023, 5.

[21] HUANG L, YU W, MA W, et al. A survey on hallucination in large language models: Principles, taxonomy, challenges，and open questions[J]. arXiv preprint arXiv: 2311.05232，2023.

[22] HUANG J, CHANG K C-C. Towards Reasoning in Large Language Models: A Survey[C]. 61st Annual Meeting of the Association for Computational Linguistics, ACL 2023, 2023: 1049-1065.

[23] HU S, LIU X, HAN X, et al. Unlock predictable scaling from emergent abilities[J]. arXiv preprint arXiv: 2310.03262，2023.

[24] DRIESS D, XIA F, SAJJADI M S，et al. Palm-e: An embodied multimodal language model[J]. arXiv preprint arXiv: 2303.03378, 2023.

[25] DONG H, XIONG W, GOYAL D, et al. Raft: Reward ranked finetuning for generative foundation model alignment[J]. arXiv preprint arXiv: 2304.06767, 2023.

[26] DAI D, SUN Y, DONG L, et al. Why Can GPT Learn In-Context? Language Models Secretly Perform Gradient Descent as Meta-Optimizers[C]. Findings of the Association for Computational Linguistics: ACL 2023, 2023: 4005-4019.

[27] CHOWDHERY A, NARANG S, DEVLIN J, et al. Palm: Scaling language modeling with pathways[J]. Journal of Machine Learning Research, 2023, 24(240): 1-113.

[28] CAO Y, LI S, LIU Y, et al. A comprehensive survey of ai-generated content (aigc): A history of generative ai from gan to chatgpt[J]. arXiv preprint arXiv: 2303.04226，2023.

[29] BUBECK S, CHANDRASEKARAN V, ELDAN R, et al. Sparks of artificial general intelligence: Early experiments with gpt-4[J]. arXiv preprint arXiv: 2303.12712，2023.

[30] BAHRINI A, KHAMOSHIFAR M, ABBASIMEHR H, et al. ChatGPT: Applications, opportunities, and threats[C]. 2023 Systems and Information Engineering Design Symposium (SIEDS), 2023: 274-279.

[31] ACHIAM J, ADLER S, AGARWAL S, et al. Gpt-4 technical report[J]. arXiv preprint arXiv: 2303.08774, 2023.

[32] WEI J, WANG X, SCHUURMANS D, et al. Chain-of-thought prompting elicits reasoning in large language models[J]. Advances in neural information processing systems, 2022, 35: 24824-24837.

[33] WANG X, WEI J, SCHUURMANS D, et al. Self-consistency improves chain of thought reasoning in language models[J]. arXiv preprint arXiv: 2203.11171, 2022.

[34] WANG T, ROBERTS A, HESSLOW D, et al. What language model

architecture and pretraining objective works best for zero-shot generalization? [C]. International Conference on Machine Learning, 2022: 22964-22984.

[35] VILLALOBOS P, SEVILLA J, HEIM L, et al. Will we run out of data? an analysis of the limits of scaling datasets in machine learning[J]. arXiv preprint arXiv: 2211. 04325, 2022.

[36] THOPPILAN R, DE FREITAS D, HALL J, et al. Lamda: Language models for dialog applications[J]. arXiv preprint arXiv: 2201.08239, 2022.

[37] TAYLOR R, KARDAS M, CUCURULL G, et al. Galactica: A large language model for science[J]. arXiv preprint arXiv: 2211.09085, 2022.

[38] POWER A, BURDA Y, EDWARDS H, et al. Grokking: Generalization beyond overfitting on small algorithmic datasets[J]. arXiv preprint arXiv: 2201.02177, 2022.

[39] OUYANG L, WU J, JIANG X, et al. Training language models to follow instructions with human feedback[J]. Advances in neural information processing systems, 2022, 35: 27730-27744.

[40] LU P, QIU L, YU W, et al. A survey of deep learning for mathematical reasoning[J]. arXiv preprint arXiv: 2212. 10535, 2022.

[41] LI J, TANG T, ZHAO W X, et al. Pretrained language models for text generation: A survey[J]. arXiv preprint arXiv: 2201.05273, 2022.

[42] LE SCAO T, FAN A, AKIKI C, et al. Bloom: A 176b-parameter open-access multilingual language model[J], 2022.

[43] HOFFMANN J, BORGEAUD S, MENSCH A, et al. Training compute-optimal large language models[J]. arXiv preprint arXiv: 2203.15556, 2022.

[44] DONG Q, LI L, DAI D, et al. A survey on in-context learning[J]. arXiv preprint arXiv: 2301.00234, 2022.

[45] WEI J, BOSMA M, ZHAO V Y, et al. Finetuned language models are zero-shot learners[J]. arXiv preprint arXiv: 2109.01652, 2021.

[46] SANH V, WEBSON A, RAFFEL C, et al. Multitask prompted training enables

zero-shot task generalization[J]. arXiv preprint arXiv: 2110.08207, 2021.

[47] RAE J W, BORGEAUD S, CAI T, et al. Scaling language models: Methods, analysis & insights from training gopher[J]. arXiv preprint arXiv: 2112.11446, 2021.

[48] NARAYANAN D, SHOEYBI M, CASPER J, et al. Efficient large-scale language model training on gpu clusters using megatron-lm[C]. Proceedings of the International Conference for High Performance Computing, Networking, Storage and Analysis, 2021: 1-15.

[49] NAKANO R, HILTON J, BALAJI S, et al. Webgpt: Browser-assisted question-answering with human feedback[J]. arXiv preprint arXiv: 2112.09332, 2021.

[50] HAN X, ZHANG Z, DING N, et al. Pre-trained models: Past, present and future[J]. AI Open, 2021, 2: 225-250.

[51] RASLEY J, RAJBHANDARI S, RUWASE O, et al. Deepspeed: System optimizations enable training deep learning models with over 100 billion parameters[C]. Proceedings of the 26th ACM SIGKDD International Conference on Knowledge Discovery & Data Mining, 2020: 3505-3506.

[52] QIU X, SUN T, XU Y, et al. Pre-trained models for natural language processing: A survey[J]. Science China Technological Sciences, 2020, 63(10): 1872-1897.

[53] KAPLAN J, MCCANDLISH S, HENIGHAN T, et al. Scaling laws for neural language models[J]. arXiv preprint arXiv: 2001.08361, 2020.

[54] HENIGHAN T, KAPLAN J, KATZ M, et al. Scaling laws for autoregressive generative modeling[J]. arXiv preprint arXiv: 2010.14701, 2020.

[55] BROWN T, MANN B, RYDER N, et al. Language models are few-shot learners[J]. Advances in neural information processing systems, 2020, 33: 1877-1901.

[56] SHOEYBI M, PATWARY M, PURI R, et al. Megatron-lm: Training multi-billion parameter language models using model parallelism[J]. arXiv preprint

arXiv: 1909.08053, 2019.

[57] LIU Y, OTT M, GOYAL N, et al. Roberta: A robustly optimized bert pretraining approach[J]. arXiv preprint arXiv: 1907.11692, 2019.

[58] VASWANI A, SHAZEER N, PARMAR N, et al. Attention is all you need[J]. Advances in neural information processing systems, 2017, 30.

[59] CHRISTIANO P F, LEIKE J, BROWN T, et al. Deep reinforcement learning from human preferences[J]. Advances in neural information processing systems, 2017, 30.

[60] HUBERMAN B A, HOGG T. Phase transitions in artificial intelligence systems[J]. Artificial Intelligence, 1987, 33(2): 155-171.

[61] 赵月, 何锦雯, 朱申辰, 等. 大语言模型安全现状与挑战 [J]. 计算机科学, 2024, 51(1): 68-71.

[62] The inverse scaling prize[EB/OL]. (2024-10-11)[2024-04-10]. https: //github. com/inverse-scaling/prize.

[63] How does GPT Obtain its Ability? Tracing Emergent Abilities of Language Models to their Sources[EB/OL]. (2023-05-16)[2024-04-10].https: //yaofu. notion.site/How-does-GPT-Obtain-its-Ability-Tracing-Emergent-Abilities-of-Language-Models-to-their-Sources-b9a57ac0fcf74f30a1ab9e3e36fa1dc1.

[64] SAM A. Planning for AGI and beyond[EB/OL]. (2023-04-24)[2024-04-10]. https: //openai.com/blog/planning-for-agi-and-beyond.

第 4 章
综合集成法中的大模型应用框架

本章针对大模型在综合集成法中的应用——以大模型为代表的人工智能系统作为被综合集成的对象所产生的问题展开探讨，内容包括应用的基本原则、技术路线和实践途径。首先介绍综合集中法中的三个体系——专家体系、计算机体系和知识体系，分析三者之间的关系，确定大模型技术在以上三个体系中的定位和应用框架。

4.1 综合集成法中的三个体系

从定性到定量的综合集成法，就其实质而言，"是将专家群体（各种有关的专家）、数据和各种信息与计算机技术有机结合起来，把各种学科的科学理论和人的经验知识结合起来。这三者本身也构成了一个系统。这个方法的成功应用，就在于发挥这个系统的整体优势和综合优势。"此处的"这三者"即专家体系——"专家群体（各种有关的专家）"，知识体系——"数据和各种信息"，计算机体系——"计算机技术"。这就明确了：综合集成法是一个由专家体系、知识体系和计算机体系组成的工作系统。

其中专家体系由参与问题求解的各类专家组成，大致可划分为领域专家、计算机专家和组织专家三类。领域专家熟悉当前研讨问题所涉及的专业领域，具有深厚的学术造诣或实践经验，能够对问题进行深入分析和熟练推演，是问题求解的主力群体；计算机专家由计算机专业人士组成，包括数据分析师、软件工程师和人工智能专家等，主要职责是作为领域专家与计算机之间的中介，通过编程、建模、仿真等方式实现二者之间知识的迁移与转化；组织专家精通会议主持、人员调配、流程调控和群体心理、群体交流等技术，能够根据问题求解进程对研讨相关的资源要素进行合理组织和管理，防范错误思维，保证研讨过程顺畅进行。

机器体系由包括计算机、平板电脑和手机在内的各种计算与存储设备、内部网络设备及运行于二者之上的各种软件组成。大体可划分为服务器和终端两类，前者又包括计算服务器、存储服务器和网络服务器等，其中计算服务器是核心，各种领域软件、建模仿真软件和人工智能软件都运行在计算服务器之上，是计算机智能最重要的体现。与此同时，综合集成系统也会引入大量外部服务，其服务器位于系统之外，通过个人计算机和平板电脑之类的终端进行访问，它们也是计算机智能的重要组成部分。

知识体系与专家体系、机器体系不同，它没有独立的物理实体，必须依存于具体介质。这里的知识是一个比较宽泛的概念，涵盖工作系统之内为研究、解决相关问题而存储的各种信息、数据、模型和规则，既包括存储在专家头脑里的经验、知识、直觉乃至灵感，也包括存储在计算机里的文件、数据、知识和模型等，当然还包括存储在传统介质（例如书籍、杂志和报纸）中的文本、图片和表格等。目前，传统介质所占比例越来越低，大部分知识都已经存储在以计算机为代表的数字介质中。因此，专家体系和机器体系除了是综合集成系统的两大类成员，也是知识体系的主要载体。

在这三个体系中，专家体系是主体，是问题求解的核心。综合集成系统中的问题求解，就是专家体系在机器体系的协助下，综合运用知识体系中的已有知识，通过个人思维、有组织的交互和反复的实践反馈，达到从定性认识到定量认识的飞跃，从而获得解决问题的新知识，提出解决问题的新思路并予以应用，从而优质、高水平地解决问题。

在上述求解过程中，知识体系起着基石和纽带的作用，问题求解以现有知识为基础，通过以下各种途径获得新知识：①引入外部知识；②通过数据分析和模型计算获得新洞察；③通过群体交互拓展思路，生成新知识；④通过建模、仿真和实践反馈获得新经验；⑤通过群体意见统计与分析获得新观察；⑥通过个体思考、群体交互激发灵感，采用新方法或修正旧方法，得到新成果。

这些新知识不断丰富着知识体系，使得综合集成系统成为知识的生产与服务系统。

机器体系在工作系统中的作用也在很大程度上与知识体系相关，它首先是个知识的存储与检索系统，保存着与所处理复杂问题相关的大量资料。一般来说，在综合集成过程中，相关资料准备得越充分、检索越方便，专家体系的工作就会越高效，问题求解就会越顺利。其次，机器体系还担负着从数据和信息（同样从属于知识体系）中挖掘新知识以及运用现有知识进行建模、计算和仿真进而生成新数据、新信息的任务。最后，综合集成系统最终获得的定量认识，一般表现为一个总体模型或一套行动方案，这些模型和方案是在计算机上构建、由计算机承载、经计算机深度参与的结论性知识，同样体现出机器体系的重要作用。因此，机器体系是知识生产与服务系统的重要成员，是从定性到定量过程中不可或缺的重要角色。

鉴于专家体系、机器体系与知识体系都存在较大重叠，为了更加清晰地描述三者之间的关系，我们把综合集成工作系统涉及的知识分为预存知识和临时知识两大类。前者指研讨开始前已经存储在专家头脑或机器体系中的较为稳定的知识，是构成知识体系的主要内容；后者指研讨（问题求解）过程中临时产生的新知识，存在较大的不确定性，且仍处于发展、变化之中，因此被称为临时知识。

大部分临时知识是昙花一现，如头脑风暴中产生的很多想法，因为可行性太差而无法进入后续的问题求解过程；有些临时知识"幸运"地进入后续过程，但无法通过逻辑或实践的检验，被证明是平庸、错误的，因而被舍弃；有些可能是正确的，但与当前处理的问题没有太大关系，因而被搁置；只有少量与当前问题密切相关且具有新意的可操作知识才会被保留下来，经过反复论证和实践得以总结、提炼、优化，最终转化为预存知识，获得持久存储。

以知识体系为枢纽刻画专家体系、机器体系和知识体系之间的关系，如图 4.1 所示。图中专家体系和机器体系以知识体系中的预存知识为基础，通过个体思考和彼此交互产生临时知识，并在外部知识的帮助下对临时知识进行取舍、修正、提炼和细化，使之转化为严谨可用的新的预存知识。经过一个轮次的工作之后，预存知识得到更新和丰富，下一轮次的工作以新的预存知识为基础，再次创造新的临时知识并进行转化。

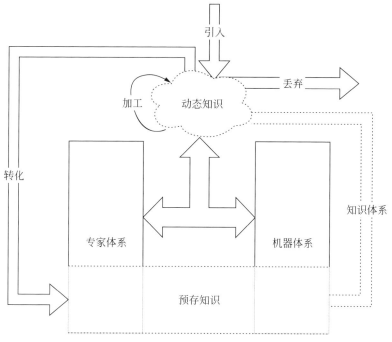

图 4.1　专家体系、机器体系与知识体系

　　所以在这个意义上，综合集成过程就是专家体系和机器体系不断制造、加工、转化知识，从而不断增强知识体系的过程。从这个角度看待三个体系之间的关系，有利于我们下文对三个体系的功能需求进行分析。

4.2　综合集成系统的功能需求

　　作为开放的复杂巨系统的方法论，综合集成法重在应用。2004 年，戴汝为对综合集成法的应用问题给出精辟表述，那就是针对某一类开放的复杂巨系统，对与其有关的复杂问题，构建一个智能工程系统，作为可操作的工作平台，组织相关专家使用这个平台，对复杂问题进行研究和处理；对属于该复杂巨系统的同一类问题，则更换与平台有关的专家及数据即可处理。

这一表述指明了综合集成法具体化、实用化的方向，清晰概括了可操作的综合集成工作平台构建的原则和实质。这里的工作平台主要包含了机器体系和知识体系的职能，专家体系则是这个平台的用户。在这个表述下，综合集成法中专家体系、机器体系和知识体系的关系如图 4.2 所示。一方面，专家体系与工作平台交互产生临时知识，并在工作平台的支持下对临时知识进行处理和转化；另一方面工作平台承担大部分的知识管理任务（包括临时知识和预存知识），强化系统的知识生产与服务特色。

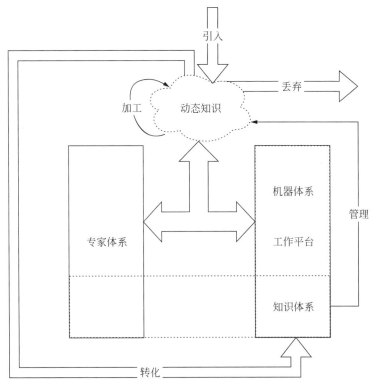

图 4.2　专家体系与综合集成工作平台

在这一表述的指导下，我们依据综合集成法的一个典型案例分析综合集成系统（包括专家体系和工作平台）的功能需求。该案例为论文《一个科学新领域——开放的复杂巨系统及其方法论》所引用，在前文已经有所描述，此处重复引用如下。

为了解决这个问题，首先由经济学家、管理专家、系统工程专家等依据他们掌握的科学理论、经验知识和对实际问题的了解，共同对上述系统经济机制（运行机制和管理机制）进行讨论和研究，明确问题的症结所在，对解决问题的途径和方法作出定性判断（经验性假设），并从系统思想和观点把上述问题纳入系统框架，界定系统边界，明确哪些是状态变量、环境变量、控制变量（政策变量）和输出变量（观测变量）。这一步对确定系统建模思想、模型要求和功能具有重要意义。

……

有了系统模型，再借助计算机就可以模拟系统和功能，这就是系统仿真。它相当于在实验室内对系统做实验，即系统的实验研究。通过系统仿真可以研究系统在不同输入下的反应、系统的动态特性以及未来行为的预测等，这就是系统分析。在分析的基础上，进行系统优化，优化的目的是要找出为使系统具有我们所希望的功能的最优、次优或满意的政策和策略。

经过以上步骤获得的定量结果，由经济学家、管理专家、系统工程专家共同再分析、讨论和判断，这里包括了理性的、感性的、科学的和经验的知识的相互补充。其结果可能是可信的，也可能是不可信的。在后一种情况下，还要修正模型和调整参数，重复上述工作。这样的重复可能有许多次，直到各方面专家都认为这些结果是可信的，再作出结论和政策建议。这时，既有定性描述，又有数量根据，已不再是开始所作的判断和猜想，而是有足够科学根据的结论。

根据以上描述，可整理该案例的详细工作步骤如下。

（1）召集相关的专家（包括经济学家、管理专家和系统工程专家等）；

（2）明确要解决的问题；

（3）共同进行讨论和研究，明确问题的症结所在，对解决问题的途径和方法作出定性判断（经验性假设）；

（4）确定系统建模思想、模型要求和功能；

（5）界定系统边界，明确状态变量、环境变量、控制变量和输出变量；

（6）系统仿真：借助计算机模拟系统和功能；

（7）系统分析：研究系统在不同输入下的反应、系统的动态特性以及未来行为的预测等；

（8）系统优化：找出为使系统具有我们所希望的功能的最优、次优或满意的政策和策略；

（9）专家共同对上述系统优化结果进行分析、讨论和判断；

（10）如果专家认为结果不可信，重复上述（3）～（9）步；

（11）如果各方面专家都认为结果是可信的，做出结论和政策建议。

（12）本次工作结束。

下面逐条分析以上各步骤对专家体系和工作平台的功能要求。

1）召集相关的专家

需要工作平台提供一个专家库功能，搜集、统计、录入相关领域的专家，记录其联系方式和特点，并能根据其参与历史研讨的情况对其特点进行总结和更新。同时，该专家库还需提供自动联络专家及记录联络状态的功能，以便召集者随时了解专家的召集情况。

2）明确问题

需要机器体系提供一套多媒体展示工具，支持采用多种媒介向所有与会专家远程展示问题的历史、现状、难点和重点，以及对解决方案的要求。

3）初步研讨，提出解决问题的经验性假设

虽然名曰"初步研讨"，却不意味着是简单的"初级"研讨，因为这个过程要明确问题的症结所在，对解决问题的途径和方法做出定性判断。问题越复杂，专家们就越难在这些"简单问题"上达成共识，或者说如果这一步出现较大错误，后面的结果将谬以千里，所以专家在此阶段可能会产生激烈的争论和辩论。这就需要工作平台至少提供以下5个方面的功能。

（1）研讨功能，即以语音、视频、文字、图片等多种方式与其他专家开展远程研讨的功能，以及随时调用平台内相关资料和模型，对自己的观点予以论证的功能。

（2）资料查询与模型调用功能，在讨论过程中，为了证明自己的观点或形成自己的思路，专家需要查询资料甚至调用模型，工作平台需要对此予以支持。

（3）研讨组织功能，根据研讨状况对专家进行动态分组或者施以不同交流模式的功能。例如，明确问题和任务后，一般会首先展开头脑风暴，这时的交流模式就应设置为"头脑风暴"，允许专家依次或自由发言，并对发言时长进行限制。在讨论问题症结时，不同领域的专家可能有不同角度的意见，此时可以依据专业领域对专家进行分组，采用自由发言、问卷调查等形式汇总形成本小组（领域）意见，然后与其他小组（领域）进行交换与汇总。

（4）意见调查与统计功能，帮助专家以固定格式明确表达意见，并对这些意见进行统计和汇总，以便了解状况、明确分歧的功能。例如，投票、问卷调查、逐对比较、AHP评价等。

（5）群体管理功能，对专家群体的内部交流状况进行跟踪和介入，避免出现不良思维模式与交流方式，保障研讨流畅高效进行的功能。例如，在专家讨论陷入混乱时予以提醒的功能，在某个专家长久未发言时予以提醒的功能，在群体意见过快收敛时予以提醒并自动启动匿名评论的功能，等等。

4）确定系统建模思想、模型要求和功能

此处最主要的任务是确定建模方式，因此需要对各种建模方式的利弊进行对比，确定最佳建模方案。确定建模方案非常重要，它在本质上是一个集成框架，用于整合专家们点点滴滴的定性知识和各方面的资料、数据。为此，需要工作平台结合各种建模方式的特点，提供贴切的建模方式论证和对比工具。

5）界定系统边界，明确系统变量

此处任务的实质是设计系统模型，需要工作平台提供相应的模型设计工具。

6）系统仿真

需要工作平台提供相应的系统仿真工具。

7）系统分析

需要工作平台提供相应的系统分析功能，如目标分析工具、模型交互工具、仿真分析工具和系统评估工具等。

8）系统优化

系统优化的过程是反复调整系统参数和变量、反复对比系统运行结果的过程。为对这一过程提供支撑，需要工作平台提供参数/变量/结果的记录、分析和对比功能。

9）专家共同对上述系统优化结果进行分析、讨论和判断

此处的讨论对于确定最终结论和建议至关重要，因此专家之间很可能再次出现激烈的辩论，需要工作平台提供第3）、第8）步的全部功能。

10）专家认为结果不可信，重复上述第3）～9）步

专家认为结果不可信，说明第3）～9）步的工作存在一定的缺陷，或者当前的知识体系不足以支撑优质的解决方案，为此需要工作平台至少提供以下4类新功能。

（1）研讨复盘功能。可以对研讨过程进行回放和浏览，提示各个阶段的研讨重点与结论，展示专家群体的意见发散与收敛过程，提醒其中被忽视的意见。

（2）集体学习与培训功能。帮助专家群体对其欠缺的知识进行补充，通过外部讲座、集体培训等形式引入外部知识。工作平台对各种各样的讲座、培训方式提供支持。

（3）分组对抗功能。在系统优化陷入停滞、专家不认可系统仿真结果、思路迟迟打不开的情况下，可以采用分组对抗方式，把参与研讨的专家分成两组或多组，各组按照自己的思路进行建模、仿真、分析和优化，以互相竞争的方式相互激发、相互补充，以便产生新突破。

（4）步骤切换功能。对于第3）～9）步的重复，未必每次都要重复全部步骤，经常会发生跳过其中某些步骤的情况，这就要求研讨步骤能够灵活切换，随时可以从一个步骤切换到另一个步骤，激活相应步骤的资源和工具。

11）各方面专家都认为结果可信，做出结论和政策建议

需要工作平台提供研讨报告的集体撰写与修改、发布功能。

12）本次工作结束

需要工作平台提供研讨后处理的功能，自动存储全部研讨资料并生成检

索标签，更新相应的知识库和专家库。

基于以上需求分析，在上述典型案例中需要工作平台提供的功能可划分为以下 5 个分系统和若干个子系统。

1）研讨交互分系统

主要包括多媒体展示子系统、多通道交互子系统、格式化交互子系统、意见统计与分析子系统、资源调用子系统等。

2）流程管理分系统

主要包括流程规划与设计子系统、流程组织子系统、群体管理子系统、分组管理子系统、研讨复盘子系统、分组对抗子系统、流程切换子系统、结论与建议子系统、研讨后处理子系统等。

3）系统建模分系统

主要包括模型设计子系统、模型仿真子系统、模型分析与优化子系统、模型比较子系统等。

4）群体学习分系统

包括在线讲座子系统、课件学习子系统、分组学习子系统、离线学习子系统等。

5）资源管理分系统

承担以知识管理为主的各种资源管理功能，包括知识管理子系统、模型管理子系统、资料管理子系统、工具管理子系统、用户与权限管理子系统等。

4.3　大模型的功能匹配分析

针对综合集成工作平台的上述功能需求，可以逐条分析大模型在各个子系统中的应用可能性。

4.3.1　研讨交互分系统

多媒体展示子系统、多通道交互子系统、格式化交互子和系统资源调用子系统多为常规的功能需求，无须大模型的显式介入。存在大模型应用需求的主要是意见统计与分析子系统和资源调用子系统。前者只能提供有限的意见统计和分析工具，对使用程序也有较为严格的要求，面对的却是随时随地、灵活多变的统计分析需求。引入大模型有望改善这一局面，一个典型构想是在需要使用子系统未提供的某个意见统计分析算法时，把意见数据提交给大模型，要求大模型按照指定算法进行统计分析。更进一步，甚至可以把专家们的发言记录提交给大模型，令其从中提取专家意见并按照指定方法进行统计分析。

后者（资源调用子系统）主要提供一套集成接口，供专家们使用工作平台提供的各种资源，包括数据库、模型库和知识库等。大模型系统本身也构成了一个巨大的知识库，把它的调用接口纳入资源调用子系统，支持专家随时对话大模型系统，查询与所求解问题相关的各种数据、资料和知识，甚至直接向大模型系统提问获得答案（当然还需要对答案进行分析核对）。这就相当于把大模型语料库中丰富的知识都装入了工作平台，对于突破工作平台自身的资源限制、便利化专家的资料查询与知识获取具有极其重要的价值。

4.3.2　流程管理分系统

首先是群体管理子系统，这个子系统的主要功能是防范专家群体在研讨过程中出现不良的思维模式和交互方式，保障研讨流畅高效地进行。在实际研讨过程中，该任务主要由研讨主持人或组织专家承担，群体管理子系统只能提供有限的辅助作用，自动捕获某些异常情况（如一意孤行、激烈争吵和集体沉默等）报告给前者，提醒前者予以介入。如果要让这个子系统发挥更大的作用，就必须对各位专家的语音、文本、视频乃至图片发言进行识别，分析其发言的真实语义、态度倾向和交互关系。然而这一工作的难度太大，囿于技术、人才和成本因素，工作平台一般不会提供这一功能。

反观大模型，其优势在于强大的、多模态的自然语言处理能力，正适合处理这样多种模态混合在一起的交互方式。因此，可以考虑在研讨过程中设定一个常驻进程，持续读入各个专家的发言发送给大模型，令其进行识别、转换和理解，提取其中的真实语义、态度倾向和交互关系返还给常驻进程，由后者按照给定的规则进行分析，判定当前研讨状态是否正常，是否出现了某些弊端。如此一来，群体管理子系统不但可以向主持人发出实时介入提醒，还可以指明当前弊端的类型、特点和形成的根源、过程，向主持人提供化解建议。这就等于给主持人配备了一名自动化管理助手，形成组织管理层面的人机结合。

其次是结论及建议子系统，它的功能是帮助专家（尤其是主持人）达成研讨结论和提供相关建议，撰写工作报告以便向上级汇报和存档。这至少涉及 3 个方面的工作：①达成结论；②提供建议；③撰写报告。大模型系统对这三方面的工作均可提供帮助。例如，读入研讨记录，生成研讨摘要，以便专家们回顾研讨过程和关键节点，快速达成结论；在自身知识库中搜集与当前问题及结论相关的建议，对专家建议进行启发和补充；根据研讨摘要、研讨结论和专家建议自动生成报告文本初稿，供专家们修改完善，并在后者修改之后进行语法检查、错别字修改和语句润色等工作。

4.3.3 系统建模分系统

大模型系统对系统建模分系统功能的增强和补充也可以分成两个层面。第一个层面是引入新的建模体系。由于采用传统方式实现的系统建模分系统所容纳的建模体系普遍是固定的、有限的，在其不满足当前的问题求解需求而不得不开发新的建模体系时，往往耗时耗力，甚至是不现实的。大模型系统普遍具备强大的自动代码生成能力，可用于快速搭建新的建模体系，从而大大提高计算机专家的工作效率，进而为领域专家的问题求解提供更加及时、强有力的支撑，从而解决依靠传统建模体系难以解决的问题。

大模型系统在这一层面对综合集成工作平台的增强，无疑丰富了人机结合的层次，一方面从工作流程上串联起领域专家和计算机专家两个群体，另一方面快速提升了机器体系的能力，必将促进专家体系、机器体系与知识体系的融合。大模型系统介入后形成的层次化人机结合示意图，如图 4.3 所示。图中计算机专家与大模型系统构成第一个层次的人机结合，生成灵活的建模体系；领域专家与建模体系构成第二个层次的人机结合，前者借助后者的计算与展示能力，共同进行问题求解。

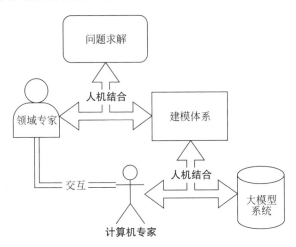

图 4.3　层次化的人机结合体系

大模型系统对系统建模分系统功能增强的第二个层面是具体的模块与算法，重点可体现于模型分析与优化子系统和模型比较子系统。这两个子系统需要灵活多样的数据分析、数据比较功能，同样可能超出工作平台预先实现的范围。大模型系统对研讨交互分系统意见统计与分析子系统的增强思路相似，在研讨过程中遇到此类需求时，可以由计算机专家借助大模型系统的代码自动生成功能快速增加相关模块，甚至可以由领域专家直接调用大模型系统对模型运算结果进行个性化的分析和比对。

4.3.4　群体学习分系统

大模型系统对群体学习分系统的增强，至少可以包括三个方面，第一个是帮助授课者自动制作／美化教案和课件；第二个是帮助学习者获取相关学习资料，拓展学习范围；第三个是帮助授课者对学习者进行考核（途径：布置作业、辅助出卷和辅助判卷）的同时帮助学习者总结学习情况（途径：自动分析答卷错误），并为后者提供后续学习建议。

实际上，如果从完整的培训与学习功能出发，大模型系统可发挥作用之处远不止此，大到营销方案与培训规划，小到效果评估与秩序维护都可借助它提升效率和质量、降低成本。但综合集成工作平台的群体学习分系统主要服务于内部专家，所需功能相对简单，此处不做过多展开。

4.3.5　资源管理分系统

资源管理分系统主要用于工作平台内各种资源的管理，可考虑使用大模型系统做一些诸如文档撰写、操作提示和资料说明之类的工作，因其不属于综合集成工程的核心任务，在此不再赘述。

4.3.6　特殊专家

上述各分系统所提供的功能均为支撑性、辅助性的，可帮助各类专家（如领域专家、组织专家和计算机专家）更好地开展工作，但它们无法直接参与综合集成研讨，就所求解的具体问题发表自己的观点，因此起到的作用终归是有限的。为解决这一问题，赋予机器体系和知识体系更强的参与性和能动性，就需要引入特殊专家。

在第 2 章"综合集成与智慧涌现"中，我们已经论述过把大模型作为特殊专家引入综合集成系统，必将促进社会化智能的涌现；而将以大模型为代表的人工智能作为被综合集成的对象所产生的问题，将是综合集成研究中一个新的、重要的课题。在这个课题中，人机结合的做法将从基于增强量智与人的性智的综合集成扩展到基于增强量智与补充性智的全方位的综合集成。因此，引入基于大模型的特殊专家，直接参与复杂问题研讨，才是综合集成工作平台最重要的任务。

大模型系统以特殊专家的方式参加研讨，在技术实现上可以有以下 3 种方式。①自动定时型：设置一个身份为"特殊专家"的常驻进程把专家们的研讨内容定时发送给大模型系统，并问它"对大家当前的讨论怎么看"，然后把其回答作为特殊专家的发言呈现于研讨系统；②被动回应型：不使用常驻进程定时询问大模型系统，而是由普通专家直接发问，征询其对具体问题的具体观点、意见和建议，必要时可由"研讨交互分系统"把相关的发言内容同时发送给大模型系统，其回答也直接以特殊专家的身份呈现于研讨系统；③主动参与型：同样设置一个常驻进程把专家们的研讨内容持续发送给大模型系统，由大模型系统自主决定对哪些问题感兴趣，"愿意"就这些问题发表自己的意见，并择机主动发言。

显然，其中自动定时型和被动回应型的实现难度较低，也各有利弊；主动参与型的优点突出，但实现难度较高，需要大模型系统拥有正确的注意力机制和判别机制。首先能够判断专家们发言所涉及的问题哪些是平庸的、哪些是重要的，从而主要针对重要问题进行"思考"；其次能够把普通专家们的观点与自己的"观点"进行对比，剔除重复部分，只发表独到观点或相反意见，以便与普通专家取长补短、互相激发，而不是在所有问题上不分轻重缓急地喋喋不休。如何赋予大模型系统上述能力，是综合集成工作平台开发人员引入特殊专家时需要重点考虑的问题。

除此之外，特殊专家的数量也是一个值得探讨的问题。在基于搜索引擎的特殊专家实现方案中，由于搜索引擎在输入接口（主要局限于搜索词，难以处理复杂的搜索请求）、工作机制（主要工作是对相关网页进行排序，并不真正理解网页内容）和输出形态（原始网页及网页链接）等方面的制约，导致特殊专家难以理解研讨的上下文，很难提出个性化的观点，也无法实现个性化的表达，因此系统中只能存在一位特殊专家，即便是强行设置多位，这些特殊专家在本质上是同质的，因而在效果上也是重复的。

但从理论上看，基于大模型的特殊专家有可能存在自己的个性，这是因为大模型的知识是归纳多种语料获得的综合性的结果，蕴含着多样性，甚至是冲突。重复回答同一问题，大模型给出的答案经常有所差异（除非该问题只有唯一正确的答案，如考卷里的客观题）；即便是大意相同的答案，它也会有不同的措辞或者侧重。因而大模型系统不是简单的复读机，而是一个随机涨落的知识场，具有深厚的可塑潜力。

所以，在综合集成工作过程中，可以考虑引入多个基于大模型的特殊专家，对其分工可以有以下两种思路：①按照问题涉及的各个专业（领域）引入，每位特殊专家针对一个具体专业，在讨论到该专业的问题时，由对应的特殊专家参与讨论、发表观点、提供建议，从而形成一组基本覆盖问题论域的、互补的特殊专家体系；②按照特殊专家的"个性"引入，每位特殊专家都可参与研讨的各个论域，但是其"偏好"不同，有的特殊专家比较激进，有的则比较保守，有的乐观，有的悲观。

上述思路可以有多种实现方式，如预先对特殊专家的专业/思考风格进行约定，或向不同的特殊专家分配不同专业/风格的问题；或在每次提问中明确限定专业/风格等。具体选择哪种思路和方式，需要根据大模型系统本身的情况及普通专家的使用体验，在实践中不断摸索、试验。

此外，还有一种可能的方案，就是引入多个大模型系统，每个系统"扮演"一位特殊专家。其"扮演"方式将更加灵活，可以为不同系统赋予不同个性（针对通用大模型），也可以为不同系统限定不同专业（针对专业大模型），还可以采用平等模式（每个大模型系统的结构、参数和训练语料都有区别，其知识本身就有差异，可能天然具有一定的互补性）、混合模式（通用大模型混合专业大模型）等不同方式组成结构化、多样化的特殊专家体系，相信这一体系的加入将为综合集成研讨带来巨大影响。

4.4　大模型在综合集成系统中的应用层次和步骤

结合前面两节所述综合集成系统的功能需求与大模型的功能匹配分析，汇总大模型在综合集成系统中的应用节点，如表4.1所示。

可依据应用层面对表中的节点进行分类，如节点1和节点6均属局部/算法层面，其含义是二者主要应用于综合集成工作的特定阶段或场景（意见统计与分析，模型分析、优化与模型比较），功能是添加新算法（意见统计与分析算法，数据分析与比较算法）；节点4和节点7属于局部/模块层面，其含义是二者同样应用于综合集成工作的特定阶段或场景（总结研讨结论、撰写研讨报告，制作/美化教案和课件），但其内容涉及较广，不仅包括特定算法，还包括一定的流程和交互，因而需要单独编写一个新模块；节点10属于全局/系统层面，因为特殊专家的作用几乎贯穿于综合集成工作的整个过程（全局），在整个系统层面都要对其功能予以支持和配合。

表 4.1　大模型在综合集成系统中的应用节点

分系统名称	子系统名称	功能描述	应用层面	直接辅助对象	节点编号
研讨交互分系统	意见统计与分析子系统	随时引入新的意见统计分析算法	局部/算法层面	计算机专家	1
	资源调用子系统	把大模型系统作为资料库随时进行调用和查询	全局/接口层面	领域专家	2
流程管理分系统	群体管理子系统	跟踪当前研讨状态，判断其是否出现了某些弊端	全局/系统面	组织专家	3
	结论及建议子系统	生成摘要、提出建议、润色文本	局部/模块层面	组织专家/领域专家	4
系统建模分系统	模型设计子系统、模型仿真子系统、模型分析与优化子系统	快速搭建新的建模体系	局部/分系统层面	计算机专家	5
	模型分析与优化子系统、模型比较子系统	快速提供灵活多样的数据分析、数据比较功能	局部/算法层面	计算机专家	6
群体学习分系统	全部子系统	自动制作/美化教案和课件	局部/模块层面	授课教师/领域专家	7
	全部子系统	帮助学习者获取相关学习资料，拓展学习范围	局部/接口层面		8
	全部子系统	考核与总结	局部/模块层面	授课教师/领域专家	9
特殊专家	—	参与研讨，提供意见和建议	全局/系统层面	领域专家	10

　　因此，从局部到全局的功能覆盖维度的角度来看，局部节点对综合集成工作过程的影响较小，即便功能不成熟，也不会造成明显的混乱和损失，因此可以考虑予以优先支持。同样，从算法到系统的软件层次维度，算法／接口节点的开发难度最低，模块节点其次，分系统节点偏高，系统节点最高，可以采取从易到难的策略，优先实现算法／接口节点，谨慎对待分系统／系统节点。这样安排的原因是：越是局部、低层的功能距离计算机专家越近，通过优先开发这类功能，计算机专家就能够先行摸索访问大模型系统的方法，积累经验，以便后续培训领域专家和组织专家，帮助他们掌握与大模型打交道的最佳方式，注意其中存在的问题，降低学习成本和认知负担。

　　还可从直接辅助对象的角度对大模型的各个应用节点进行分类，如节点1、节点5、节点6是对综合集成工作平台软件功能的扩充，需要由计算机专家来实施。如果计算机专家采用传统的开发方法，耗时久且不灵活，借助大模型系统的自动代码生成技术，计算机专家可以快速实现这些功能，甚至能跟随研讨进程即时添加新算法、新模块乃至新的子系统。因此这些节点的直接辅助对象是计算机专家，从这个意义上说，会编程的大模型系统也可被看作一位特殊专家，它的作用不是直接参与问题求解工作，而是与计算机专家进行交互，帮助后者更好地完成综合集成工作平台的开发任务。

　　类似地，节点3、节点4的直接辅助对象主要是组织专家，包括研讨主持人和沟通工程师等，其作用是帮助组织专家管理工作进程、维护工作秩序、防范错误的群体交互和思维模式。这些工作多为程序性、管理性的，同样不直接参与问题求解，但发挥着极其重要的作用，甚至经常关系到问题求解的成败。引入这些功能节点，可以借助大模型系统在自然语言处理和不间断工作方面的优势，补齐组织专家在精力、经验方面的短板，提高组织管理效率、防患于未然。因此，能提供管理建议的大模型系统同样可以看作一位特殊的组织专家，与普通组织专家进行交互，帮助后者更好地完成工作组织与流程管理任务。

　　加上深度参与问题求解、与领域专家直接进行交互的特殊（领域）专家，引入大模型系统之后，综合集成工作系统事实上包含了三类特殊专家：特殊领域专家、特殊组织专家和特殊计算机专家，与系统中对应的普通专家组成了三类专家对：普通领域专家－特殊领域专家对，普通组织专家－特殊组织专家对，普通计算机专家－特殊计算机专家对。这三类专家对的内外部交互将极大提升综合集成工作系统的思维活跃度，促使更加复杂的社会化智能系统的诞生。与此同时，综合集成法也借助这三类角色实现了自身三个体系（专家体系、机器体系、知识体系）与大模型系统全方位、多层次的结合，其示意如图4.4所示。

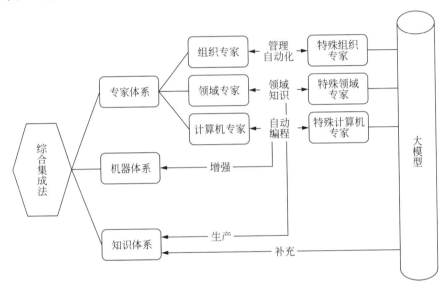

图 4.4　大模型在综合集成法中的应用示意

该图即构成了综合集成法中的大模型应用框架，其基本路线是在对综合集成系统的功能需求和大模型系统的优势能力进行分析、总结的基础上，把大模型的主要职能提炼为3种角色：特殊计算机专家、特殊领域专家和特殊组织专家，从其与普通计算机专家、普通领域专家和普通组织专家能力互补的角度，重新设计综合集成工作平台的支撑软件与工作流程，实现大模型系统支持下的专家体系与机器体系全方位、多层次的结合，进而促进这一人机结合社会化系统的智能涌现，生成面对具体问题的新方案、新方法和新知识，显著提升开放的复杂巨系统相关复杂问题的解决水平。

从应用步骤上，可以采取从低到高、从局部到全局、从简单到复杂的集成策略，首先考虑普通计算机专家 – 特殊计算机专家对的互补问题，从自动编程、自动测试等角度动态调整工作平台的局部算法和模块，提升平台在工作时的扩展性、灵活性。与此同时，考虑普通领域专家 – 特殊领域专家对的静态互补问题，为普通领域专家提供相应访问接口，把大模型系统作为外部资料库和知识库，供前者随时查阅和提问；其次考虑普通组织专家 – 特殊组织专家对的互补问题，从自然语言处理和注意力保持的角度，为普通组织专家提供更加有效、好用的流程管理工具，更好地激活群体智慧、服务于复杂问题求解过程；最后考虑普通领域专家 – 特殊领域专家对的动态互补、实时交互和团体组织问题，从单个特殊领域专家扩展到多个特殊领域专家，与普通领域专家群体组成新的专家体系，互相交流、彼此激发，实现最高层面的人机融合。

本书后续各章内容即是对上述框架的详细探讨和具体化。

主要参考文献

[1]　戴汝为 . 人 – 机结合的智能工程系统：处理开放的复杂巨系统的可操作平台 [J]. 模式识别与人工智能 , 2004, 17(3): 257-261.

[2]　戴汝为 , 李耀东 . 基于综合集成的研讨厅体系与系统复杂性 [J]. 复杂系统与复杂性科学 , 2004, 1(4): 1-24.

[3]　戴汝为 , 李耀东 , 李秋丹 . 社会智能与综合集成系统 [M]. 北京：人民邮电出版社 , 2013.

第 5 章

知识体系

知识体系是综合集成研讨体系中的重要组成部分，为综合集成研讨体系提供了知识支撑。这些知识包括一些专家的经验、现有的模型、可靠的信息，以及有意义的数据等，属于综合集成研讨体系中的预存知识。综合集成研讨体系采用人机结合的方式，充分利用这些预存知识和研讨过程中产生的临时知识，完成一系列诸如复杂问题的求解决策。本章将从知识体系的概念入手，介绍知识体系及其发展历程，并讨论知识体系中的关键技术，以及知识体系在大模型时代下的发展。

5.1 知识体系的概念与范畴

知识按照类型可以分为隐性知识和显性知识。显性知识可以进一步划分为非结构化知识和结构化知识，结构化知识包括非模型化知识和模型化知识。专家头脑中的知识一般属于隐性知识，如何将这些让人难以直接利用的隐性知识转化成直接可以使用的模型化知识，是知识体系的一个重要内容。

知识体系中蕴含大量的隐性知识和显性知识，这些知识在被运用之前需要经过知识表示的过程。该过程将利用预存知识、产生的临时知识，最终形成清晰易用的知识表示。知识体系的发展历程其实也是知识表示的发展历程。早期人们借鉴心理学中的语义网络和哲学中的本体论等模型表示知识，后来随着互联网的兴起，数据量越来越大，可用的信息越来越多，语义网和链接数据等大规模知识表示模型被相继提出。近些年来，知识图谱作为一个简洁高效可扩展的知识表示方法被广泛关注和应用。

随着大模型时代的到来，一些研究希望能够将知识体系与大模型结合，从而发挥两者的优势，弥补各自的不足，以取得更好的任务表现。由于大模型中蕴含了丰富广泛的知识，因此，大模型可以辅助知识体系的构建。由于知识体系具有高质量且可解释的知识，因此，知识体系也可以反过来提升大模型的应用表现水平。知识体系与大模型的统一框架也越来越受到业界及科研人员的关注。

5.1.1　知识体系概述

知识体系是综合集成研讨体系的基本组成部分，由与具体问题相关的经验、理论、模型、信息和数据等关键要素组成。这些知识以专家和计算机为载体，属于综合集成研讨体系中的预存知识。综合集成研讨体系的主要目的是汇集现有方方面面的零散知识，以人机结合研讨的方式，整合这些知识，并创造新的临时知识，产生对具体问题和复杂对象更高水平的认识，从而形成知识的生产和服务体系，进而为科学研究和决策服务。

从知识的形式出发，知识体系中的知识可以划分为隐性知识和显性知识。显性知识又可以分为非结构化知识和结构化知识，其中结构化知识可以进一步划分为模型化知识和非模型化知识。如图 5.1 所示。需要说明的是，这种知识转化的过程中会产生一些临时知识，因此，知识转化的过程并不是简单的预存知识的加工过程，还存在知识的创造过程。

图 5.1　综合集成研讨体系中的知识类型

隐性知识指的是那些存在于专家头脑中只可意会不可言传的知识，这种知识可以是对问题的直觉性认识，或者关于问题求解的经验式、猜想式知识。这些知识在被表达出来之前，是不为人所知的、隐藏的，因此被称为隐性知识。隐性知识具有直觉性、启发性强、未经科学与实践深入验证的特点，因而可能存在错误。但对于复杂问题的处理，隐性知识的应用一般是求解过程的开始。可以说，综合集成研讨体系中专家的预存知识首先体现在其所拥有的隐性知识上。

显性知识指那些已经表达、显现出来的知识，这些知识可能是清晰、明确、无误的，也可能是杂乱、含混、未经验证的，但是其特点在于，它们已经被以语言、规则、公式甚至模型的形式表达出来，而不再依赖于专家的思维或行动，因而可以被讨论、梳理、修正、细化甚至是使用。可以认为，显性知识是隐性知识外化的产物。隐性知识如果想发挥作用，首先要转化为显性知识。根据显性知识是否含有清晰的结构和逻辑，又可以划分为非结构化知识和结构化知识。

非结构化知识是那些处于杂乱、含混、未经验证的显性知识。这些知识存在结构不清晰或者内部逻辑不严密的特点，因而需要进一步加工，使其结构化和逻辑化，形成清晰准确无误且可以直接使用的知识。在隐性知识转化为显性知识后，一般是以非结构化知识的形态出现。将这类知识逐步结构化，是人机结合、综合集成的一个重要目的。

结构化知识指的是结构清晰、逻辑严密、可被实践检验且可以直接使用的显性知识，比如，科学理论、技术方法、公理定理和公式模型等。结构化知识一般是非结构化知识经过结构化而来，可以被理论和实践检验。根据其是否拥有计算机化的实现方式，可以划分为非模型化知识和模型化知识。

非模型化知识指那些没有计算机化的结构化知识。这类知识没有在计算机上建立相应的软件或模型，因而无法直接在计算机上使用。这类知识和模型化知识本身没有大的区别，唯一的区别在于是否可以在计算机上直接使用。

模型化知识指的是那些以软件、模型的形式存储在计算机上的结构化知识。这类知识由非模型化知识通过建模和软件开发等方式转化而来，可以直接被运用。模型化知识代表着人们对某一个问题最清晰、准确、完善的认识。

5.1.2　知识体系的发展历程

知识体系中的预存知识在被运用之前，必须要经过知识表示的过程。因此，知识体系的发展历程与知识表示方法的演变息息相关。传统的知识表示方法主要有命题逻辑（propositional logic）表示法、框架表示法、脚本表示法、语义网络（semantic network）等。其中，语义网络表示知识的方法较为经典，是一种心理学模型。随后，人们引入"本体"（ontology）这个哲学概念来刻画知识。这些知识表示方法流行于计算机技术发展前或发展初期，此时人们共享知识尚不便捷。直到 1989 年，Tim Berners-Lee 在欧洲高能物理研究中心发明了万维网（Web），人们获取和利用知识更加方便。从此，Web 成为人们表示知识的一种主要方式。但随着 Web 的发展，信息量逐渐增大，导致人们想获取自己需要的知识往往要耗费大量时间去筛选多余的信息。针对这个问题，Web 之父蒂姆·伯纳斯 - 李（Tim Berners-Lee）在 1998 年提出语义网（semantic web）的概念，旨在解决知识体系中语义理解的困难。语义网的出现拉开了世界范围内利用语义网进行知识表示研究的序幕。为了让 Web 不仅仅是人能读懂的文档网络，还能成为计算机理解的语义数据网络，Tim Berners-Lee 定义了 4 条链接数据（linked data）原则。提出这些原则的目的是让人们能够以一种统一规范的方式在网络上分享数据，以支持更智能化的应用。近些年来，越来越多的研究机构和企业选择将它们拥有的或可获取的高质量知识构建成一种知识库，其中，以 2012 年谷歌发布的基于知识图谱（knowledge graph）的搜索引擎产品为开端。相较于之前的知识表示方法，知识图谱可以表示的知识规模更大，内容更丰富，可以支持更智能的知识应用，是知识体系在综合集成研讨和人机交互的基础。这里将依次介绍知识体系发展历程中一些典型的知识表示方法。

5.1.2.1　语义网络

语义网络作为互联网时代到来之前的传统知识表示方法的典型代表之一，其本质是一种心理学模型。该模型由著名的心理学家 Quillan Ross 于 1966 年提出。语义网络的提出是受到了人类进行联想记忆时的启发：人类思考问题时总是会将不同的记忆片段联想起来，而且这些记忆片段越相关越容易被联想起来。因此，语义网络认为人类对知识的理解其实是通过概念之间的联系实现的。例如，WordNet 就是一个典型的语义网络，其中定义的语义关系将概念这种知识联系了起来。

语义网络将知识表示为语义关系连接的概念网络，并定义了很多关系类型，如实例关系（ISA）、分类关系（a-kind-of）、成员关系（a-member-of）、属性关系、聚合关系、时间关系、位置关系和相近关系等。这些语义关系类型是语义网络中使用到的语义关系的类别，如语义关系"在内"是一种位置关系。语义网络中的关系可以是一元关系、二元关系和多元关系。比如，"能运动"是一种一元关系，可以用来修饰概念"人类"。二元关系表示两个概念之间的关联，如"依赖于""相邻"等关系。多元关系是可以同时描述多个概念之间关联的关系，比如，在"奥运会于 2008 年在北京举办"中的语义关系"举办"既包含了"奥运会"与"2008 年"的时间关系，还包含了"奥运会"与"北京"的位置关系。值得说明的是，由于语义网络中复杂的关系类型，计算机在理解语义网络中的知识时存在困难。

5.1.2.2　本体论

"本体"是一个哲学术语，其描述了对客观世界的抽象。将本体引入知识体系中，构建出一个对客观世界进行抽象描述的共享概念化体系。本体中描述了对象类型、关系类型及属性类型，是一个结构化的知识描述模型。其实，本体在概念层次的抽象以及关系描述上与语义网络类似，不同的是本体没有层次分别的语义关系类型，语义关系也不仅仅是描述抽象的概念，还可以包括一些具体的事物。

在计算机科学领域，有一种数据存储方法称为数据库（database），其与本体论存在相似的数据描述方式。数据库中的知识以表状结构存储，每张表为数据设计了属性，也称为键。每一条数据是这些属性对应的属性值。而本体也可以构建成这种表状结构，每一个属性类型和对象类型可以描述到数据库类似的表中。关系类型也可以按照属性类型，构建一张关系类型的映射表来描述，或者利用类似于数据库中的表连接方式实现。但本体与数据库不同的是，数据库中存储的数据更多的是实际的对象，如人名、地名、数值等数据，而本体中存储的知识是一些抽象的概念表示。本体中存储的知识只有对现实事物的定义，却没有对现实事物的准确映射。也就是说，本体中只会存储一类人，而不会专门存储某一个人。在面向对象的编程中，存在"类"（class）和"实例"（instance）的概念。类是对一系列实例的描述，描述了实例中共有的属性和方法，但没有描述属性具体的值，也没有描述方法具体的实现方式。实例是一个类的具体实现，完善了类中属性和方法的具体描述。与此类似，本体与实际事物之间也存在类与实例之间的这种关系。

5.1.2.3　万维网

无论是基于命题逻辑的知识表示法还是基于语义网络的知识表示法，抑或是基于本体论的知识表示法，它们有一个共同的特征是：虽然能够逻辑清晰、结构分明地描述知识体系，但难以被更多的用户或研究者所利用。这主要有 3 个原因：①这些知识表示方法没有很便捷的扩展方式，需要依赖特定领域的专家才能不断完善；②这些知识表示方法的存储方式注定了它们无法被很好地运用，因为它们在设计之初没有考虑到网络这种数据传播方式；③这些知识表示方法所能容纳的知识规模有限，如本体中的概念，从现实世界中被抽象出来的概念不会很多。

针对这些问题，Tim Berners-Lee 认为，图的数据组织方式比树的组织方式要更有效。通过图的数据组织方式，以"链接"为中心，每个用户可以通过构建链接将自己的数据共享给其他用户，也可以通过链接搜索到其他用户分享的知识。每个用户都可以为知识体系构建知识，而不仅仅是依靠专家来补充知识，这使得知识体系的扩展更加容易，知识体系的规模很容易超过传统的知识表示方法所难以达到的规模。同时，这种以链接为中心和以图为组织方式的数据共享方式让数据获取更方便，也更方便人们运用这些数据实现一些智能化应用。Tim Berners-Lee 在 1989 年提出的这种全球信息化共享系统逐渐被实现并演化为万维网（Web）。如今很多应用便是基于这种信息化知识共享系统构建而来，比如谷歌和百度的搜索引擎就是运用这种知识结构的产物。

5.1.2.4 语义网

有了万维网后，人们共享知识及获取知识变得更加方便了。但随着万维网上知识的不断累积，这个信息化系统日益庞大，冗余信息不断增加，为用户检索和利用所需的知识造成了困难。虽然这些知识达到了空前的规模，但其中知识的质量不能保证。一般情况下，用户上传的多是自己主观的知识，而在实际应用时，往往是客观可信的知识才能让智能化应用发挥出更好的作用。究其原因，这些信息化的知识只是一些人类能够理解但计算机不知所以然的文档，导致了在计算机上运用这些知识时需要大量人力。

万维网之父 Tim Berners-Lee 也意识到了这些问题，因此，他于 1994 年提出互联网不应该只是简单的网页之间的链接的观点，并在 2001 年提出了语义网的概念。不同于互联网上的知识互相链接构成知识体系，语义网希望计算机能够理解这些知识的语义，并能够自动合并相同的知识，为人们检索和利用这些知识提供便利。最终，语义网上的知识体系将成为一种使计算机能够容纳互联网上的知识内容并理解这些知识的语义的海量信息化系统。相较于万维网，语义网中的数据不仅具有巨大的规模，而且具有很高的实用性。

虽然语义网的目标具有很高的使用价值，但实现起来却困难重重。比如，在语义网中，需要将知识的语义标注在内容上，形成 XML 标签。但是这些知识往往规模庞大，而且有些还是特定领域内的知识，需要专家经验才可以标注。这些原因导致语义网在标签的处理上极具挑战。同时，语义网的构建需要计算机能够理解知识的语义，这就需要计算机具有很强的语义理解和推理能力。但受限于语义理解和推理方面的技术，这一愿景也很难实现。总而言之，语义网是一个美好的设想，但其实现还需要科研工作者的不懈努力。虽然语义网的目标还没有实现，但 Tim Berners-Lee 的这一想法却推动了语义网研究热潮的产生。语义网相关的研究在知识体系的构建上起到了巨大作用，世界知名的维基百科（wikipedia）便是语义网推动下的产物。

5.1.2.5　链接数据

针对人们在万维网上发布数据时存在的结构不规范等问题，Tim Berners-Lee 在 2006 年提出了链接数据的 4 条基本原则：①使用统一资源标识符（uniform resonrce identifier，URI）作为事物的名称；②使用 HTTP 协议访问 URI，使人们能够查找这些名称；③当查找一个 URI 时，可以依据一定的标准来提供有用的信息；④包含其他 URI 的链接，以便发现更多的信息。这些原则可以看作人们在互联网上分享和检索数据的一种最佳实践。

在万维网上的数据是由 HTML 超文本标记语言组织起来的，不同数据之间的关系连接较弱，存在表达能力不足的问题，这导致无法通过实体的类型化链接检索到文档中的相关实体。根据链接数据的 4 条基本原则，万维网上的数据最终会形成全球信息空间中的一部分。这个数据空间是一个文档和数据都链接的信息空间，使用资源描述框架（resource description framework，RDF）来创建类型化链接以链接世界各处的数据。随着遵循链接数据的人越来越多，互联网最终将形成一个结构化的海量数据网络。在这个数据网络中，知识之间的检索将变得更加容易。

5.1.2.6　知识图谱

虽然语义网在提出后至今仍没有取得较大的进展，但得益于在语义网研究中取得的技术成果，一种能够真正落地的产品终于诞生了，它就是"知识图谱"（knowledge graph）。"知识图谱"这一概念最早在 2012 年由谷歌提出。当时谷歌基于他们收购的 FreeBase 知识库构建了一款基于知识图谱的搜索引擎产品。该产品将原本的网页文本内容，特别是客观事实性的文本内容，表达成一系列实体和实体之间关系的形式，从而形成一种图结构，使计算机能够充分理解文本的语义。在这些特点中，有些和语义网的特性很类似。因此，可以从某种意义上说，知识图谱其实起源于语义网。

知识图谱这种知识表示形式的基本单元是知识三元组。知识三元组的形式为 { 头实体，关系，尾实体 }。这一表达方式简洁易懂，同时也便于计算机存储和利用。结合图数据库的操作，数据的存储和查询等运用具有极高的效率。

三元组的形式客观开放，其定义的头实体和尾实体不仅可以是一种概念（比如建筑），也可以是一种具体的事物（比如长城），这就极大地拓宽了知识图谱的知识表达能力。同时，其定义的关系也没有刻意要求属于一个层级化的关系体系中，使得知识图谱中的关系也更灵活。除了这些优势外，依赖于知识三元组天然的可扩展性，知识图谱还具有知识容易大规模扩展等特点。这些优点使得知识图谱的研究如火如荼。

5.1.3 大模型时代下的知识工程

知识工程是一个收集并整理预存知识并创造新知识（包括临时知识）的任务，从知识类型的角度来看，其主要包括以下 4 个步骤：①隐性知识的外化；②显性知识的结构化；③结构化知识的模型化；④知识的扩充与修正。如图 5.2 所示。

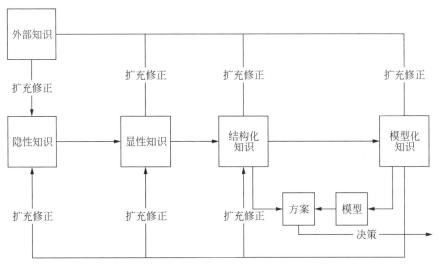

图 5.2 综合集成研讨体系中的知识演化过程

（1）隐性知识的外化：专家头脑中的隐性知识具有无法直接被其他人获取的特点，而且这些隐性知识一般是专家的经验，其正确性还需要经过逻辑和实践的检验。其中，可信度高的知识就是综合集成研讨体系中的预存知识。需要检验这些隐性知识，就需要将隐性知识转化为可以形式化描述的知识，如自然语言、格式语言或草图等形式。这种将隐性知识转化为形式化的显性知识的过程，就是隐性知识的外化。在大模型时代到来前，隐性知识的外化手段主要是研讨。大模型的出现，创造了人机融合来外化隐性知识的可能。

（2）显性知识的结构化：从隐性知识转化而来的显性知识一般是粗糙的、定性的。为了检验知识的可靠程度或寻求知识的依据，需要对显性知识进一步梳理和细化，即寻找这些显性知识的内部逻辑和结构，将其转化成清晰、准确且具有结构的知识，这就是显性知识的结构化过程。显性知识结构化的手段主要采用自然语言处理、数据分析、人工验证等，其主要目的是通过人工评估或模型自动分析等方法，寻找出显性知识中可信的结构和逻辑。

（3）结构化知识的模型化：由显性知识转化而来的结构化知识一般以自然语言、公式或图表的形式存在，很难在计算机中直接使用，也不能直接在综合集成研讨体系中直接利用并进行大规模验证。要想使计算机能够充分利用这些结构化知识，还需要将结构化知识转化为计算机上的模型化知识，这个过程就是结构化知识的模型化。结构化知识模型化的主要手段是软件开发或模型增强。前者根据结构化知识创建一个对应的软件实现人机交互，后者根据这些结构化知识扩充已有软件中的模型化知识。

（4）知识的扩充与修正：综合集成研讨体系中的知识体系并不能涵盖世界上所有的知识，也不能即时更新以适应不断出现的新问题，这是由预存知识的固有属性决定的。为了使综合集成研讨体系拥有更多更新的知识，必须拥有一个外部的知识源，可以随时对知识体系中的知识进行补充，对错误知识进行修正。这时，可以通过互联网的知识或者大众提供的知识作为辅助，即临时知识。虽然这些外部辅助的临时知识不一定可信，也不一定正确，但在综合集成研讨体系中，可以作为一种启发性信息。这种启发性信息可以帮助知识体系不断修正和补充已有的知识。

在大模型出现之前，知识工程的起点是专家头脑中的隐性知识，终点是模型化的知识图谱。而在大模型时代，知识工程的起点变成了专家头脑中的隐性知识与大模型中的隐性知识，终点是模型化的知识图谱和大模型智能问答系统。可以说，大模型实现并增强了综合集成研讨体系中的知识演化过程。

而造成这一变化的原因是，传统知识体系中的预存知识是静态的，而大模型中的隐性知识是动态变化的，也就是说，大模型可以很好地整合预存知识和临时知识。

之所以说传统的知识体系中的知识是静态的，是因为在传统的综合集成研讨体系中，研讨问题的起源是专家头脑中的隐性知识。这些隐性知识通过显性化、结构化、模型化等一系列转化操作，最终形成知识体系中最重要的模型化知识。然而，专家头脑中的知识经过长年累月的积累，对于一些固有的概念已经形成了自己的见解，心理学中称为"心理表征"。因此，很难在短时间内通过外界的修正和补充得到实质性的改变。这一特性导致了综合集成研讨体系中的预存知识其实是静态的。静态的知识体系里面蕴含的预存知识具有可信度高、专业性强的特点，但是受限于专家学习知识的速度，这些静态知识往往在规模上受到限制。因此，可以认为，静态知识体系在处理一些特定专业领域的知识时具有优势。因为这些特定的领域不需要广泛的知识，专家所掌握的知识已经足以解决问题。但是，如果将问题的领域放宽，如运用侧重于哲学领域知识的知识体系去解决历史领域的问题，这将导致知识体系发挥的作用收效甚微。除了领域的限制，还有一个知识的时效性问题。由于专家获取、理解、掌握知识并转化为自身的隐性知识需要一定的时间，然而在互联网高速发展的当今社会，各种信息层出不穷，一些新的临时知识也不断涌现。此时，仅仅依靠专家构建知识体系显得力不从心，静态知识体系的弊端也逐渐显现。

虽然人们也提出了很多方法来解决静态知识体系的问题，如利用事件知识图谱弥补知识图谱的不足或者采用定期更新的方式，但这些方法仍然难以在信息爆炸的时代发挥很好的作用。究其原因，这些方法虽然在一定程度上保证了知识的更新，但知识体系在本质上还是静态的。直到 2023 年年初，大语言模型兴起后，知识体系才从静态逐渐向动态过渡。大模型中的隐性知识其实类似于专家头脑中的隐性知识，都是难以直接表述出来的。然而，不同的是，大模型中的隐性知识涵盖的范围更广，但可信度没有专家所掌握的隐性知识那么高。因此，大模型在解决特别专业的问题时，可能会出现疏漏，而专家在处理时更占优势。然而，大模型中的知识面广，使得大模型可以解决不同领域的基础问题。它可以解决的领域比依靠专家知识构建的静态知识体系要广。除此之外，大模型中的隐性知识是可以通过人机交互的方式更新的。这就保证了当大模型中的隐性知识出错时，可以依赖众多用户的纠正而提高准确性。这一过程可以看作综合集成研讨过程的缩影，其充分展示了大模型中的临时知识与预存知识相互融合的可能。由此可见，基于大模型中的隐性知识构建的知识体系是动态的。

虽然大模型中的隐性知识具有众多优点，但在解决具体问题时，还是需要经历知识演变的过程，构建动态的知识体系，才能让专家获取并使用和验证。由于大模型不仅仅可以看作具有隐性知识的专家，还是一个计算机化的软件，即模型化知识。因此，除了可以将大模型运用到知识演化的起点，还可以运用到知识演化的终点，即利用静态知识体系补充修正大模型。一般，后一种方法由于其方便快捷而且容易操作的特点被众多研究者和企业所青睐，这也是静态知识体系与大模型中的隐性知识相互结合的一个典型事例。

大模型中的隐性知识是以数值化的方式存储在神经网络模型中的，一般难以像知识图谱那样可以直接进行编辑操作，即增删改查。但是，由于大模型的重新训练耗时耗力，因此，想要更新大模型中的知识就只能采用细微调整模型而不是增量训练的方式。目前，大模型中的知识编辑主要有两种方法。

第一种方法是通过外接记忆网络（memory network）的方式实现大模型中知识的更新。这种方法不改变大模型中的参数，而是将需要更新的临时知识作为一个记忆网络外挂于大模型之外进行修正。这样，大模型原始的输出将会被记忆网络修正，只需要保证记忆网络中的临时知识是最新的，就等于保证专家根据大模型得到的知识是最新的。这是一种典型的利用可靠的临时知识补充预存知识的方法。在这一类方法中比较典型的是 CaliNET 和 SERAC。

第二种方法的主要目的是通过直接修改大模型中的参数来实现知识的更新。一般在修改大模型参数前，需要通过特殊的方法定位到大模型中与知识相关的参数位置。Dai Damai 等提出了知识神经元（knowledge neurons）的概念，并通过归因分析的方式定位特定知识相关的知识神经元，通过对知识神经元的编辑实现知识的修改和删除。另一个典型的大模型参数更新方法是ROME，其通过因果干预（causal intervention）的方法识别大模型中存储知识的神经元，根据优化后的知识键值对更新模型参数。

无论是外接记忆网络的方法还是直接修改模型参数的方法，静态知识体系都可以作为外部知识的补充。比如，可以利用知识体系中的高可信度的预存知识作为外接记忆网络修正大模型中的知识，或者将知识体系中的知识键值对用于指导大模型参数更新。知识体系除了可以修正大模型中的知识外，还可以弥补大模型存在的一些不足。

大模型会因为数据、训练和推理中的诸多问题出现幻觉。比如，在推理阶段中，由于大模型内部在生成内容时采用的是随机抽样的方式，这种随机性会导致生成结果的不确定性。而且，其对上下文关注不足和归一化指数函数（softmax）表达能力限制也会导致其解码时出现问题，进而产生幻觉。当大模型出现幻觉时，可以通过知识体系中准确的可信度高的知识辅助提升输出结果的准确性。而对于因数据原因出现的幻觉，也可以通过知识体系中的高质量数据辅助提升训练数据的质量，解决大模型的幻觉问题。

大模型存在的另一个比较经典的问题是"逆反诅咒"（reversal curse）。逆反诅咒说的是，在大模型进行智能问答时，生成内容存在逆反情况下的不对称性。比如，当问到"'黄鹤一去不复返'的下一句是什么？"时，大模型能够正确回答出"白云千载空悠悠。"而当接着问"'白云千载空悠悠'的上一句是什么？"时，大模型却错误地回答"海上生明月。"这种在逻辑上简单的问题在大模型上却变得异常困难，甚至让大模型在回答时准确率几乎为0。如果运用知识体系中的预存知识加以辅助，理论上可以轻松解决这种逆反诅咒类的问题。因为知识体系中的知识具有可解释性，而且继承了结构化数据良好的对称性。可以让大模型在遇到逆反诅咒类的问题时，先生成并关联知识体系中的数据，在回答时从知识体系中将逆反诅咒类的问题转化为原始的问题。比如，通过知识体系将"'黄鹤一去不复返'的下一句是什么？"的答案"白云千载空悠悠"关联到知识体系中，在回答"'白云千载空悠悠'的上一句是什么？"时，结合知识体系来回答以提高回答的准确率。

5.2 知识体系的关键技术

知识体系在综合集成研讨体系中发挥着重要的作用，其中主流的知识表示方法经历了一系列的发展。这些知识表示方法从借鉴心理学的语义网络模型和哲学的本体论，到在互联网时代下逐步演化为语义网和链接数据。每一种知识表示方法的改进都意味着知识体系中知识表示能力的提升和知识储备的增大。同时，每一种知识表示方法的改进本质上是为了在提升知识体系的规模和质量的基础上，降低人工劳动成本，提高知识体系的构建效率。因此，对应的就有针对不同知识表示方法而产生的知识体系构建技术。这些知识体系的构建技术为综合集成研讨体系中的知识体系提供了补充和修正预存知识的途径，是知识体系中的重要研究内容。

如今，在知识体系的众多知识表示方法中，主流的是知识图谱。一方面，知识图谱本质上是语义网络模型的工业化应用，其通过简单的知识三元组的形式来组织和表达知识，具有简洁易用、可扩展等优势。由于知识图谱一般是静态的，其对动态知识的表示能力存在缺陷，因此一种可以捕获知识之间的动态关系的知识图谱应运而生，被称为事件知识图谱。事件知识图谱本质上是知识图谱的扩展，其将知识三元组扩展为"事件"，从而能够依赖于事件关系描述知识的动态关系。另一方面，一般知识图谱主要内容是文本形式的，受限于文本对一些知识的描述能力，一种融合了多种模态知识的多模态知识图谱被提出来了。

传统的知识图谱、事件知识图谱和多模态知识图谱作为知识体系中典型的知识表示形式，其构建过程中所用到的方法可以很好的代表当下知识体系构建过程中的关键技术，也体现了综合集成研讨体系中的显性知识结构化的思想。因此，本节将以知识图谱这种知识表示形式为例，叙述知识体系构建过程中所涉及的关键技术。

5.2.1　知识抽取的挑战与解决方案

知识图谱中的基本单元是知识三元组，具有 { 头实体，关系，尾实体 }

的结构。知识三元组具有极高的可扩展性，且表达能力强，结构简单，也方便计算机存储和利用。然而，在抽取知识三元组时却存在不小的挑战。一般抽取知识三元组有 3 种情况：①从结构化文本中抽取；②从半结构化文本中抽取；③从非结构化文本中抽取。结构化文本指的是类似于表格等属性和属性值清晰的结构化数据表示，这种情形下的知识三元组抽取只需要编写适应表格的模板的程序即可将这种结构化数据转化为知识三元组。半结构化数据指的是类似维基百科中 Infobox 表格的结构，没有特别严格的属性和属性值规定的文本数据。这种数据在抽取时可以借助于转化器来实现。这 3 种情形中最难处理的是从非结构化文本中抽取知识三元组。从非结构化文本中抽取知识三元组分为预定义关系抽取和开放域关系抽取两种。开放域关系抽取指的是抽取的知识三元组中的关系没有限制，而预定义关系抽取指的是根据预定义的关系集合抽取含有这些关系的知识三元组。有关预定义关系抽取的研究较多，下文将主要介绍这种任务对应的方法。

预定义关系抽取（下文简称三元组抽取）主要面临误差传播问题和信息冗余问题。误差传播问题是由模型多阶段或者多个模型结构之间信息难以共享或仅通过共享参数导致的一个阶段或一个模型产生的误差在下一个阶段或模型上难以修复的问题。信息冗余问题指的是模型在抽取三元组时忽略了三元组内部元素关联或由于其他原因导致抽取出过多的无效三元组，影响了最终的抽取效果。基于这两类问题，下文将介绍一些经典的三元组抽取模型以及它们在面对这些问题时的解决方案。

传统的三元组抽取方法采用流水线式模型，这类模型将三元组抽取分成两个主要步骤：①命名实体识别；②关系抽取。命名实体识别是一种从文本中抽取出命名实体的任务，关系抽取是根据文本和两个实体来判断这两个实体之间具有的关系的任务。流水线式方法首先使用现有的命名实体识别方法从文本中抽取出所有的实体，其次将这些实体两两组合，使用现有的关系抽取方法来判断这些实体对之间的关系。最后，根据实体对以及它们之间的关系抽取出知识三元组。虽然流水线式模型中两个子阶段的模型具有灵活可替换的特点，但这类模型的缺点也是显而易见的。首先，在命名实体识别阶段抽取出的实体是文本中所有的实体，它们两两组合产生的实体对之间可能不存在有意义的关系。虽然这种两两组合得到的实体对数量巨大，但其中具有关系的实体对数量却很少，在进行关系抽取时，将会为很多没有关系的实体对判断它们的关系，导致模型很容易抽取出没有意义的三元组。其次，在实体识别阶段抽取出来的实体如果不准确，在关系抽取阶段将没有办法纠正实体识别阶段的错误，导致这种错误一直传播到了模型输出的知识三元组中。

　　流水线式模型天然存在误差传播问题，导致模型在使用时效果不佳。为了解决这种多个模型组合分别进行实体抽取和关系抽取带来的误差传播问题，一些实体关系联合抽取方法被相继提出。实体关系联合抽取方法的主要思想是通过一个统一的模型同时抽取实体和关系并组合成知识三元组。这些方法中，比较经典也比较开创性的方法是 Zheng Suncong 等在 2017 年提出的一种实体关系联合抽取模型（以后的工作将其称为 Novel Tagging），如图 5.3 所示。该模型将实体识别任务和关系抽取任务统一建模为一个标注任务，模型的标注示例如图 5.4 所示。以三元组 {United States，Country-President，Trump} 为例，在标注时，由于头实体 United States 是一个含有两个单词的实体，因此模型将采用两个标签来标注，即 B-CP-1 和 E-CP-1。这两个标签中，CP 是 Country-President 的缩写，1 表示这是头实体，B 和 E 是 BIES 标注法中的标记。类似地，由于尾实体 Trump 只有一个单词，因此模型采用一个标签

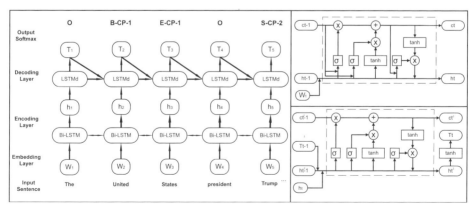

图 5.3　Novel Tagging 模型结构

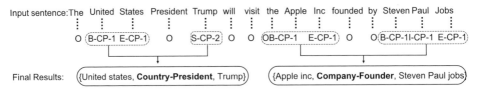

图 5.4　Novel Tagging 模型的标注示例

S-CP-2 来标注。其中，CP 是 Country-President 的缩写，2 表示尾实体，S 也是 BIES 标注法中的标记。这种标注方式创新性地将实体关系联合抽取任务统一建模，为以后实体关系联合抽取模型提供了思路。

虽然 Novel Tagging 模型能够同时抽取实体和关系，但却难以解决三元组重叠问题。三元组重叠问题主要分为三类。①单实体重叠（single entity overlap）：两个三元组中仅有一个实体是重叠的；②实体对重叠（entity pair overlap）：两个三元组中头实体和尾实体都是重叠的；③头尾实体重叠（head tail overlap）：一个三元组中头实体和尾实体中有部分单词重叠。吸取 Novel Tagging 的教训，后续模型在联合抽取实体关系时开始考虑三元组重叠问题。这些方法中，比较典型的是 CasRel，如图 5.5 所示。CasRel 模型改变了先抽

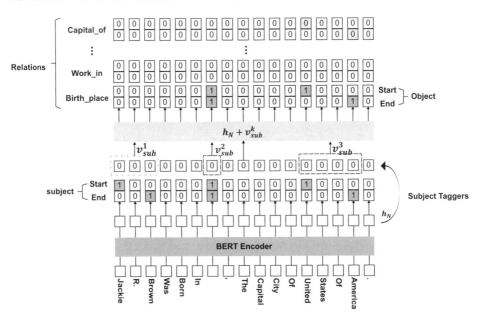

图 5.5　CasRel 模型结构

取实体再抽取关系的顺序，其主要思想是：先从文本中抽取出所有的头实体，然后为每一个头实体，针对所有预定义关系抽取尾实体。如果抽取不到尾实体，则表示头实体与该关系不能构成三元组。这种抽取顺序的改变从根本上解决了原有的先抽取实体再抽取关系导致的三元组重叠问题。CasRel 模型的出现，启发了后续模型结构和标注方式以及抽取顺序的创新。

　　尽管 CasRel 这种端到端的模型在实体关系联合抽取任务上的表现很出色，但一些研究指出，这种多阶段多模型的架构其实还存在级联误差和信息冗余问题。级联误差发生在多个模型或多个阶段之间需要靠共享参数等方式实现实体和关系的交互上。模型整体上会因为各个模块之间产生的误差不断累积而影响整体性能，而这些模块之间产生的误差却很难互相纠正。信息冗余发生的原因是在多个模型之间抽取出来的一些实体或者关系其实是存在一些重叠的，而且还会由于每个模型对三元组抽取任务的片面认识，导致抽取出来一些无效的三元组。针对级联误差和信息冗余问题，有研究采用单阶段或单个模型完成实体关系联合抽取任务的方式降低这些问题带来的模型性能下降的影响。这些研究中，比较典型的是 OneRel。OneRel 通过设计一种名为 Rel-Spec Horns 的标注策略，将实体关系联合抽取任务建模为一个二维词元（token）矩阵中的标注问题，如图 5.6 所示。Rel-Spec Horns 标注策略通过设计 HB-TB、HB-TE、HE-TE 和 - 这四种标签分别在每一个关系对应的二维 token 矩阵中标注头实体和尾实体。其中，HB-TB 和 HB-TE 共同标注尾实体的开始位置和结束位置，HB-TE 和 HE-TE 共同标注头实体的开始位置和结束位置，- 表示不属于以上三种位置的 token 对。这种标注方式简单直接，而且模型只需要两层全连接层，体现了单个模型设计的优势。

　　在大模型时代，也有一些使用大模型进行实体关系联合抽取的方法。这些方法比较典型的有两种：第一种是利用 CoT 指导大模型进行全监督学习；第二种是设计 Prompt 并利用大模型生成知识三元组。第一种方法的主要思路是：首先使用 ChatGPT 生成 CoT，然后基于 CoT 引导大模型在语料上进行监督学习。第二种方法主要思路是设计类似于问题模板的 Prompt，其中包含抽取的知识三元组的形式和需要大模型回答的问题，然后将 Prompt 送入大模型，基

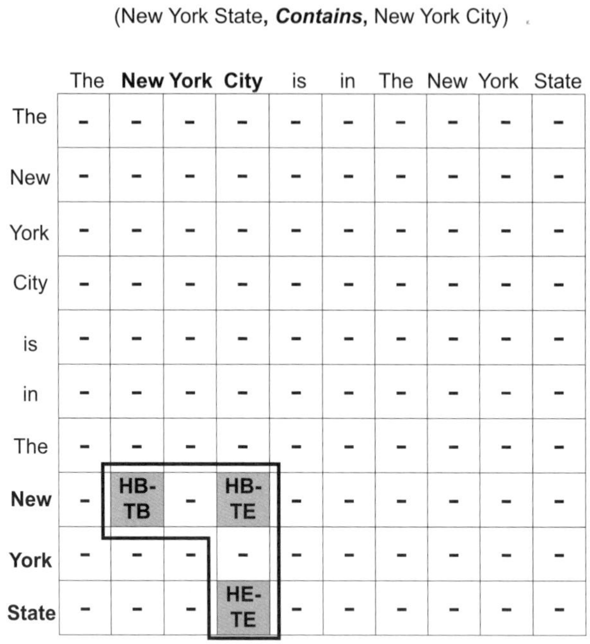

(New York State, **Contains**, New York City)

	The	**New**	**York**	**City**	is	in	The	New	York	State
The	-	-	-	-	-	-	-	-	-	-
New	-	-	-	-	-	-	-	-	-	-
York	-	-	-	-	-	-	-	-	-	-
City	-	-	-	-	-	-	-	-	-	-
is	-	-	-	-	-	-	-	-	-	-
in	-	-	-	-	-	-	-	-	-	-
The	-	-	-	-	-	-	-	-	-	-
New	-	HB-TB	-	HB-TE	-	-	-	-	-	-
York	-	-	-	-	-	-	-	-	-	-
State	-	-	-	HE-TE	-	-	-	-	-	-

图 5.6 OneRel 的 Rel-Spec Horns 标注策略

于大模型的生成能力生成知识三元组。一般情况下，往往第一种方法效果较好。由于第二种方法属于 few-shot 或 zero-shot 类型，所以在抽取结果上效果较差。除了这两种方法，还有其他一些基于大模型的实体关系联合抽取方法。这些方法虽然在无监督、弱监督或全监督情况下可以取得很好的结果，但存在着使用大模型做知识抽取的固有弊端，如大模型推理效率低、计算耗时耗力、消耗计算资源比较大、Prompt 长度受限、不能处理关系数量很多或者文本很长的情形等。

5.2.2 事件抽取的挑战与解决方案

由知识三元组组成的知识图谱一般是静态的，为了探究这些知识之间动态的关系，一种以"事件"（event）为基本单位的事件知识图谱被提出来。"事件"可以看作多个知识三元组的封装，这意味着事件知识图谱可以很容易转化为由知识三元组为基本单元的知识图谱。"事件"中包含的主要内容有事件类型（event type）、事件触发词（event trigger）、论元（argument）和论元角色

（argument role）。其中，事件类型表明事件所属的类型。事件触发词指出这个事件是由哪个触发词标志的，事件触发词通常是一个动词。论元是参与到事件中的元素，比如某人、某物等。论元角色是参与到事件中的元素在事件中扮演着什么角色，比如实施者、承受者等。

　　由于抽取一个"事件"需要抽取 4 个基本元素，因此事件抽取模型一般是多阶段多模块结构，而且存在复杂的重叠问题，是事件抽取研究中面临的一个巨大的挑战。这种多阶段多模块结构的一个典型代表是 CasEE，一个受到实体关系联合抽取模型 CasRel 启发的事件抽取模型。CasEE 模型结构如图 5.7 所示，其将事件抽取任务分解为 3 个子任务，即事件类型检测、事件触发词抽取和论元抽取。事件类型检测负责判断事件类型，事件触发词抽取负责依据事件类型从抽取文本中触发词，论元抽取负责根据事件触发词和事件类型抽取论元和论元角色。在这 3 个任务中，后两个任务的输入分别要依赖于前一个任务，所有任务执行完毕即可抽取得到事件的 4 个基本元素。

　　多阶段多模型结构自然要面对误差传播的问题，因此，一种单阶段的事件抽取模型 OneEE 被提出，如图 5.8 所示。OneEE 模型受到一些单阶段的实体关系联合抽取模型和命名实体识别模型的启发，通过设计特殊的标记方法，使事件中的 4 个基本元素在一个阶段同时被抽取出来，而且尽可能考虑多种

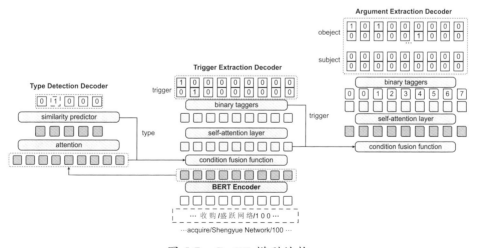

图 5.7　CasEE 模型结构

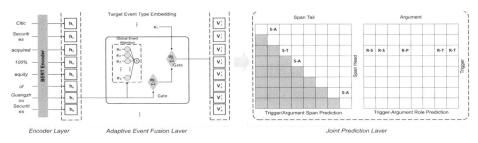

图 5.8　OneEE 模型结构

重叠的情况。OneEE 将事件抽取任务分解为两个子任务，这两个子任务可以同时执行，互不影响。第一个子任务通过标注方式同时抽取事件中的触发词和论元，第二个子任务也是通过标注方式，但判断的是触发词对应的事件类型和论元的角色。这种巧妙的设计不仅提高了事件抽取的效率，还取得了不错的抽取效果。

在大模型时代，也有不少进行事件抽取的方法。由于事件抽取可以看成知识三元组抽取的一个复合任务，也就是说事件抽取可以看作多个相互关联的实体关系联合抽取任务。因此，对于大模型这类问答模型来说，事件抽取与实体关系联合抽取的区别基本上只有问题模板或者 Prompt 不同。比如，基于 ChatGPT 的方法中，有的工作在设计 Prompt 时，致力于使模型能够回答事件的类型、触发词、论元和对应的论元角色，最终组合成一个事件。

5.2.3　知识图谱的框架与设计

知识图谱以知识三元组为基本单位，具有结构简单、约束弱、易扩展等优势。当将知识图谱表示的知识体系运用到综合集成研讨体系的实际领域中时，无论是通用领域还是专业领域，其所需要的知识会自然而然地受到该领域的约束。为了将这种约束加入到知识图谱中使知识图谱能够解决该领域的问题，同时还不影响知识图谱的优势发挥，构建本体（schema）成为一个不错的解决方案。本体中主要包含三方面的内容：①对概念的分类；②对概念属性的描述；③对概念之间关系的定义。依据这三个方面的内容，可以采用机器自动构建的方式，或者由人工构建框架再由机器自动学习补全的方式。在自动构建的方法中，一种自顶向下和自底向上构建结合的方法比较典型。这种方法通过人工定义上层的本体（自顶向下），再通过自动学习的方式自底向上构建，能够保证知识体系的准确性和完备性，同时降低构建的难度。由于本体构建具有很高的难度，想要构建高质量的本体还是需要通过人工定义的方式才能实现。人工构建本体往往需要众多领域专家针对该领域的问题进行抽象，因此一般是针对垂直领域更适用。比如，针对电商领域的推荐问题，阿里巴巴便通过专家构建并迭代了多层本体，并依此构建知识图谱以提高推荐的准确率和可解释性。

本体构建完成后，需要根据已经构建的本体进行知识抽取，即从文本中抽取知识以补充丰富本体中的内容并最终构建成知识图谱的形式。由于在本体中不仅定义了概念和概念属性，还定义了概念之间的关系，因此在知识抽取时，主要有两种思路：①根据概念和概念属性进行实体识别；②根据概念和概念之间的关系进行实体关系联合抽取。第一种方法在进行实体识别时，需要根据本体中定义的概念和属性描述，从文本中抽取出合适的实体。对于结构化和半结构化的文本，可以采用设计抽取模板的方式直接抽取。对于非结构化的文本，可以采用基于规则的实体识别方法和基于深度学习模型的实体识别方法。基于规则的实体识别方法主要是利用启发式模板或正则表达式进行实体识别，基于深度学习模型的方法是通过模型为文本中的词预测，类似于 BIO 的标签来抽取实体，或者为实体预测开始位置与结束位置等方式进行实体识别。第二种方法在进行实体关系联合抽取时，需要根据概念定义和概念之间关系的定义，同时从文本中抽取实体关系三元组。对于结构化文本和半结构化文本，可以通过设计模板等方式完成。对于非结构化文本，可以采用先实体识别后关系抽取的方式或者实体关系联合抽取的方式。这两种实体关系联合抽取的方法主要将知识三元组抽取分解为不同的子任务并设计特殊的标签实现知识抽取。

在知识抽取过程中抽取出的实体往往具有歧义性，这种歧义性表现在一词多义和一义多词上。一词多义指的是一个实体在不同的上下文中可能有多个含义，如"苹果"既可以是一种水果，也可以是一个互联网公司。一义多词指的是一个概念在不同的上下文中可能有多个实体与之对应，如"昕爷""大蟒"等绰号都是乒乓球运动员"许昕"的指称。为了解决这些实体之间的歧义性问题，需要运用实体消歧技术。实体消歧技术分为结构化文本的实体消歧技术和非结构化文本的实体消歧技术。结构化文本的实体消歧技术针对的是一些类似于表格的数据，这类数据往往上下文比较稀缺，难以通过上下文来推断实体的含义。针对结构化文本进行实体消歧，可以采用将表格中的实体作为检索词，利用维基百科或者搜索引擎等渠道提供辅助信息以帮助补充实体信息，从而实现消歧。针对非结构化文本的实体消歧，主要思路是利用非结构化文本中实体的上下文信息推断出待消歧实体的语义，然后计算其与候选实体的语义相似度，进而实现实体消歧。这些方法根据具体实施方式的不同，可以分为基于聚类的实体消歧方法和基于实体链接的实体消歧方法。基于聚类的方法在计算出待消歧实体的语义表征后，将这些实体语义表征按照聚类的方式进行区分。基于实体连接的方法通过将待消歧实体按照语义相似度链接到候选实体以实现实体消歧。

完成了知识抽取和实体消歧等一系列知识图谱的构建工作后，可以通过可解释的知识推理进行知识补全。知识补全的任务是针对知识三元组中缺失的一个元素，如头实体或关系，根据其他剩余的两个元素以及知识图谱补全缺失的元素。比如，对于三元组{成都，位于，四川}，如果缺失的三元组为{成都，位于，？}，即缺失尾实体。知识补全任务可以根据知识图谱推测出缺失的尾实体是"四川"。

5.2.4 多模态知识图谱构建

知识图谱一般指的是基于纯文本数据构建的知识体系，其由数以万计的知识三元组组成，每个知识三元组中的头实体、关系、尾实体都是文本类型表示的知识。依赖于高质量的文本数据，这种基于文本构建的知识图谱一般具有很高的知识表达能力和知识完备性。然而，有一些知识是不能用文本描述的，或者用知识三元组很难描述清楚。比如，一件物品的外观，虽然通过几十个甚至几百个知识三元组可以将这件物品外观中的一些特性描述清楚，但是这种方式不仅烦琐，而且可能因为忽略一些细节而没有完整地描述清楚这件物品。因此，在一些应用场景中，仅仅依靠文本的描述是难以清楚地表示一个对象的。多模态知识图谱可以解决这类问题。多模态知识图谱中融合了除文本外的图片、语音、视频等多种模态的知识，能够充分描述对象的特征，很好地弥补了基于纯文本构建的知识图谱的不足。然而，多模态知识图谱虽然能够很好地表达世界中的知识，但在构建时却面临诸多挑战。例如，文本知识是从人类产生的高质量文本数据中获取而来，而其他多模态数据一般是自然界中存在仅通过人类获取加工得到的，从其中抽取得到的多模态知识在质量上一般没有文本知识高。另一个比较关键的问题是，不同模态的知识具有不同的语义空间，但多模态知识图谱要求这些模态的知识能够在不同语义空间中对齐。由于不同模态的知识转化为特征表示向量时所采用的模型架构等因素不同，这种多模态知识对齐问题成为多模态知识图谱构建过程中的巨大挑战。

在多模态知识对齐中有一个重要环节是跨模态知识表示的相似性度量。跨模态相似性度量是在多模态知识通过各自模态的语义表征模型转化为语义特征向量后，度量它们之间相似性以实现多模态知识对齐的任务。由于多模态知识图谱中研究最多的是文本和图像这两个模态的知识表示形式，因此下文将简述文本图像跨模态相似性度量的方法。

文本图像跨模态相似性度量主要有两类方法。一类是双流框架，另一类是耦合框架。双流框架在度量文本相似度时采用的是多对多的图文匹配方式，在计算相似性时采用简单的余弦相似度度量。因此，双流框架在相似性度量计算时具有很高的计算效率。双流框架的主要思路是让图像和文本各自依靠自己领域的模型架构进行编码，这样就保证了双流框架的灵活性。然而，双流框架由于采用了简单的余弦相似度度量方法，导致其相似性度量表现较差。近期经典的双流框架模型是OpenAI提出的Clip模型，模型结构如图5.9所示。

另一类耦合框架的主要思想是使用相同的编码方式将图像和文本的语义表示成特征向量，并结合上下文或外部知识等辅助信息实现文本和图像的跨模态语义相似性度量。由于在模型架构层面的耦合设计，这类耦合框架一般

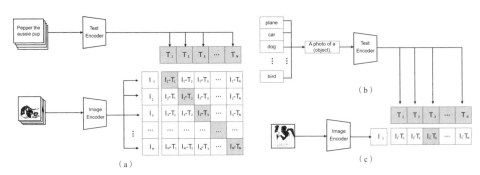

图 5.9　Clip 模型结构

（a）Contrastive pre-training；（b）Create dataset classifier from text；

（c）Use for zero-shot prediction

可以取得比双流框架更好的图文匹配效果。然而，相较于双流框架灵活的设计和简易的相似性度量方法，耦合框架在灵活性和计算效率上存在劣势。而且，这种耦合框架在实现图文相似性度量时一般只能对一个文本对象和一个图像对象进行相似性度量，进一步影响了计算效率。早年的 ViLBERT 和近期的 UNITER、VLP、OSCAR 等多模态预训练模型都是这种双流框架。

在完成了图像和文本之间语义表示的相似性度量后，主要有两种不同的方式构建图像 – 文本多模态知识图谱。构建其他模态的知识图谱时也可以参考这两种方式，只需要将图像替换成多模态数据并做一些相应的调整即可。对于以图像和文本的多模态知识图谱，在构建时有两种方法：①将图像（或多模态数据）作为实体或概念的特定属性值；②将图像（或多模态数据）作为知识图谱中的实体。

第一种方法将图像作为实体或概念的特定属性值，相当于将图像作为实体或者概念的一个链接，如图 5.10 所示。以三元组 {France，capital，Paris} 为例，实体 France 有一张国旗的图像作为链接补充，实体 Paris 有一处代表性建筑的图像作为链接补充。这些图像与实体之间通过属性 hasImage 连接起来。这种方式构建的多模态知识图谱相当于在纯文本知识图谱上加入了多模态知识作为补充，不仅能完好地保持纯文本知识图谱的高质量，还能补充更多的信息以描述对象。

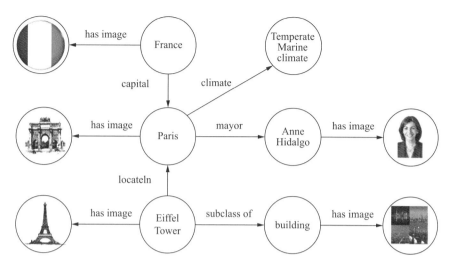

图 5.10 多模态知识图谱 – 图像作为实体或概念的特定属性值

第二种方法将图像作为知识图谱中的实体，相当于将图像嵌入到知识图谱中，使多模态知识之间构成一个完全异构、互相耦合的多模态知识图谱，如图 5.11 所示。图中为图像类型的实体定义了 4 种类型的关系：contain、nearBy、sameAs、similar。其中，contain 表示一个图像中的实体在视觉上包含另一个图像中的实体；nearBy 表示一个图像实体在视觉上靠近另一个图像

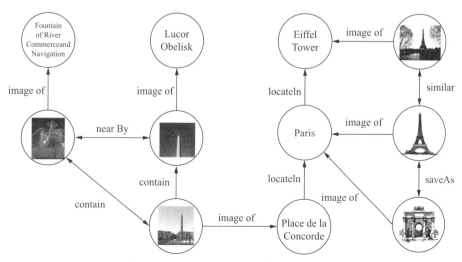

图 5.11 多模态知识图谱 – 图像作为知识图谱中的实体

中的实体；sameAs 表示两个不同图像中的实体其实是同一个实体；similar 表示两个图像中的实体在视觉上是相似的。不同的多模态知识图谱可以定义不同的关系来表示多模态知识之间的关系。

第一种方式构建的多模态知识图谱相当于纯文本知识图谱的扩充，这种方式保持了纯文本知识图谱的完整性，但在扩充多模态知识图谱时难以利用多模态知识之间的关系表征，而是需要文本作为中介。第二种方式构建的多模态知识图谱是一个将多模态知识嵌入到文本中的异构知识图谱，这种方式可以直接表示多模态知识之间的特殊关系，但破坏了原来文本知识图谱的完整。

5.2.5　知识体系与大模型融合共进

上文以知识图谱为例，分别介绍了知识抽取、事件抽取、本体设计、实体消歧、多模态知识图谱构建等关键技术。这些关键技术不仅代表了知识体系构建过程中的主要思路和方法，还体现了综合集成研讨体系中的知识转换思想。随着知识体系的深入研究和大模型时代的到来，在综合集成研讨体系中使用知识体系和大模型进行知识工程呈现出一些独特的优劣性。

知识体系具有语义明确、可解释性强等优势。其中，基于知识图谱表示的知识体系还具有语义描述简明的特点，其利用知识三元组表示知识。知识图谱的构建过程明确，主要目的是知识三元组的抽取和知识融合。使用知识体系进行知识工程的应用，如知识推理，可以在知识体系所囊括的领域范围内实现精确且可解释的推理。但是，由于知识体系的知识覆盖程度和完备程度的限制，知识体系中的知识能够解决的范围受到了约束，因此，对于一些超出知识体系所包含知识范围的问题，使用知识体系进行知识推理将难以取得理想的效果。同时，知识体系由于其符号化的知识表示方式，还存在歧义性问题，因此，在融合多模态知识时需要解决跨模态语义知识对齐问题。此外，像知识图谱这种知识表示方式以知识三元组作为基本单元，在保持简洁易懂的知识表示的同时，牺牲了一定的知识表示能力，导致知识体系能够描述的知识类型有限。随着知识体系中的知识结构和知识表达方式变得复杂，如采用事件知识图谱，会降低知识体系构建的性能。

相较于知识体系进行的知识工程，以大模型为基础的知识工程应用可以很好地融合多种类型的知识，利用 CoT 等技术启发大模型实现知识推理。这种方式在进行知识工程应用时，具有灵活性，可以通过改变输入大模型的 Prompt 实现预期的推理结果。在大模型训练时，不需要像知识图谱那样考虑知识三元组的抽取和融合，而是通过大模型训练的方式学习大量语料中的知识，并转化为分布式向量表示。这种学习方式相较于知识图谱的知识抽取并融合的方式更简单，而且相较于大多数知识体系构建方式更方便。受益于分布式向量的统一表示，不仅可以表示文本类型的知识，还可以表示图像类型的知识，以及其他类型的知识。在将这些不同类型的知识转化为大模型中的分布式向量时，也是通过模型训练的方式学习得到，这种表示方式简单且容易迁移。但是，分布式向量的形式只是对模型运算比较方便，人类很难读懂这些知识。因此，对于人类来说，从大模型中学习到的知识语义并不明确。此外，在学习这些分布式向量时，需要大量的训练语料和计算资源，每训练一次消耗巨大。虽然使用大模型进行知识工程可以获得很好的任务表现，但是大模型得到的推理结果不可解释，而且推理过程也无法解释。除此之外，大模型对于 Prompt 非常敏感，Prompt 稍有不同就可能导致完全不同的结果。因此，大模型进行知识工程应用时存在不稳定性，甚至出现"幻觉"，在应用时容易误导用户。

综上可知，大模型在知识表示时具有范围广、应用简单、知识较全面、训练方式容易等优势，而知识体系中的知识表示具有语义明确、可解释性强、推理稳定等优势。因此，一个自然而然的想法是在综合集成研讨体系中将知识体系和大模型融合，实现一种知识增强的大模型架构，从而发挥它们各自的优势并弥补各自的不足之处。

在预训练语言模型 BERT 被提出后，一些研究开始探索预训练语言模型中的知识。由于大模型也是一种预训练语言模型，因此，在大模型时代也有一些研究者去尝试探索大模型中蕴含的知识，类似于使用研讨的方式探索综合集成研讨体系中的预存知识。这些工作分别研究了大模型中是否存在语言学知识、世界知识、框架知识、常识知识等，结果表明，大模型中确实或多或少地存在一些这些方面的知识。基于这些研究，可以尝试利用大模型中的知识来丰富知识体系的构建。比如，知识图谱的构建需要经过知识三元组的抽取和知识融合。在知识融合的过程中，可以根据大模型内部蕴含的知识，辅助知识图谱中知识的融合。在知识抽取的过程中，可以使用大模型标注文本语料，节省人工标注的成本。值得一提的是，近期已经出现了这种使用大模型进行文本标注以辅助自然语言处理任务的研究。这种探索大模型中知识的思想与综合集成研讨体系中隐性知识显性化和显性知识结构化的思想不谋而合。在这种情况下，大模型在综合集成研讨体系中充当了"专家"的角色，其中蕴含的分布式表示知识可以视为"专家"头脑中的隐性知识。综合集成研讨体系采用知识探测、问答等研讨方式，逐渐将大模型中的隐性知识（预存知识）转化为显性知识，进而转化为结构化知识，形成知识体系，便于进一步利用，从而充分发挥知识的价值。

大模型和知识体系各有优劣，在综合集成研讨体系中将二者协同应用可以实现更好的任务表现。当前，可行的协同方式主要有三类：①利用大模型辅助知识体系；②利用知识体系增强大模型；③知识体系和大模型协同应用。

利用大模型辅助知识体系，主要是为了提高知识体系的完备性和语义表达能力。例如，可以通过将大模型作为文本编码器或者使用大模型将知识体系中的知识和文本信息合并到语义向量空间等方式提高知识体系的语义表达能力。在知识体系的知识补全任务上，也可以使用大模型作为文本编码器或者使用大模型作为生成器直接生成知识体系中缺失的知识。在构建知识体系时，大模型也可以参与很多任务，如知识抽取等。同时，还可以采用知识蒸馏的方式从大模型中蒸馏知识以构建知识体系，这种蒸馏出的知识虽然也是临时的隐性知识，但这种临时知识的质量得到了提高，通过综合集成研讨的方式转化成的显性知识将更有价值。在知识体系的应用中，大模型也可以起到很好的辅助作用。比如，基于知识体系的文本生成任务，可以通过微调大模型的方式，得到更好的生成效果。在基于知识体系的问答任务中，使用大模型可以有效提取问题中的实体和关系并根据在知识体系中检索到的知识生成可信的答案。

利用知识体系增强大模型，主要利用知识体系中的高质量知识和良好的

可解释性弥补大模型在预训练和推理阶段的不足。例如，在大模型的预训练
过程中，加入知识体系中的预存知识辅助训练，使大模型不仅能够学习到纯
文本中的知识，还能学习到知识体系中预存的高质量知识。百度的 ERNIE3.0
大模型在预训练时就将知识体系中的知识转化为 token 序列并预测知识图谱中
的实体或关系，如图 5.12 所示。除了知识图谱中的知识，知识体系中的其他
知识，如专家知识也可以加入大模型中以提升训练语料的质量。在预训练阶
段除可以将知识体系中的知识运用到训练语料上，还可以通过设计关注知识
的预训练目标函数，使大模型学习到知识体系中预存的高质量知识，这时知
识体系其实起到了一个教师监督的作用，通过高质量的预存知识，让大模型
在训练时学习到更有意义更准确的知识。除此之外，还有的研究采用定制的
融合模块使大模型融入知识体系中的知识，如在综合集成研讨体系中，设计
人类专家与大模型的交互模块，通过人类专家纠正大模型中出现的幻觉等方
式。知识体系还可以在推理阶段增强大模型的应用，一个典型的场景是问答
任务。问答任务需要大模型能够理解文本的语义，同时还要具备最新的知识
体系，而让大模型通过重新训练来获取新的知识耗时耗力。因此，一种比较
理想的方式是利用知识体系辅助进行推理，因为在知识体系中加入最新的知
识比较容易，综合集成研讨的过程和成本一般是低于大模型的预训练的。利

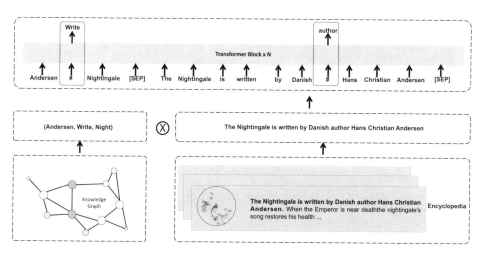

图 5.12　大模型预训练时加入知识图谱中的知识

用知识体系辅助问答最简单的方法是在推理阶段加入对知识体系中的知识进行检索的步骤，可以采用对知识体系进行自动检索或者研讨的交互方式。此外，还可以通过设计特定的模块来融合知识体系中的知识和文本输入。为了提高大模型的可解释性，有些研究还采用了知识探测和模型分析等方式。

知识体系和大模型协同应用。综合集成研讨体系的知识体系和大模型的融合共进还体现在两方面。一方面是知识表示，即可以利用大模型统一表示文本和知识体系中的预存知识，将它们转换到统一的语义空间。这种语义空间存在于大模型的隐性知识中，是一种临时知识，但其中的知识却是由知识体系中的高质量知识进行修正和补充的。此时大模型在综合集成研讨体系中可以看作一位专家而且是一位知识更新较快的专家。由于大模型可以与人类专家进行动态交互以纠正其中错误的临时知识，大模型能够为综合集成研讨体系中的知识体系提供更便捷有效的表示。另一方面是推理，可以利用大模型来理解问题文本中的实体和关系等关键要素，指导知识体系中的推理和决策。这时大模型在综合集成研讨体系中主要作为模型化知识而存在，只是这种模型化知识对人类专家而言难以理解，而且不能用简单的方式描述出来。不过，人类专家却可以将大模型视为一种软件服务，通过知识探测或智能问答等方式与大模型进行交互。利用大模型中广泛的知识，帮助人类专家提升自己的认知，或者辅助人类专家进行决策。这种人机融合的方式能够更好地发挥知识体系和大模型的优势，也可以让综合集成研讨体系能进行更准确的决策，创造更大的价值。

主要参考文献

[1] 戴汝为. 人 - 机结合的智能工程系统：处理开放的复杂巨系统的可操作平台 [J]. 模式识别与人工智能 , 2004, 17(3): 257-261.

[2] 操龙兵 , 戴汝为 . 集智慧之大成的信息系统：Internet[J]. 模式识别与人工智能 , 2001, 14(1): 1-8.

[3] 王昊奋 , 漆桂林 , 陈华钧 . 知识图谱：方法、实践与应用 [M]. 北京：电子

工业出版社 , 2019.

[4]　MINSKY M. A framework for representing knowledge[M]. MIT，Cambridge, 1974.

[5]　TOMKINS S S. Script theory: differential magnification of affects.[C]// Nebraska symposium on motivation. University of Nebraska Press, 1978.

[6]　SAUMIER D，CHERTKOW H. Semantic memory[J]. Current neurology and neuroscience reports, 2002, 2(6): 516-522.

[7]　BERNERS-LEE T, HENDLER J, LASSILA O. The semantic web[J]. Scientific american, 2001, 284 (5): 34-43.

[8]　HERNES M, BYTNIEWSKI A. Knowledge representation of cognitive agents processing the economy events[C]//Intelligent Information and Database Systems: 10th Asian Conference, ACI- IDS 2018, Dong Hoi City, Vietnam, March 19-21, 2018, Proceedings, Part I 10. Springer, 2018: 392-401.

[9]　赵军 . 知识图谱 [M]. 北京 : 高等教育出版社 , 2018.

[10]　金海 , 袁平鹏 . 语义网数据管理技术及应用 : 第 2 卷 [M]. 北京 : 科学出版社 , 2010.

[11]　BERNERS-LEE T. Weaving the web: The original design and ultimate destiny of the world wide web by its inventor[M]. Harper San Francisco, 1999.

[12]　BIZER C, HEATH T, BERNERS-LEE T. Linked data: The story so far[M]// Semantic services, interoperability and web applications: emerging concepts. IGI global, 2011: 205-227.

[13]　PAN J Z. Resource description framework[M]//Handbook on ontologies. Springer, 2009: 71-90.

[14]　ERICSSON A, POOL R. Peak: Secrets from the new science of expertise[M]. Random House, 2016.

[15]　肖仰华 . 知识图谱 : 概念与技术 [M]. 北京 : 电子工业出版社 , 2020.

[16]　DONG Q, DAI D, SONG Y, et al. Calibrating factual knowledge in pretrained language models[C]//Findings of the Association for Computational

Linguistics: EMNLP 2022. 2022: 5937-5947.

[17] MITCHELL E, LIN C, BOSSELUT A, et al. Memory-based model editing at scale[C]//International Conference on Machine Learning. PMLR, 2022: 15817-15831.

[18] DAI D, DONG L, HAO Y, et al. Knowledge neurons in pretrained transformers[C]//Proceedings of the 60th Annual Meeting of the Association for Computational Linguistics (Volume 1: Long Papers). 2022: 8493-8502.

[19] MENG K, BAU D, ANDONIAN A, et al. Locating and editing factual associations in gpt[J]. Advances in Neural Information Processing Systems, 2022, 35: 17359-17372.

[20] HUANG L, YU W, MA W, et al. A survey on hallucination in large language models: Principles, taxonomy, challenges, and open questions[J]. arXiv preprint arXiv: 2311.05232, 2023.

[21] LV A, ZHANG K, XIE S, et al. Are we falling in a middle-intelligence trap? an analysis and mitigation of the reversal curse[J]. arXiv preprint arXiv: 2311.07468, 2023.

[22] ZHOU G, SU J, ZHANG J, et al. Exploring various knowledge in relation extraction[C]// Proceedings of the 43rd annual meeting of the association for computational linguistics (acl' 05). 2005: 427-434.

[23] CHAN Y S, ROTH D. Exploiting syntactico-semantic structures for relation extraction[C]// Proceedings of the 49th Annual Meeting of the Association for Computational Linguistics: Human Language Technologies. 2011: 551-560.

[24] LI Q, JI H. Incremental joint extraction of entity mentions and relations[C]// Proceedings of the 52nd Annual Meeting of the Association for Computational Linguistics (Volume 1: Long Papers). 2014: 402-412.

[25] REN X, WU Z, HE W, et al. Cotype: Joint extraction of typed entities and relations with knowledge bases[C]//Proceedings of the 26th international conference on world wide web. 2017: 1015-1024.

[26] GUPTA P, SCHÜTZE H, ANDRASSY B. Table filling multi-task recurrent neural network for joint entity and relation extraction[C]//Proceedings of COLING 2016, the 26th International Conference on Computational Linguistics: Technical Papers. 2016: 2537-2547.

[27] ZHENG S, WANG F, BAO H, et al. Joint extraction of entities and relations based on a novel tagging scheme[C]//Proceedings of the 55th Annual Meeting of the Association for Computational Linguistics (Volume 1: Long Papers). 2017: 1227-1236.

[28] ZHENG H, WEN R, CHEN X, et al. Prgc: Potential relation and global correspondence based joint relational triple extraction[C]//Proceedings of the 59th Annual Meeting of the Association for Computational Linguistics and the 11th International Joint Conference on Natural Language Processing (Volume 1: Long Papers). 2021: 6225-6235.

[29] SHANG Y M, HUANG H, MAO X. Onerel: Joint entity and relation extraction with one module in one step[C]//Proceedings of the AAAI Conference on Artificial Intelligence: volume 36. 2022: 11285-11293.

[30] WANG Y, YU B, ZHANG Y, et al. Tplinker: Single-stage joint extraction of entities and relations through token pair linking[C]//Proceedings of the 28th International Conference on Computational Linguistics. 2020: 1572-1582.

[31] WEI Z, SU J, WANG Y, et al. A novel cascade binary tagging framework for relational triple extraction[C]//Proceedings of the 58th Annual Meeting of the Association for Computational Linguistics. 2020: 1476-1488.

[32] TANG W, XU B, ZHAO Y, et al. Unirel: Unified representation and interaction for joint relational triple extraction[C]//Proceedings of the 2022 Conference on Empirical Methods in Natural Language Processing. 2022: 7087-7099.

[33] WADHWA S, AMIR S, WALLACE B C. Revisiting relation extraction in the era of large language models[J]. arXiv preprint arXiv: 2305.05003, 2023.

[34] WEI X, CUI X, CHENG N, et al. Zero-shot information extraction via chatting

with chatgpt[J]. arXiv preprint arXiv: 2302.10205, 2023.

[35] LI B, FANG G, YANG Y, et al. Evaluating chatgpt's information extraction capabilities: An assessment of performance, explainability, calibration, and faithfulness[J]. arXiv preprint arXiv: 2304.11633, 2023.

[36] HAN R, PENG T, YANG C, et al. Is information extraction solved by chatgpt? an analysis of performance, evaluation criteria, robustness and errors[J]. arXiv preprint arXiv: 2305.14450, 2023.

[37] SHENG J, GUO S, YU B, et al. Casee: A joint learning framework with cascade decoding for overlapping event extraction[C]//Findings of the Association for Computational Linguistics: ACL-IJCNLP 2021. 2021: 164-174.

[38] CAO H, LI J, SU F, et al. Oneee: A one-stage framework for fast overlapping and nested event extraction[C]//Proceedings of the 29th International Conference on Computational Linguistics. 2022: 1953-1964.

[39] LI J, FEI H, LIU J, et al. Unified named entity recognition as word-word relation classification[C]//Proceedings of the AAAI Conference on Artificial Intelligence: volume 36. 2022: 10965-10973.

[40] 阮彤, 王梦婕, 王昊奋, 等. 垂直知识图谱的构建与应用研究 [J]. 知识管理论坛, 2016, 3: 226-234.

[41] LUO X, LIU L, YANG Y, et al. Alicoco: Alibaba e-commerce cognitive concept net[C]// Proceedings of the 2020 ACM SIGMOD international conference on management of data. 2020: 313-327.

[42] LUO X, BO L, WU J, et al. Alicoco2: Commonsense knowledge extraction, representation and application in e-commerce[C]//Proceedings of the 27th ACM SIGKDD Conference on Knowledge Discovery & Data Mining. 2021: 3385-3393.

[43] LI F L, CHEN H, XU G, et al. Alimekg: Domain knowledge graph construction and application in e-commerce[C]//Proceedings of the 29th ACM International Conference on Information & Knowledge Management. 2020:

2581-2588.

[44] RADFORD A, KIM J W, HALLACY C, et al. Learning transferable visual models from natural language supervision[C]//International conference on machine learning. PMLR, 2021: 87488763.

[45] LU J, BATRA D, PARIKH D, et al. Vilbert: Pretraining task-agnostic visiolinguistic representations for vision-and-language tasks[J]. Advances in neural information processing systems, 2019, 32.

[46] CHEN Y C, LI L, YU L, et al. Uniter: Universal image-text representation learning[C]//European conference on computer vision. Springer, 2020: 104-120.

[47] ZHOU L, PALANGI H, ZHANG L, et al. Unified vision-language pre-training for image captioning and vqa[C]//Proceedings of the AAAI conference on artificial intelligence: volume 34. 2020: 13041-13049.

[48] LI X, YIN X, LI C, et al. Oscar: Object-semantics aligned pre-training for vision-language tasks[C]//European Conference on Computer Vision. 2020: 121-137.

[49] ZHU X, LI Z, WANG X, et al. Multi-modal knowledge graph construction and application: A survey[J]. IEEE Transactions on Knowledge & Data Engineering, 2022(1): 1-20.

[50] DEVLIN J, CHANG M W, LEE K, et al. Bert: Pre-training of deep bidirectional transformers for language understanding[C]//Proceedings of the 2019 Conference of the North American Chapter of the Association for Computational Linguistics: Human Language Technologies, Volume 1 (Long and Short Papers). 2019: 4171-4186.

[51] PETRONI F, ROCKTÄSCHEL T, RIEDEL S, et al. Language models as knowledge bases?[C]// Proceedings of the 2019 Conference on Empirical Methods in Natural Language Processing and the 9th International Joint Conference on Natural Language Processing (EMNLP-IJCNLP). 2019: 2463-2473.

[52] ZHONG Z, FRIEDMAN D, CHEN D. Factual probing is [mask]: Learning

vs. learning to recall[C]//Proceedings of the 2021 Conference of the North American Chapter of the Association for Computational Linguistics: Human Language Technologies. 2021: 5017-5033.

[53] WU W, JIANG C, JIANG Y, et al. Do plms know and understand ontological knowledge?[J]. arXiv preprint arXiv: 2309.05936, 2023.

[54] LI X L, KUNCORO A, HOFFMANN J, et al. A systematic investigation of commonsense knowledge in large language models[C]//Proceedings of the 2022 Conference on Empirical Methods in Natural Language Processing. 2022: 11838-11855.

[55] QIN C, ZHANG A, ZHANG Z, et al. Is chatgpt a general-purpose natural language processing task solver?[J]. arXiv preprint arXiv: 2302.06476, 2023.

[56] SUN X, LI X, LI J, et al. Text classification via large language models[J]. arXiv preprint arXiv: 2305.08377, 2023.

[57] PAN S, LUO L, WANG Y, et al. Unifying large language models and knowledge graphs: A roadmap[J]. IEEE Transactions on Knowledge and Data Engineering, 2024.

[58] ZHANG Z, LIU X, ZHANG Y, et al. Pretrain-KGE: Learning knowledge representation from pre-trained language models[C]//Cohn T, He Y, Liu Y. Findings of the Association for Computational Linguistics: EMNLP 2020. Online: Association for Computational Linguistics, 2020: 259-266.

[59] WANG P, XIE X, WANG X, et al. Reasoning through memorization: Nearest neighbor knowledge graph embeddings[C]//CCF International Conference on Natural Language Processing and Chinese Computing. Springer, 2023: 111-122.

[60] YAO L, MAO C, LUO Y. Kg-bert: Bert for knowledge graph completion[J]. arXiv preprint arXiv: 1909.03193, 2019.

[61] ZHU Y, WANG X, CHEN J, et al. Llms for knowledge graph construction and reasoning: Recent capabilities and future opportunities[J]. arXiv preprint

arXiv: 2305.13168, 2023.

[62] KUMAR A, PANDEY A, GADIA R, et al. Building knowledge graph using pre-trained language model for learning entity-aware relationships[C]//2020 IEEE International Conference on Computing, Power and Communication Technologies (GUCON). IEEE, 2020: 310-315.

[63] BOSSELUT A, RASHKIN H, SAP M, et al. Comet: Commonsense transformers for automatic knowledge graph construction[C]//Proceedings of the 57th Annual Meeting of the Association for Computational Linguistics. 2019: 4762-4779.

[64] RIBEIRO L F, SCHMITT M, SCHÜTZE H, et al. Investigating pretrained language models for graph-to-text generation[C]//Proceedings of the 3rd Workshop on Natural Language Processing for Conversational AI. 2021: 211-227.

[65] LI J, TANG T, ZHAO W X, et al. Few-shot knowledge graph-to-text generation with pre-trained language models[C]//Findings of the Association for Computational Linguistics: ACL-IJCNLP 2021. 2021: 1558-1568.

[66] HU N, WU Y, QI G, et al. An empirical study of pre-trained language models in simple knowledge graph question answering[J]. World Wide Web, 2023: 1-32.

[67] SUN Y, WANG S, FENG S, et al. Ernie 3.0: Large-scale knowledge enhanced pre-training for language understanding and generation[J]. arXiv preprint arXiv: 2107.02137, 2021.

[68] ZHANG Z, HAN X, LIU Z, et al. Ernie: Enhanced language representation with informative entities[C]//Proceedings of the 57th Annual Meeting of the Association for Computational Linguistics. 2019: 1441-1451.

[69] HE B, ZHOU D, XIAO J, et al. Bert-mk: Integrating graph contextualized knowledge into pre-trained language models[C]//Findings of the Association for Computational Linguistics: EMNLP 2020. 2020: 2281-2290.

[70] WANG R, TANG D, DUAN N, et al. K-adapter: Infusing knowledge

into pre-trained models with adapters[C]//Findings of the Association for Computational Linguistics: ACL-IJCNLP 2021. 2021: 1405-1418.

[71] LEWIS P, PEREZ E, PIKTUS A, et al. Retrieval-augmented generation for knowledge-intensive nlp tasks[J]. Advances in Neural Information Processing Systems, 2020, 33: 9459-9474.

[72] LIN B Y, CHEN X, CHEN J, et al. Kagnet: Knowledge-aware graph networks for commonsense reasoning[C]//Proceedings of the 2019 Conference on Empirical Methods in Natural Language Processing and the 9th International Joint Conference on Natural Language Processing (EMNLP-IJCNLP). 2019: 2829-2839.

[73] SUN Y, SHI Q, QI L, et al. Jointlk: Joint reasoning with language models and knowledge graphs for commonsense question answering[C]//Proceedings of the 2022 Conference of the North American Chapter of the Association for Computational Linguistics: Human Language Technologies. 2022: 5049-5060.

[74] YASUNAGA M, REN H, BOSSELUT A, et al. Qa-gnn: Reasoning with language models and knowledge graphs for question answering[C]// Proceedings of the 2021 Conference of the North American Chapter of the Association for Computational Linguistics: Human Language Technologies. 2021: 535-546.

[75] SWAMY V, ROMANOU A, JAGGI M. Interpreting language models through knowledge graph extraction[C]//35th Conference on Neural Information Processing Systems (NeurIPS 2021). 2021.

[76] WANG X, GAO T, ZHU Z, et al. Kepler: A unified model for knowledge embedding and pre-trained language representation[J]. Transactions of the Association for Computational Lin- guistics, 2021, 9: 176-194.

第6章
专家体系

综合集成研讨体系是解决与开放的复杂巨系统相关问题的方法论和工程实施技术，其由专家体系、知识体系和计算机体系构成。专家体系在问题求解的全过程中扮演着重要角色，是综合集成研讨体系的核心，整个系统围绕专家体系运转。专家体系不仅是该体系的使用者，更是复杂问题求解任务的主要承担者。专家体系的认知水平和认知变化直接影响着求解问题的质量。本章节首先从综合集成研讨体系的理论框架出发，解释专家体系在其中的重要性，并清晰地界定了专家体系的概念和范畴。其次，通过回顾和总结专家体系近几十年的发展历程，指出当前大模型时代下专家体系发展所面临的挑战。再次，围绕专家体系在整个综合集成研讨体系中的作用，介绍了专家体系的核心技术——科学有效的群体交互。最后，为了更好地发挥专家体系在综合集成研讨厅中的重要作用，从思维科学的角度自下而上地层层分析了在群体专家交互的过程中可能遇到的问题，并结合结构学派和系统动力学派的研究成果，提出了解决思路和方法，以促进人机结合群体智慧涌现。

6.1 专家体系概述

随着科学技术的飞速发展和社会的进步，越来越多的复杂事物和现象进入人们的视野，如社会经济问题、生态环境问题、可持续发展问题以及工程技术与人文社会相结合的问题等。在处理这些问题时，曾经在近代科学到现代科学的发展过程中发挥重要作用的还原论方法面临根本性的困难。其中，重点在于，还原论方法是将事物分解成低层次或局部进行研究，而且只适用于自上而下的分析，无法从自下而上的角度回答整体问题，尤其是无法解决作为系统关键特性的"涌现"问题。科学学科的细分日益精细，却模糊了人们对事物整体性、全局性的认识。

在这种背景下，圣菲研究所提出了复杂性科学这一概念。他们应用计算机技术开展了许多开创性工作，如遗传算法、进化算法、以 Agent 为基础的动态经济系统模型、用数字技术描述的人工生命系统、Swarm 平台以及基于规则的计算机建模等。使用这些方法对复杂系统进行描述比数学模型更加广泛和逼真。然而，仅依靠计算机技术是否足以解决复杂性问题？这涉及今天的计算机能力的界限。尽管计算机能够快速而精确地处理信息，但其定性处理信息的能力却有限。尽管研究者将一系列近似于定性处理信息的方法引入计算机系统中，企图完善其处理能力，但对于真正复杂的问题，计算机仍然难以解决。这种现实导致在解决复杂问题的过程中，计算机只能完成形式化的工作，而一些关键且非形式化的工作仍然需要人的直接或间接参与。

尽管 SFI 在具体方法上有许多创新，但其并没有提出研究复杂性问题的科学指导思想，即方法论到底是什么。这也导致 SFI 的复杂性研究曾一度陷入困境，不知如何进行下去。既然还原论方法无法处理复杂性问题，那么研究复杂性问题的出路是什么？钱学森先生以思维科学为理论基础提出了综合集成法，作为解决开放的复杂巨系统问题的方法论，提出了与历史上其他方法论不同的思路：通过将专家的智慧、计算机的高性能和各种数据、信息等有机结合的方式，构成一个统一的、强大的问题求解系统。其核心思想是将人的"心智"与计算机的高性能相结合，达到定性（不精确）与定量（精确）处理的互补，从而实现对复杂问题的客观科学认识。综合集成法在吸收还原论方法和整体论方法的长处的同时，也弥补了各自的局限性，它是还原论和整体论的结合，既超越了还原论，又发展了整体论。

这种"以人机之结合，集智慧之大成"的核心思想尤其凸显了"心智"的关键地位：正是由于专家体系能够表现出"心智"，才能实现 1+1>2 的涌现，从而达到从整体上研究和解决问题的目的。因此，我们必须对专家体系的建设予以足够的重视，这要求我们首先要明确什么是专家体系。

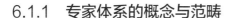

6.1.1 专家体系的概念与范畴

综合集成研讨厅的专家体系由所面对复杂问题领域相关的专业人才、决策者与计算机专业人员组成，他们发挥的重要作用体现在以下几个方面。

（1）专家体系在问题求解中扮演着关键角色。综合集成法并非简单地将定性与定量认识糅合在一起，而是依据人类的认知方式，以专家的经验性假设为基础，利用模型表达隐性知识，与各学科的科学理论融合，实现复杂系统的认知建模。从问题提出、讨论、分析、建模到生成方案和解释结果，都离不开专家体系的支持。

（2）专家体系是智慧的体现者，是人机结合的前提。专家经验中的全局性智慧常常难以明确表述，却是处理复杂问题的关键。这种性智的高低直接影响着问题求解的成败，但计算机难以模拟这种智慧。

（3）专家体系是综合集成研讨厅的核心。知识的演化是解决复杂问题的关键环节，而专家头脑中的隐性知识需要借助研讨等工具外化，进行验证和修正。专家还利用知识库建立问题形式化表示，供计算机求解，从而不断丰富知识库。

（4）专家体系是群智涌现的主要推动者。为了解决复杂问题，综合集成研讨厅通过人机结合和群体研讨，集成各学科的经验、理论和知识，激发不同学术观点的交流，实现知识的飞跃，从而取得超越已有认识的最佳结论。

（5）专家体系与决策支持系统有本质区别。综合集成研讨厅处理的问题更加复杂，需要多学科专家的经验与常识进行定性假设；其思路从形象思维向逻辑思维过渡，实现了从感性认识到理性认识的转变；而且，专家体系的引入使得系统具有动态性，可以随时应对知识库的变化，实现知识的飞跃。

可以看出，专家体系既是综合集成研讨厅体系的一个组成部分，又是综合集成研讨厅体系（其他部分）的使用者。显然在专家体系中存在不同的角色，他们依据所研究问题的特点，通过一定的原则和形式组织在一起，在研讨中发挥各自的作用，形成一个协同集体。根据职责功能，可以将专家划分成如下角色：领域专家、组织专家和计算机专家。下面将对这几个角色的作用进行介绍。

（1）领域专家：该角色熟悉当前研讨问题所涉及的专业领域，具有深厚的学术造诣或实践经验，能够对问题进行深入分析和熟练推演，是问题求解的主力群体。广义的领域专家由普通专家（人类）和特殊专家（智能体）构成。其中，普通专家的智慧大多是从实践中获得的隐性知识，且主要发挥专家体系"定性"的能力，因此在选择普通专家时，需要考虑其训练和经验、实践能力、问题解决能力以及对问题的理解和解释能力。随着人工智能技术的发展，特殊专家包括但不限于专家系统、互联网、大模型等智能体。这些特殊专家不仅拥有丰富的信息，还能及时、主动地与普通专家交互合作，以便促进研讨过程中问题的解决和知识的积累。

（2）组织专家：该角色负责研讨相关资源要素的组织和管理，确保研讨过程顺畅进行。为更好地发挥其职责功能，组织专家需要同时担任复杂问题求解过程的"总设计师"和"主持人"。作为复杂问题求解过程的总设计师，负责描述问题、拆解划分任务、引导研讨方向，并将各任务综合集成到整体。总设计师需要对整个问题有全局性认识，熟悉涉及的各主要领域和领域专家，具备辨别低效行为和错误方向的能力，鼓励有价值的创新思路，并引导专家充分发挥集思广益的精神。由此可以看出，总设计师的角色至关重要，对问题求解的成败有着重要影响。作为综合集成研讨厅的主持人，组织安排研讨过程、管理研讨人员的权限和行为，并对研讨成果进行总结。这就需要主持人精通会议主持、人员调配、流程调控和群体心理、群体交流等技术，以高度的组织协调能力，充分调动其他参与人员的积极性，同时也需要有责任感和纪律性，不滥用自己的权威干涉领域专家的具体工作。为适应不同研讨场景的需求，主持人可以进一步分为总主持人和分主持人。

（3）计算机专家：该角色作为领域专家与计算机之间的中介，由计算机专业人士组成。他们利用计算机技术，通过编程、建模和模拟仿真等形式对领域专家研讨的知识和内容进行验证，辅助组织专家准备、记录、整理、汇集研讨过程，重点是将领域专家们隐性的知识、定性的分析结论形式化并定量化，这将显著提高研讨效率和质量。因此计算机专家是综合集成研讨体系中不可或缺的角色。

每种角色在综合集成研讨厅中都发挥着重要的作用，只有各司其职、协同合作，才能最大限度地集成经验、理论、知识和数据，解决复杂问题，实现认知飞跃。明确了上述角色之后，对于不分组的研讨，综合集成工作空间的工作组织描述如下。

总设计师首先使用问题描述与展现工具向各位普通专家阐述问题状况和求解目标，各位普通专家利用知识库、数据库、建模工具、模型库探索问题求解方法，并使用交互工具交流观点、交换意见。计算机专家通过量化分析不同的观点交互，辅助总主持人把握研讨流程，或使用群决策工具随时改变专家组织形式，统计专家意见，并评估当前研讨成果是否令人满意。对于分组研讨，由分主持人主持、组织各分组的研讨，其过程形式与上述大体相同。最后，总设计师对各任务领域研讨的结果进行综合集成，从而得到现阶段对复杂性问题客观科学的认识。

6.1.2 专家体系的发展历程

钱学森曾指出，以计算机、网络和通信技术为核心的信息技术革命，不仅使人类社会经历一场新的产业革命，而且对人自身，特别对人的思维产生重要影响。如果把信息革命的成果引入处理开放的复杂巨系统问题的工作中，必将有利于更进一步完善和发展定性与定量相结合的综合集成方法，提高集成专家意见的智能化水平。因此，如何吸收信息科学、认知科学、智能科学与技术的前沿研究成果，融入更加广泛的智能主体以促进综合集成的发展，成为每代研究人员的历史使命以及必须思考的问题。如图 6.1 所示，本节以专家体系中知识源泉的变迁为线索，回顾专家体系近几十年的发展，总结规律，并探讨下一步可能的发展方向。

1. 人类专家时代

在专家系统问世之前，人类专家依靠多种方式进行知识存储、获取和推理，包括口头传承、书面记录、实践经验积累、专业教育培训、交流讨论以

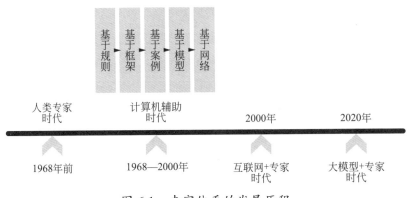

图 6.1 专家体系的发展历程

及推理决策。口头传承和书面记录作为传统的知识传承方式，通过古代医学经典、建筑经典等著作将丰富知识传承下来。实践经验积累则是通过长期实践和工作逐渐积累的实践经验与行业知识，为专家系统的知识库提供了重要参考。专业教育培训提供了系统的学习和培训课程，有助于专业知识的系统获取和学习。交流讨论为专家们提供了互动的平台，可以分享研究成果、经验教训和技术进展。推理决策则是基于已有知识和经验进行分析、判断和决策，运用逻辑推理、归纳推理、经验推理等方法解决问题。这些方法为专家系统的发展提供了宝贵经验和启示，为将人类专家的智慧和经验转化为计算机程序，实现自动化的知识存储、获取和推理打下了基础。

2. 计算机辅助时代

专家系统作为一种具有专家级水平的、基于知识的、智能化的计算机程序，即研究如何运用专家知识来解决某些专业问题而建立的人机系统的方法和技术，是该时代下专家群体的重要辅助工具。专家系统在某些特定领域内能够以人类专家的水平动态地建立和解决问题，甚至有时可以超过人类专家的水平。其主要特征是拥有一个巨大的知识库，存储着某个专门领域的知识，其知识的数量和质量决定了专家系统的性能水平。存储知识和使用知识（推理）是专家系统的两个基本功能，因此专家系统的基本结构主要包括知识库和推理机，图 6.2 给出了专家系统的基本结构。显然，知识库是专家的知识在计算机中的映射，推理机是利用知识进行推理的能力在计算机中的映射，构造专家系统的难点也在于这两个方面。

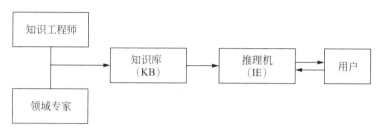

图 6.2　专家系统的基本结构

1965 年，美国斯坦福大学问世了第一个专家系统 Dendral，开创了专家系统时代。这种专家模型直接模仿了人类的心理过程，通常将问题解决的知识表示为"如果……那么……"的形式。知识分为两部分，一部分是用事实表示静态知识，如事物、事件和它们之间的关系；另一部分是用产生式规则表示推理过程和行为。这类系统的知识库主要用于存储规则，因此被称为基于规则的专家系统，也是最常见的专家系统，其原理框架如图 6.3 所示。

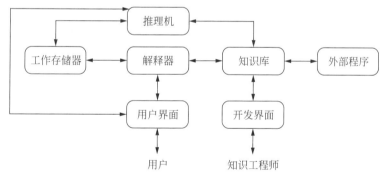

图 6.3　基于规则专家系统的结构

为了提高专家系统的开发效率，人们提出了专家系统外壳的概念。专家系统外壳是从已成功的专家系统抽象得到的一种系统，它保留了原系统的体系结构和功能，去除了具体的知识库部分，使得外壳成为一种通用的模板。这样，只需将相应领域的知识按照外壳规定的表示模式装入知识库内，就能构建新的专家系统。

基于框架的专家系统是基于规则的专家系统的一种推广，也是面向对象的编程思想的一种表述。框架的基本形式是槽的集合，每个槽包含若干侧面，用于描述事物对象的特征属性。槽值和侧面值对应着属性的具体值，可以认为，基于框架的专家系统等于面向对象的编程技术，如图 6.4 所示。

基于框架的专家系统	框架	实例	陈述知识	过程知识	槽
面向对象的编程技术	类	对象	属性	事件	属性类型、约束范围等

图 6.4　等价概念对比图

基于框架的专家系统使用框架来表示知识库内的知识规则。相比使用规则表示的知识，框架能够提供更加详细、复杂的知识描述。整个专家系统的推理机制也是建立在知识库内框架系统的基础上，以获取问题的解决方法。框架系统可以看作是一种复杂的语义网络，其中每个框架单元代表一个语义节点。面向框架的推理机制就是在这个语义网络中进行搜索。基于框架的推理实质上是对框架单元进行匹配的过程。由于框架用于描述具有固定格式的事物、动作和事件，因此框架在某些情况下能够推理出未被观察到的事实。

基于案例推理的专家系统是一种利用以往案例来解决当前问题的技术。求解过程如图 6.5 所示：首先获取当前问题信息，然后寻找最相似的以往案例。如果找到了合适的匹配，就建议采用相同的解决方案；如果搜索相似案例失

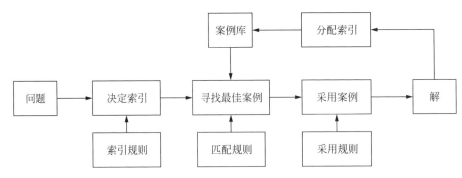

图 6.5　基于案例的专家系统流程图

败，则将当前问题记录为新案例。因此，基于案例的专家系统能够通过不断学习新的经验来增强系统解决问题的能力。

传统的专家系统存在一个主要缺点，即缺乏知识的重用性和共享性。然而，采用本体论（模型）来设计专家系统可以解决这一问题。本体论的研究学者认为，人工智能是对现实中各种定性模型的获取、表达和使用的计算方法进行研究的学科。基于这种思想建立的专家系统，知识库是由不同的模型集合构成的。这些模型包括物理、认知和社会系统模型，这种方法能够以更大的粒度理解知识。对模型知识的获取、表达和使用贯穿于基于模型专家系统的全过程。通常，在建立某一领域的专家系统时可能包含多种模型专家系统。每种模型知识解决特定方面的问题，多模型协作相比传统专家系统在知识表示、获取和运用上更加高效。将知识进行模块化，增加了知识的共享性和重用性。基于本体论的专家系统发展出两个新分支，一个是因果时间模型，在模型中考虑因果时间尺度；另一个是神经网络模型，利用网络来实现知识的推理。

因果性对人类理解物理系统的行为十分关键。而人类对因果的识别建立在原因和结果之间的时间延迟上。如何将实际系统中的时延关系正确映射到计算机中，本体论给出 13 种时间标度法，如图 6.6 所示。利用这 13 种时间标度，可以表示现实的所有系统。

神经网络模型与传统的产生式专家系统存在本质区别。首先，知识表示从显式变为隐式；其次，知识不是通过人的加工获取，而是通过算法自动获取；

直接建模	Ta1：共有从属时间标度 Ta3：积分时间标度	Ta2：从属时间标度 Ta4：均衡时间标度
时间约束建模	Tb1：更快机制时间标度	Tb2：更慢机制时间标度
组件结构建模	Tc1：内部组件时间标度 Tc3：全局时间标度	Tc2：组件间的时间标度 Tc4：整个系统时间标度
兴趣期间建模	Td1：初始期间时间标度 Td3：最后期间时间标度	Td2：中间过渡时间标度

图 6.6　因果时间标度

最后，推理机制不再是传统的归纳推理，而是变为在竞争层对权值的竞争。基于神经网络专家系统的原理结构图，如图 6.7 所示。神经网络自学习算法是其核心。神经网络是一种自学习的机器学习算法，构建神经网络规则集合是建立基于神经网络专家系统的基础。通过对专家提供的学习实例（多数是列式特征集）进行训练学习，构建算法隐藏层中的映射权重，从而建立一个神经网络。知识库实际上是这些学习实例和神经算法的集合。知识库的获取是利用算法对示例数据进行建模的过程，而知识库的更新则是对示例的增量学习过程。

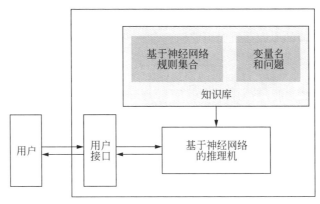

图 6.7　基于神经网络专家系统的原理结构图

基于 Web 的专家系统是随着互联网技术的发展而兴起的。这种专家系统通过与 Web 接口进行交互，使得知识库和推理机变得更加灵活。相比传统的 C/S 结构，专家系统越来越多地采用 B/S 架构，这带来了更加丰富的人机交互界面，实现了跨平台展示，实现了移动端和 PC 端的无缝衔接。随着 HTML5、AngularJS、NodeJS 等前端技术的进步和发展，专家系统变得更加人性化，处理方式更加多样化。这些技术的进步为知识获取、知识管理、推理过程解释以及推理结果展示等一系列技术要点提供了更先进的实现方法，从而提高了用户的使用体验，增强了系统的便利性和可信度。基于 Web 的专家系统的原理结构图，如图 6.8 所示。

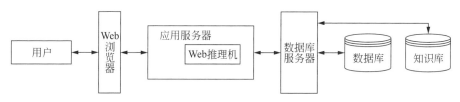

图 6.8　基于 Web 专家系统的原理结构图

3. 互联网 + 专家时代

随着互联网技术的飞速发展，网络进入到以用户为核心、开放、自由的Web2.0 时代，与 Web1.0 时代强调单一的发布或接收信息不同，Web2.0 的优势在于"互动"。在互动过程中，用户不仅是信息的受益者，更是信息的创造者，Web2.0 典型应用中的非结构化信息丰富了基于互联网特殊专家的形式和内容。

如图 6.9 所示为综合集成研讨环境下非结构 Web 信息处理过程的流程图，其由研讨主题相关的网络信息采集、基于研讨主题的非结构化信息质量检测、面向研讨环境的信息推荐及浏览、基于互联网信息的研讨主题自动摘要及关联热点主题发现、网络社区挖掘 5 个模块组成。

信息采集模块针对互联网上的评论网站、新闻网站社区问答系统、社会标注系统以及维基百科，对与研讨主题相关的用户信息和网页文本内容进行抓取。由于信息来源广泛，为更好地进行数据分析，需要对信息质量进行评价，

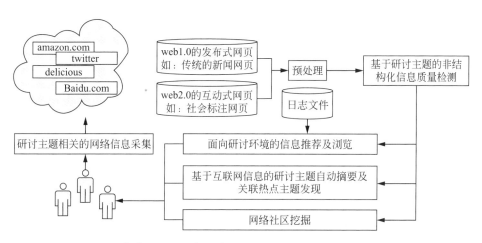

图 6.9　综合集成研讨环境下非结构化 Web 信息处理过程的流程图

以选取高质量的数据用于后续分析。Web2.0 的新兴应用为综合集成研讨厅提供了一类新型信息来源，通过深入分析这类信息，可使得研讨专家在研讨过程中更方便地了解和获取主题相关的热点主题、用户社区及其演化规律等全方位的信息。其中，面向研讨环境的信息推荐及浏览旨在通过网民兴趣分析、基于知识的研讨主题词扩展、个性化网页排序及层次浏览功能以增强特殊专家获取过程中的知识理解与知识处理能力，从而为人类专家提供便于浏览的全面和个性化的研讨主题相关的信息。网络的开放性、无界性及互动性等特点使网络媒介成为社会事件高倍的"放大器"和快速的"传播器"，对与研讨主题相关并引起人们较大关注的关联热点话题进行挖掘，有助于在研讨过程中辅助研讨专家了解某段时间内的社会焦点，及时地发现社会动态。研讨主题自动摘要及关联热点主题发现基于自由度高的博客及微型博客数据，研究主题趋势跟踪、主题内容摘要及主题关联挖掘，可以揭示与研讨主题相关的事件的发生、发展及影响力，使研讨专家对研讨主题有更直观意义上的了解。用户在研讨主题相关的网络信息演化过程中形成了用户群体，网络社区挖掘模型挖掘有代表性的用户社区及演变模式，并对其进行主题分析，有助于研讨专家发现研讨主题相关的网络信息传播规律，从而发现网络的异常。

综上所述，互联网技术的飞速发展为综合集成研讨厅专家的研讨提供了一种新的研究思路。有效利用这些互联网上实时涌现的关于事件进展情况及网民反馈的信息，实现面向研讨环境的信息推荐及浏览，从中挖掘出与研讨主题相关的热点话题、网络用户社区及其演化模式，为研讨专家提供辅助决策，以提高研讨效率和效果。

4. 大模型 + 专家时代

互联网技术的飞速发展和普及导致了信息的爆炸式增长，为了满足快速获取所需信息的需求，人们开发出了以谷歌、必应、百度为代表的信息检索（information retrieval，IR）系统。它们作为互联网上的 IR 系统，擅长根据用户查询检索相关网页，并提供便捷高效的互联网信息访问。值得注意的是，现如今的 IR 系统早已超越了网页检索的范围，在一切需要人机交互的系统中，都需要 IR 系统来选择相关信息或知识以解决用户的实际问题。这些进步反映了 IR 系统的核心价值不仅仅是检索相关文档，还能满足用户的信息需求。

随着应用的场景更加丰富，搜索的形式也变得多元化，如口语化、模糊化表达、对图片和视频类信息搜索等需求。从关键词检索变成提问题，搜索演变成非对称性匹配，用户表达的需求升级推动了 IR 技术的不断升级。ChatGPT 的爆火开启了当下的大语言模型时代，尤其是 LLM 突破了非对称语义匹配的技术瓶颈，凭借其卓越的语言理解、生成、泛化和推演能力完成了搜索领域最重要的一块拼图。

传统的搜索逻辑是在用户询问完后，给出多个最有可能包含答案的"链接"。这些链接可能是网页、百科、文章或者短视频，需要用户一个个打开，然后判断有没有解答自己的问题。而 LLM 和 IR 系统相结合形成了搜索的新范式——生成式搜索，其流程如图 6.10 所示。这种借助 LLM 强大的自然语言处理能力，为传统的搜索流程赋能，可以自主搜索、解释和综合各种来源的信息，最终形成包含引用源的结构化回答。

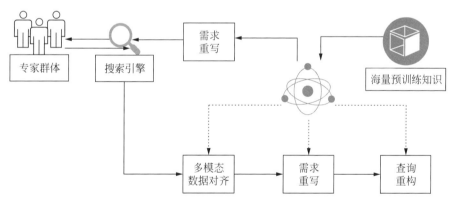

图 6.10　生成式搜索的工作流程图

我们以综合集成研讨中专家借助工具搜索相关信息、知识等资源进行论证为背景，结合图 6.10 介绍生成式搜索的工作流程。

（1）多模态数据对齐：专家在进行信息检索的过程中，会以语音、图片、视频等形式进行输入。传统的搜索引擎仅支持文本搜索，但在生成式搜索中，多模态 LLM 可以对不同的数据进行编码，将其映射到向量空间统一与文本特征进行对齐。在生成答案时，同样可以通过编解码器再将答案的文本特征重构成不同的形式，以更好地响应专家的搜索请求。因此，生成式搜索可以更广泛地接受用户多元化的表达。

（2）需求重写：在得到对齐后的文本特征之后，需要更好地理解专家所提出的需求。在实际的专家研讨过程中，一个问题需要进行多次交流沟通，其中原因可能在于"不懂"，即表达者表达不清晰，接受者理解不充分。这反映在搜索过程就是：专家在搜索时的输入可能是模糊的、含蓄的、无层次的，即使在传统的搜索过程引入了语义向量模型，但是对搜索需求的理解、推理还是不足。在生成式搜索中，经过大规模语料库训练的 LLM 对语言语义有深入的理解，不仅能够更有效地捕捉查询的含义，还可以利用他们对不同数据集的广泛训练来生成上下文相关的同义词并扩展查询，确保更广泛和更精确的搜索结果覆盖范围。

（3）查询重构：在 IR 系统中存在大量文档，检索器定位相关文档的效率对于维持搜索引擎性能而言至关重要。同时，高召回率对于检索器来说也很重要，这是因为检索到的文档随后被输入到排名器中，为用户生成最终结果，这决定了搜索引擎的排名质量。然而文档通常包含冗长的内容和大量的噪声，这给长文档编码和为检索模型提取相关信息带来了挑战。其中一种解决方法是生成高质量的相关查询，另一种解决方法是生成相关标签。前者通过基于 LLM 的需求重写实现了相关功能，后者同样也可借助 LLM 进行助力。在传统的 IR 系统中，面对海量文档，通过人工注释相关性标签既耗时又昂贵，是限制检索器在不同应用领域泛化的一大枷锁。但 LLM 本就通过大量的知识进行预训练，因此在训练过程中引入微调和提示技术使用统一的模型可以直接生成与查询相关的文档标识符（即 DocID）。因此，生成式搜索可以在更懂用户的基础上推荐更多、更相关、更合适的内容。

（4）答案生成：传统的 IR 系统主要对数据库和互联网进行搜索查询，并对查询到的文档按照相关度的顺序进行排序，最后打包返回给用户。但是这其中的结果可能出现相互矛盾的答案，还需要用户自己甄别。另外，基于 LLM 的生成式模型，会不可避免地产生幻觉问题，并且数据缺乏实时性。这对严谨科学的综合集成专家研讨过程而言是不可接受的。尽管当前的技术无法彻底解决幻觉问题，但生成式搜索利用检索生成技术（retrieval augmentation generation，RAG）对 LLM 输出进行优化，使其能够在生成响应之前引用训练数据来源之外的权威知识库。通过更多数据源添加背景信息，以及训练来补充 LLM 的原始知识库，可以有效弥补 LLM 的缺陷并提高搜索结果的相关性。最后生成有效组织和提炼后的答案，可以更清晰地为专家提供参考论证。

综上所述，LLM 可以有效帮助专家更多元化地搜索，更精准地理解需求，最终能够获得更丰富、更相关、更清晰的知识信息。这仅是 LLM 为专家群体在知识获取的方面进行赋能，在 6.4 节中将会更详细地介绍大模型时代下的专家体系。

6.2 专家体系的核心技术

从知识演化的角度来看，利用综合集成研讨体系对复杂问题进行研究，其起点是现有的知识，包括存在于专家头脑中的隐性知识、存储在计算机中的模型化知识以及各种处于中间阶段的知识。从定性到定量的意义在于：从专家头脑中的非精确（定性）知识出发，逐步汇集各种非结构化知识、非模型化知识和精确的模型化（定量）知识，从而获得目前所能达到的、对复杂问题最高程度的认识。其实质在于在人机结合的群体研讨过程中，通过人人交互、人机交互和机机交互，产生或涌现新的知识。

由于综合集成研讨厅体系的核心因素是专家群体，且专家群体中个体之间的交互存在微妙的动态复杂性。因此，如何使专家群体的集体优势发挥出来，如何促进专家群体的有效交流和互动以使之更接近问题的真相，这是关系到综合集成研讨厅体系功效的重要因素，也是综合集成研讨厅体系具体化的关键因素，成为实现群体智慧涌现必须要解决的问题。交互是发挥整体优势、涌现群体智慧的途径。因此，本节将沿着知识演化的过程，围绕实现群体智慧涌现这一目标，讨论如何实施科学有效的研讨交互。

6.2.1 个体思维的外化与表达

进行研讨交互的首要问题在于如何使人的经验直觉——"只可意会不可言传"的隐性知识显现。研讨交互是综合集成研讨厅的重要工作方式，专家群体通过研讨交互明确问题的实质，确定解决方法，并对结果进行验证和论证。专家的经验、直觉和假设是研讨交互的出发点，也是综合集成的关键要素之一。然而，这些经验、直觉和假设体现着专家个体和群体的独特智慧，通常属于隐性知识，难以用形式化语言清晰描述，常需采用自然语言表达。这种"非形式化"特点导致专家在表述自己的观点和理解他人观点时存在障碍，给专家意见的论证和评估带来困难。因此，迫切需要一种工具合理组织专家以自然语言表达的观点、论据和理由，明晰它们之间的逻辑关系，并能被其他专家评估，以确定观点的合理性和有效性。

了解个体如何思考才能展现思考过程，提高思维能力。对一个观点的准确判定，仅依赖表面的指标是不够的，还应外化它的推理体系、依据，才能准确评价，进而有机会进行改进。思维过程的展现有几个关键要素：核心假设是什么，从假设进行推理的理论依据是什么，求解过程是什么，过程是否经过外界检验。其中，外界检验可以是客观世界的检验、可以是历史数据或已论证过的观点的检验等。研讨厅从提高个体思维能力出发，覆盖思维全过程，提供了一套思维展现和外化的工具，如图 6.11 所示。

非形式逻辑致力于将注意力集中在"经验的、实际的、由自然语言表述的论证"方面，是一门经验性、描述性的学科。其目标在于发现、分析和发

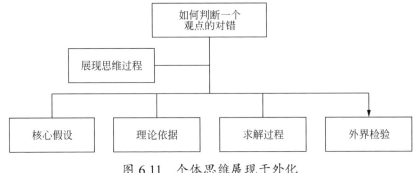

图 6.11　个体思维展现于外化

展人们在日常生活中运用与分析论证的标准、程序和模式，启发人们合理地进行思维、交流、传播和辩论。多年的发展使非形式逻辑成长为一门独立的学科，涌现出大量的理论、方法和工具，在论证的辨识、解释和评估等方面为实际应用奠定了基础。论证图解作为非形式逻辑的重要工具，是广泛使用的论证文本解释技术，通过它可以分享推理结果的共同概念，并揭示问题实质上的不一致性，从而更清晰地对问题进行研讨。因此，可考虑将非形式逻辑的若干理论与方法引入综合集成研讨厅，利用论证图解帮助专家组织其论述过程，并对这些论述进行评估。

其中一个重要的基础模型是英国学者图尔敏在其著作《论证的使用》中提出的论证"法律学模型"，简称图尔敏模型。该模型将论证分为主张、予料、正当理由、支援性陈述、模态限定和反驳因素等 6 个要素。

——主张：某人试图在论证中证明为正当的结论。

——根据（予料）：作为论证基础的事实或证据。

——正当理由（担保）：连接根据与结论的桥梁，保证由根据可以合理地推导出结论。

——支援性陈述：通过回答对正当理由的质疑，提供附加的支持。

——模态限定：指示从根据和正当理由到结论的跳跃的力量，即结论是否肯定能得出或可能得出。

——反驳因素：阻止从理由得出主张的因素。

这个模式说明了论证的各个组成部分担当的不同逻辑角色之间的关系，因此，它是一种构成论证的理论或表达出的论证组成部分具体化的概念图解，后来被改进为 T2 模式及其扩展的模式，如图 6.12 所示。

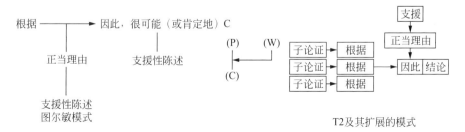

图 6.12　图尔敏模式原理图

　　通过图尔敏模式的论证图解，专家的论证结构清晰地区分了观点、理由和根据，并辅以模态限定和例外情况。这种清晰的结构能够有效解释观点背后的逻辑，使得在对论证过程进行评估时，参与者能够明确质疑的对象是"观点""理由"还是"依据"，从而有的放矢，更好地互相激发思维，形成全面、深刻、合理的见解。从研讨的整个流程来看，图尔敏模式提供了一种自下而上的模式，即由各个专家发表观点和论证过程，然后专家群体再对这些观点和论证过程进行综合与评估。另一种图解工具是墨尔本大学开发的 Reason!Albe 软件。作为对图尔敏应用模式的补充，该软件提供了一种自上而下的模式，即先展示一个观点，然后分别提出对该观点支持和反对的理由，接着进行评估，从而完成对该观点正确与否的论证过程。

　　在复杂问题求解过程中，专家的思维过程可以被描述为：在问题求解环境中应用已有的知识观察分析，获得对问题结构的认识，并应用丰富的经验知识理解问题的深层含义。在对专家知识的外化过程中，借助非形式逻辑的理论方法，引导专家逐步深入思考问题的实质，凝练自己的观点和思路。以数据、模型等材料为依据，遵循清晰严谨的逻辑，使用图解这一直观形象的工具表达自己的思考过程。这种方法避免了单纯的观点之争，转向对观点背后的依据、理由和逻辑等要素的深入审视。同时结合已经获得有关问题的细节知识进行深度研讨，修改对问题整体结构的认识，达到激发思维的目的。

6.2.2　专家群体的交互和促进

　　上文的论述更多关注了专家的个体，通过借助知识外化工具把专家头脑中的隐性知识表达出来，虽然其正确性需要经过逻辑和实践的检验，但将隐性知识表达出来有利于专家群体一起讨论和验证。综合集成理论的研究目标——开放的复杂巨系统的特性决定了在解决复杂问题时离不开各类背景的专家共同研讨提出方案，他们对解决问题的设想的提出、研讨、建模及最终得出决策都起着重要作用。大卫·博姆（David Bohm）认为，人与人之间必须通过某种有效的交流或者互动才能揭示思维和真相的不一致性，进而实现对复杂问题更全面的认识。

研讨交互促进了知识演化，即新知识的生成，使得整个系统获得越来越全面、科学、精确、超越每一个专家个体的知识，从而促成对复杂问题认识的飞跃。从这一角度来看，专家体系的交互可以分为两部分，一部分是对现有知识的验证修正与补充，另一部分是知识的传播和创新。

1. 对现有知识的验证修正与补充

非形式逻辑的理论认为，论证的价值至少要取决于两方面的考虑：一是前提的真假，二是前提对结论的支持度。关于前提的真假，非形式逻辑对论证评价的焦点导致了开拓者们思考前提的充足性标准。Johnson 和 Blair 提出了"相关性 – 充足性 – 可接受性"（relevance - sufficiency - acceptability，RSA）三元组合评价模式。关于前提对结论的支持度，由于进行论证评价时必须考虑到语境问题，因此，前提的真实性是很重要的，它直接关系到了结论的可靠性。从语义和语形方面来讲，使用"有效性"来评价论证是非常必要的。归纳强度是进行论证评价的另一种标准，此外，还需要引入"似真性"涵盖论证的语用评价。

- 图尔敏模式的论证过程评估

在综合集成研讨系统中，图尔敏模式的评估界面如图 6.13 所示，可以从根据、正当理由、观点三个角度进行评估。用户首先从"请选择专家"下拉框中选择一个专家，系统将显示该专家的论证图解（图 6.13 中左侧的"论证过程"标签页）。用户单击论证图解中的"根据"项，界面右侧将切换至"评估：根据"页面，用户可拖动相应的滑块，从可靠性和关联度两个角度对该"根据"进行量化评价，同时还可以在右下部分的网格列表控件中补充一些根据。用户单击"正当理由"项后，界面右侧切换至"正当理由"页面，用户从"合理性"和"充分性"两个角度对"正当理由"进行量化评价。相应地，单击"观点"项，可对观点的"合理性"进行评价。

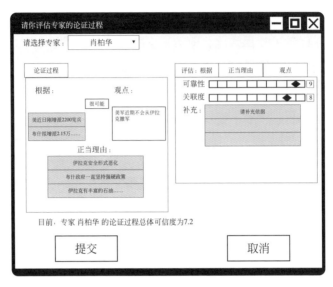

图 6.13   图尔敏模式的评估界面

在用户评价的同时，软件自动计算被评价专家的论证过程的总体可信度，计算公式为

$$C = \alpha\left(R_b \frac{R_t}{N_1}\right) + \frac{\beta(R_n + S)}{N_2} + \gamma V$$

其中，C 为总体可信度；R_b 为根据的可靠性指标；R_t 为根据的关联性指标；R_n、S 为正当理由的合理性指标；V 为观点的合理性指标；N_1、N_2 为归一化参数；α、β、γ 分别为对应的权重系数。

如果有 N 个用户同时对某个专家的论证过程进行评价，那么可根据如下公式计算其综合可信度 C_c：

$$C_c = \sum_{i=1}^{N} \overline{\omega}_i \frac{C_i}{N}$$

其中，C_i 为第 i 个用户评价得到的总体可信度，$\overline{\omega}_i$ 为该用户的权重。

• Reason!Albe 模式的论证过程评估

Reason!Albe 模式在综合集成研讨中的应用界面如图 6.14 所示，专家先单击"观点"文本框，再单击工具条中的"添加支持理由"按钮，系统在观点下方添加一个"支持理由"模块，其中包含一个输入理由的编辑框和一个补充说明的编辑框。专家可在其中输入支持理由和补充说明。对于"反对理由"也采用类似的形式。当一个专家填写支持或反对理由后，别的专家可以即时看到，他们可以为其支持／反对理由添加补充材料，也可以再针对其支持／反对理由添加支持／反对理由，形成层次结构。专家个体依次针对一个观点及后续理由，不断添加支持理由和反对理由的过程就形成了集体论证的过程，论证结果为层次性支持／反对理由结构。

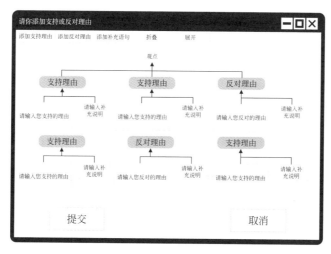

图 6.14　Reason!Able 模式的评估界面

对 Reason!Albe 模式的评估分为两个部分，其一是对理由及其补充说明的属性进行评定，其二是确定每条理由对观点的支持／反对强度，然后通过综合计算得出观点的正确度。

（1）属性评定。对于每一个理由和补充说明，都需要一个最终的依据，确定该理由或补充说明的实质，可称之为理由和补充说明的"属性"。综合集成研讨系统将属性的类型分为"公理／定理""事实""普遍共识""权威观点""个人观点""猜想／假设""无根据"7 种类型，其可信度依次下降。

（2）支持度评定。为了评估对某个观点的最终支持和反对力度，对该观点的所有支持和反对理由都需要进行支持度评定。在使用中，我们将某条理由对观点的支持度划分为"极强""较强""一般""较弱""很弱""无用"6 个等级，其支持度依次下降。

（3）综合计算。对于一个既定的观点，要评估其可信度（即被研讨厅内专家认可或支持的程度）需从顶层开始，逐个计算其支持和反对理由的支持度，并考虑这些理由的属性，计算公式如下：

$$C = \sum_{i=1}^{m} \alpha_i \varphi_i R_i - \sum_{i=1}^{n} \beta_i \phi_i O_i$$

其中，R_i 和 O_i 分别为第 i 个支持、反对理由的支持度，φ_i 和 ϕ_i 分别为第 i 个支持、反对理由的属性所对应的权重系数，α_i 和 β_i 分别为 R_i 和 O_i 的权重系数。要求：

$$\sum_{i=1}^{m} \alpha_i = 1, \quad \sum_{i=1}^{n} \beta_i = 1$$

如果 R_i 和 O_i，还有下一层的支持/反对理由，那么计算 R_i 和 O_i；如果没有，则依据下式计算 R_i 和 O_i：

$$R_i = \sum_{j=1}^{n} \overline{\omega}_j \frac{R_{i,j}}{N}$$

$$O_i = \sum_{j=1}^{n} \overline{\omega}_j \frac{O_{i,j}}{N}$$

其中，$R_{i,j}$ 为第 j 个用户对第 i 个支持/反对理由进行评价给出的可信度，$\overline{\omega}_j$ 为该用户的权重。

为更好地理解采用图解工具进行的综合集成研讨，对其一般过程进行了可视化，基于 Reason!Albe 模式的综合集成研讨过程，如图 6.15 所示。

实践表明，这些理论、方法和工具在很大程度上可以帮助专家理清其观点背后的逻辑，减少"跳跃性推论""隐藏假设"等群体研讨过程中较易出现的思维弊端，促进专家将注意力集中于观点的论证过程，而不仅仅是观点本身，进而以论证过程为牵引，深入思考所讨论问题的本质，实现"深度研讨"。

2. 知识的传播和创新

从思维的角度来看，在个体思维、群体思维与环境、社会的交互过程中，信息被处理、吸收和验证，由此导致了知识创新的发生。知识交互形式化的方法有语义方法和句法方法两种基本形式，诺贝尔奖得主罗伯特·J. 奥曼

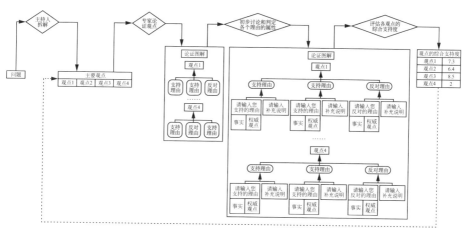

图 6.15　基于 Reason!Albe 模式的综合集成研讨过程

（Roben J.Aumann）论证了两者之间的关系和一致性。在综合集成研讨系统中可以借鉴 Aumann 的交互性"知识层级"语义、句法方法来描述有关过程。

令真实世界状态的完备空间为 Ω，事件集合为 ε。系统中的任一参与专家 i 在 Ω 上的知识函数为 ki，$ki(\omega)$ 表示当世界真实的状态为时 ω 专家所拥有的知识，在世界状态空间 Ω 上定义如下信息函数：

$$I(\omega):=\{\omega' \in \Omega : k(\omega') = k(\omega)\}$$

这表明关于世界真实状态 ω 的信息是在 Ω 中参与者 i 不能与 ω 区分开来的那些状态集合，$I(\omega)$ 包含了参与者 i 所认为状态 ω 的可能状态 ω'。也可以说，当真实状态为 ω 时，参与者 i 所知道的通常只是 $I(\omega)$ 的某个或某些状态。实际上，$I(\omega)$ 是在空间上形成的参与者 i 关于状态 ω 的信息割集，标记为 ψ。ψ 中的原子为信息集合。在 ψ 中所有事件联合的家族记为 K，该集合在任意交互情况下从补和并逻辑运算是完备的集合。在事件集合 ε 上定义知识函数 K：$\varepsilon \to \varepsilon$ 如下：对于任意事件 E，KE 是指在空间包含在事件 E 中的所有事件的联合，满足以下各式：

$$KE \subset E$$

$$E \subset F \Rightarrow KE \subset KF$$

$$\sim KE \subset K \sim KE$$

$$K(\cap_a E_a)= \cap_a K(E_a)$$

公式 $KE \subset E$ 表明如果一个事件真实发生了，个人可能只知道一部分情况，但是公式 $\sim KE \subset K \sim KE$ 表明，如果一个人不知道其中的某部分情况就认为自己不知道整个事件，只有当个人知晓事件的全部情况后，才能真正认识事件的全部含义，如公式 $K(\cap_a E_a)= \cap_a K(E_a)$ 所示。这也表明很多时候我们知道一个事件（的部分情况），但是并不真正理解这一事件，因此存在知识盲区。公式 $E \subset F \Rightarrow KE \subset KF$ 意味当一个事件 E 被另一个事件 F 所包含，且个人知道 E，那么他会由此推断 F，所以可能也知道 F（的一部分情况）。

与系统的层次性相对应，知识也具有层级结构，尤其是在多人参与的交互过程中随着交互深度的推进，知识交流的层次也在不断推进。为方便研究，假设只有两人 i 和 j 交互的情况。在如图 6.16 所示的交互时知识的初始状态中，每个人都有自己知道且他人知道的知识自由活动区 A，也有别人知道而自己没有注意到（未知）的知识盲区 C，还有自己知道而他人不知道的知识隐藏区 B，另外还有重要的自己及别人均不知道的知识未知区 D，这需要在交互过程中不断地激发和挖掘。

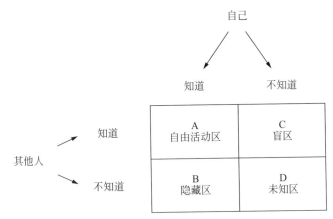

图 6.16　交互时知识的初始状态示意图

在交互过程中，i 的知识层级 hi，建立在事物自然状态空间信息割集的有限多个层次 $\varphi^1 \times \varphi^2 \times \cdots$ 上，满足以下条件：

（1）$h^{m-1}i$ 为 $h^m i$ 在状态空间 φ^{m-1} 上的映射，即在每个层次上的知识信息都和其前面层次上的知识信息相一致；

（2）i 知道 j 知道的 i 所知道的知识 A ；

（3）i 知道 j 的知识层次 h，知道 i 所知道的知识 A。令 $(\varphi, h_j^1, h_j^2, \cdots, h_j^{m-1})$ 为 j 的层级知识，在交互过程中，若 $(S, h_j^1, h_j^2, \cdots, h_j^{m-1})$ 在 h_j^m 中包含，那么 $(S, h_i^1, h_i^2, \cdots, h_i^{m-2})$ 也在 h_j^{m-1} 中包含，那么 i 和 j 交互才是可行的。

交互产生知识分布变动情况如图 6.17 所示。在 i 和 j 交互可行的假设基础上，i 和 j 能够很好地交互并在深度和广度上推进。交互过程中，在某个知识层级上，i 通过 j 的知识信息知道并重新认识理解了自己的知识盲区 C，j 通过理解 i 的知识信息知道了自己不知道而 i 知道的知识盲区 B，在心智层次上相互激发能够开发自己的未知区域 D，彼此根据新的信息丰富已有知识层级的信息和知识（B，C），构建新的知识层级 h_i^{m+1} 和 h_j^{m+1}（D）。

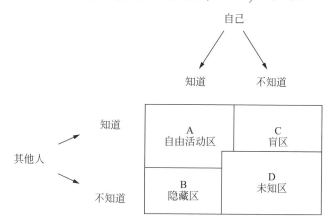

图 6.17　群体交互产生知识示意图

在群体交互情况下，就形成了信息流动知识产生的网络，如图 6.18 所示。其中每一方格表示处在不同领域不同实践操作层次的人，具有相互包容的不同知识层级的知识。横向表示不同学科中对操作对象处于相同位置角色的人员，由于处在相同的探索层面，他们会具有类似的体验，甚至使用类似的操作方法，所在的知识层级相似，他们之间会共享许多观点、体会和具体技术，因此他们之间（横向）会存在知识产生、传播的通路，同样会使个体的 A 区不断扩大，而群体共同知道的知识区也在不断扩大。纵向管道表示相同领域

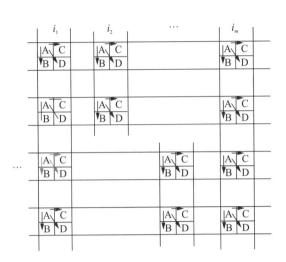

图 6.18　群体交互导致知识产生的知识网络

或者学科，他们由于领域相同，操作对象相同，知识层级相互包容，能够密切合作与交流，分享大量的实践经验和默契，因此他们之间存在纵向表示的通路。

诚然，个体之间的交互不仅仅是横向和纵向，实际上还是一个网络结构。随着时间推移，到时刻 t 经过了多次交互 $D' = (D_{t1}, D_{t2}, \cdots, D_{tm})$（$D_{ti}$ 表示 ti 时刻开始的一次交互），同一学科的专家相互交流，不同学科相同层次的专家相互交流，不同学科不同层次的专家也会进行交流，每个个体本身还会实现反省和灵感，整体是一个交互网络，而不仅仅是一个交互矩阵。个体不断扩大自己的知识自由活动区 A，发现自己的知识盲区 C，激发未知区 D，随着个体知识 A 区的不断扩大，群体共同知识区不断汇集扩大，在群体层次上形成了代表群体智慧的知识空间，这超越了个体知识的简单加总，形成群体智慧的涌现。

总的来说，专家群体的研讨是在精通深层次对话和讨论含义的主持人组织下，交互运用有效深层次的对话和讨论。通过以探询和反思为基础的深层次对话，展示内心的假设，毫不隐藏地清楚表达自己的见解和见解背后的假设以及推理，将隐式知识转化为显式知识，彼此检验，主动审视自己的思维模式，发现思维和真实的不一致性，自觉修正思维模式，最终转化成了新的隐式知识，并且通过计算机记录将新的隐式知识转化成了新的显式知识，从而在扩大并丰富专家群体知识的同时，使计算机的知识得到了扩充。因此专家研讨的过程，是一个知识产生的过程，它形成并不断扩大对复杂问题认识的共同意义的汇集，凝聚群体力量推进对复杂问题的认识。

6.2.3　广义专家群体的交互

随着互联网和网络的快速普及，并且深入到人们工作和生活的方方面面，"Cyberspace"成为一个重要的概念。它使参与者能够跨越时间和地域的限制，随时随地对感兴趣的问题进行研究、交流和探讨，并且可以随时利用网络上的大量资源，无论是本地的还是远程的。信息技术的发展为综合集成研讨厅的实现提供了一种新的可能形式，它是对传统"厅"的一种扩展。因此，建立基于 Cyberspace 的综合集成研讨厅成为可能。

随着传感网络、计算网络、普适计算、物联网等网络概念和技术的爆炸性涌现，Cyberspace 的内涵得到了极大的扩展，其技术手段也变得更加丰富。为了更好地体现综合集成研讨厅与 Cyberspace 的关系，充分利用 Cyberspace 的资源、技术以及数以百万计的网民智慧的集成，我们将其命名为基于 Cyberspace 的综合集成研讨厅体系（cyberspace-based workshop meta-synthetic engineering），简称 CWME。

1. CWME 的链接结构

CWME 中群体智慧涌现的重要前提在于系统内部各个成员之间的有效互动。从整体交互的角度来看，CWME 中每位专家的发言包括两个部分。首先是对先前发言的明确响应或评价，我们将其称为响应部分。这一部分是专家在倾听先前发言的基础上对其进行直接响应或评价，并说明这种评价的理由。它对应于有效互动的"彼此检验和自我反省"。其次，专家描述自己对问题本身的见解，这一部分由"观点""假设"和"原始论据和推理过程"三部分组成，保持同一粒度。这要求专家以一定的形式展开对问题的见解，同时也是深度讨论的必要条件，以及反思和研讨的体现与应用。

从以上描述可知，在 CWME 中，互联网为专家群体提供了万维网（WWW）参与者关于问题的几种代表性见解，可将其视为基于问题的特殊专家，它与专家群体一同构成了综合集成研讨厅体系的广义专家群体。在专家有效互动模型的引导下，专家群体明确表述对先前发言的检验或响应。这种响应在个体层面上是独立的，包含了个体对问题的判断、认知和推理。无法预测哪位专家会发言，也无法预知专家会说些什么，更无法预测专家会对哪位先前发言者作出评价或响应。然而，整个专家群体互动过程中的个体响应导致了综合集成研讨厅体系在整体层面上形成了充满有向链接的网络结构，即 CWME 网络链接结构。这种有向链接结构蕴含着关于专家之间交互内容的丰富信息，而群体智慧则形成并存在于这种网络链接结构中。CWME 网络链接结构是广义专家群体有效互动过程的整体体现。根据每次专家发言中对先前发言的检验或响应，建立广义专家群体发言之间的有向链接，具体如图 6.19 所示。其中，pt → qt 表示专家的发言 pt 对先前发言 qt 作出了响应。

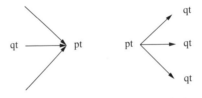

图 6.19　专家之间的链接关系

CWME 链接结构中的节点表示专家的每次发言，包含了专家对问题的理解、思考和判断等理性知识和非理性知识；基于问题的特殊专家提供的 WWW 参与者群体关于问题的几种代表性见解理解为相应数量的节点，是 WWW 上涌现出的群体智慧的具体体现，综合集成了对问题感兴趣的 WWW 所有参与者的理性与非理性知识，蕴涵了关于该问题的自古至今几乎所有参与者的求索和贡献；节点具有属性 $A_i(\sigma)=\{A_i(\sigma), i=0, 1, \cdots, N_1\}$。其中，$N_1$ 表示发言的个数，$A_0(\sigma)$ 为在网络整体层次上的内容质量属性，$A_1(\sigma)$ 为网络整体层次上体现的内容评价属性，这两种属性均为节点的社会属性，是节点在整体网络环境中实现的"社会形象"，通过分析整体层次的链接结构可以计算它们的值，$A_i(\sigma), i=2, 3, \cdots, N_1$ 为从专家发言的内容处理中获取的其他属性值，需要挖掘工具、自然语言理解技术和领域知识，它们是节点本身的固有属性，这些固有属性和周围环境一起决定了节点生存期、节点的初始吸引力，以及与其他节点所发生的相互作用关系等，决定性地影响了节点在整体网络环境中所表现的社会属性。

节点的社会属性是其固有属性在不同条件的不同表现形式，它们之间并不完全独立，彼此之间存在相互作用。例如，通过整体层次网络链接结构分析计算属性值的节点内容质量属性 $A_0(\sigma)$ 和评价属性 $A_1(\sigma)$ 之间就存在彼此加强的关系，这可以从深层次对话的求索本质来解释。有效的深层次对话过程，可以促使所有参与者个体主动审视自己的思维模式，更敏锐地揭示思维和真实的不一致性，修正或者改变思考问题的心智模式，产生创造性的思维成果，对问题有更深的认识并且在认真思考以前发言的基础上提出针对性的评价和响应。

有效深层次对话的过程形成不断创新、不断加深对问题认识的正反馈效应。在整体结构层次上表现为：随着时间的推移，见解质量高的发言被其他的发言给予越来越多的评价或者响应，而具有高质量评价的发言也会越来越多地评价内容质量高的见解，见解内容质量高和高质量评价二者彼此加强，形成正反馈效应。由于节点具有固有属性和社会属性，属性之间彼此相关，所以通过整体网络链接结构分析获取的 $A_0(\sigma)$ 和 $A_1(\sigma)$ 仅定量描述了专家每次发言在整体组织中的作用，在一定程度上定量认识了专家的发言。

2. 以专家发言为节点的 CWME 有向属性图模型

CWME 网络链接结构的边描述了专家发言之间的响应关系。节点和节点之间响应链接关系引入链接属性 $R_j(\sigma)=\{R_j(\sigma), j=0,1,\cdots,N_2\}$，即边的链接属性。其中，$N_2$ 表示发言之间关系的个数，$R_0(\sigma)$ 表示连接边存在的存在属性，初始化值为 1。$R_j(\sigma), j=1,2,\cdots,N_2$ 为专家发言响应的语义关系以及两个链接节点包含的发言内容之间的关系，需要应用文本分析与理解、知识获取的各种技术。边的存在以及边的属性是节点的固有属性和周围环境共同作用的结果。随着环境中节点固有属性和各种微观机制的共同作用，发生节点的增加和删除、边的添加和删除、边的重新定向等结构的演化。

在以上描述的基础上，广义专家群体有效互动过程形成综合集成研讨厅体系的网络链接结构可以用有向属性图来描述，如图 6.20 所示。广义专家集合 $S=\{S_k, k=0,1,2,\cdots, M\}$，$S_0$ 为面向问题的特殊专家，$S_1 \sim S_M$ 为作为人的普通专家。链接结构图中的节点为专家的每次发言，节点 V 包含属性 $A_i(\sigma)$，$i=0,1,\cdots, N_1$，边 E 为链接关系，包含链接属性 $R_j(\sigma), j=0,1,\cdots, N_2$，整体层次上的网络结构在广义专家群体 S 的有效交互驱动下不断演化：

$$G=\{(V, A_i(\sigma), i=0,1,\cdots, N_1), (E, R_j(\sigma), j=0,1,\cdots, N_2), S_k, k=0,1,2,\cdots, M, t\}$$

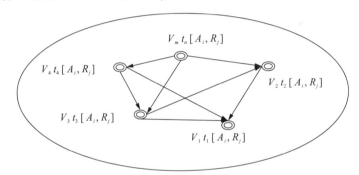

图 6.20　CWME 的网络模型：有向属性图

其中，广义专家群体 S 的交互为驱动因子，在它的作用下，整个网络结构随着时间 t 在节点的固有属性和各种各样局部事件与机制的影响下演化，节点添加或者删除、边的添加或删除、边的重新定向等，V，E 不断变化，节点的属性值 $A_i(\sigma)$ 和边的链接属性值 $R_j(\sigma)$ 在网络整体效应中不断地动态实现节点存在的意义和作用。

3. CWME 的链接结构分析方法

广义专家研讨形成的有向属性图和 WWW 的链接结构具有某种关系。和 WWW 相比较，在广义专家群体有效互动过程中，面对一个复杂问题，专家对问题本身认知的清楚表述相当于网页创建者按照自己的意愿建立一个关于复杂问题的网页，而专家的每次发言就相当于一个网页，称之为类网页或者类 Web 页，专家发言中对以前的发言内容毫无顾忌地明确评价或响应，相当于建立一个网页超链接，称之为类 Web 页链接或者类网页超链接，而发言的专家就可以理解为网页创建者。因此从链接结构的角度看来，由复杂问题驱动的专家群体有效互动过程，类似于网页和网页超链接的建立过程，广义专家群体互动形成的网络结构类似于 WWW 网络结构。综合集成研讨厅体系有向属性图中的节点对应 WWW 中的网页节点，它的有向属性图相当于 HITS 描述 WWW 的有向属性图。

不同于 WWW 通过分散导致的没有逻辑组织的大量文集的超链接，在研讨厅体系中，专家围绕复杂问题集体思考问题的方方面面，所建立的类 Web 页和类 Web 页链接都是关于这个复杂问题的，因此研讨厅体系的研讨相当于搜索引擎在 Web 上对问题的查询结果的集合，综合集成研讨厅体系有向属性图中的节点集合相当于 HITS 中的网页基础集合——T 集合，如图 6.21 所示。

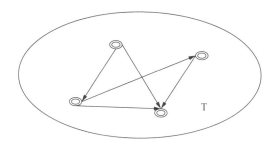

图 6.21　HITS 的网页基础集合——T 集合

经过上面的分析可以得到以下结论：广义专家研讨过程形成的综合集成研讨厅体系的链接结构和 WWW 具有结构相似性，它的有向属性图和 HITS 描述 WWW 的有向属性图相似，它的有向属性图的节点集合相当于 HITS 中的网页基础集合——T 集合。因此，可以用 HITS 推断 WWW 的概念和方法来分析综合集成研讨厅体系的链接结构。

CWME 的链接结构分析方法，从专家研讨过程中所建立的类网页的集合开始每个类网页的内容质量属性 $A_0(pt)$ 和评价属性 $A_1(pt)$ 之间存在彼此增强的关系，从这种彼此增强的关系着手，在整个网络层次上通过以下迭代计算它们的值。

（1）每个类网页 pt 的内容质量属性 $A_0(pt)$ 和评价属性 $A_1(pt)$。在网络整体层次上将所有节点的这两个属性值初始化为 1。用 pt → qt 描述类网页 pt 评价或者响应了类网页 qt，用下面的迭代公式来计算内容质量属性值和评价属性值：

$$A_0(pt) := \sum_{qt \to pt} A_1(qt)$$
$$A_1(pt) := \sum_{pt \to qt} A_0(qt)$$

（2）按步骤（1）迭代更新每个节点的内容质量属性 $A_0(pt)$ 和评价属性 $A_1(pt)$。迭代计算结束后，对所有专家发言类网页，把它们的属性值 $A_0(\ )$ 按从大到小的顺序进行排序，按照工程处理方法，只输出相邻属性值差距小于一定阈值的类网页，转向步骤（4）。或者按需要选取前 5 个或者更多 $A_1(\ )$ 值大的专家发言类网页。考虑到同一个人对同一个问题的见解在很短的时间内一般会有很大的相似性，如果同一个人在一个时间段内的几次发言的见解质量属性值相邻，而且差值很小，那么就只输出其中最近时间的发言，转向步骤（3）。

（3）根据输出的专家发言类网页集合，应用挖掘工具，结合自然语言理解技术和问题领域知识，求解节点其他内容属性以及边的属性值。

（4）将获得的属性值作为知识，以本体方式存储在计算机的知识库中，作为以后研讨的基础，算法结束。

在综合集成研讨厅体系中，广义专家群体的有效互动过程在个体层次上包含了个人的认知、判断和推理，是无法预测的、随机无序的。然而，在整体层次上，这种互动却导致了一个充满链接的有序结构的形成。这种网络结构蕴涵了关于交互内容的丰富信息。在广义专家有效互动过程形成的有序网络链接结构中，专家的每次发言被理解为一个节点，而互联网提供的 WWW 参与者群体关于问题的几种代表性见解则被理解为相应数量的节点。每个节点包含两个属性：见解质量属性和响应质量属性。专家发言中对以前发言的响应或评价则被理解为代表发言的节点之间的有向边。因此，广义专家互动过程形成的网络链接结构可以用有向属性图表示。CWME 节点的属性和边的链接属性包含了发言者对问题的认知、判断、推理以及其经验智慧形成的洞察力。因此，可以说 CWME 的整体网络链接结构综合了所有参与者的理性知识和非理性知识，在整体层次上涌现出群体智慧。

6.3 群体思维的组织与激发

人的思维受到前人、他人以及整个社会环境和历史传统的制约，因为它起源于人与人之间的互动和深层次对话，本质上是社会性和集体性的。大卫·玻姆（David Bohm）认为，要揭示思维和真相的不一致性，人与人之间必须通过某种有效的交流或互动。综合集成研讨是一种思维活动，通过交流综合运用多种思维方式和思维过程来获得创新见解，我们称之为创造性思维。在面对复杂问题时，通过有效交流和互动，思维主体能够积极地优化匹配各种信息，从而激活个体的思维，促使个人产生创造性的思维和认知成果。

因此，对于研讨厅的专家体系而言，更应该重视专家群体，并分析专家群体的思维对研讨的指导意义。从思维科学的角度来看，专家体系的建设主要涉及对专家群体思维的研究，即观察专家群体讨论时的思维行为，发现可能存在的弊端，并寻找解决方法，从而激发专家群体的创造性。

下面我们将从研究研讨厅中专家体系的建设出发，应用结构学派、系统动力学派以及国内思维科学研究的成果，定义群体讨论中经常出现的 3 种有弊端的思维模式，并从复杂性定律的角度分析它们产生的根源。我们将把研讨过程中的专家群体视为一个互相作用的动态系统，用系统回路图的语言逐一描述这些不良思维模式逐渐加深、加强的过程。针对其中的各个环节，特别是关键环节，我们将逐一进行分析，讨论它们在系统中的作用，并寻找削弱这些环节、阻止系统情况持续恶化的方法。最终，从研讨组织、发言格式、主持人的调控作用等多个方面提出解决这些问题的思路和方法。

6.3.1 依赖性思维、僵化思维和发散思维的定义

通过大量的实践分析，存在于无特别预防措施的群决策（讨论）行为中的有弊端的思维模式主要有以下 3 种：依赖性思维、僵化思维和发散思维，其特点如下。

依赖性思维是指存在于群体讨论行为中的依赖权威、屈从于群体压力的思维模式，其主要表现有：①屈从于权威的压力，全体或个体往往将权威（尤其是在场的权威）的意见视为决定性意见，不敢或不愿反驳权威的观点；②个体倾向于依赖其他个体，即使发现权威意见或者群体意见有明显的错误，也寄希望于其他个体纠正这种错误，从而把责任推卸给他人；③趋于一致的压力，个体将达成一致作为讨论的出发点和目标，而不是放在改善交流方式和提高对问题的认识上；④屈从于群体压力和无原则的自省倾向，在个体观点和多数人观点发生冲突时，倾向于主动"无原则"地承认自己观点的错误，甚至经过自省，为多数人的观点辩护，而不敢坚持自己的观点；⑤"沉默意味着赞同"的错觉，形象地表示为："既然大家都没有反对，说明我的（或群体的）意见是正确的"等。

僵化思维是指由于思维僵化，机械性、程式化思维方式，思维惯性而导致的固执己见、顽固不化等不良思维行为。其主要表现为：①盲目套用以前的经验，而不分析现实的、客观的条件；②对求解所基于的假设的不可讨论性，不愿申明自己的假设，或觉得无须申明，甚至认为假设就是假设，无须讨论；③将假设与事实混为一谈，如同"谎言被重复一千遍就会变成真理"一样，个体很容易将多次重复的假设视为理所当然的事实；④跳跃式推论：直接从观察转移到概括性论断，而不对中间过程加以检验，可通俗地称之为"成见"；⑤对不同的问题采用统一的、默认的求解方式，不愿接受与自己的固有心智模式相反的信息，同时不愿意讨论这种求解方式存在的问题，表现为墨守成规、固执己见；⑥用不着边际，甚至是无从验证的理论为自己的观点辩护，或者从道德上对其他个体的行为、观点、解题方式进行断言。

发散思维指专家群体面对复杂问题时，他们对问题本身、对求解思路、求解方法和所希望得到的结果的认识几乎总是发散的，即使面对同一对象，也会有不同理解，从而产生歧义。发散思维主要存在以下几个方面：①专家经常对问题到底是什么存在不同意见；②在如何描述问题上意见是发散的；③在求解目标上意见是发散的；④在分析、分解方法上意见是发散的；⑤在期望的求解结果上意见是发散的；⑥在模型、结果、决策方案的解释上意见是发散的。

从这些描述可以看出，几乎在复杂问题求解的全过程上，专家群体的意见都是不同的。这是由于群体中的每个成员对于该复杂问题有各种不同信念（看法），以及群体中的成员对包含在复杂问题中各种因素的重要性的感知不同，从而造成的必然结果。不同的意见固然有助于对问题的全面性考虑，但过于分散对问题的解决没有意义，如果不采取科学有效的干预措施，很难让专家群体达成一致，更不用说深层次的群体智慧涌现。同时，如果措施不得当而又强求一致的话，专家群体很容易又陷入僵化和依赖，从而阻碍问题的解决。

6.3.2 对弊端思维的总体分析思路

表面上看，结构学派所研究的群体思维、氏族思维、传播思维（groupthink、clanthink 和 spreadthink）与我们定义的依赖性思维、僵化思维及发散思维粗略对应，但由于面对的问题不同，这些思维模式在研讨中的具体表现存在着差异，尤其是在面对与开放的复杂巨系统有关的复杂问题时，现有的研究成果存在着种种不足，难以满足综合集成研讨厅的需要。

以结构学派提出的解决方法 linkthink 为例，它通过解析结构建模、名义群体法（nominal group technique，NGT）等技术提出了对问题的分析、分解方案，并用问题结构图来表示问题的结构，从而可以集中群体的注意力，消除对问题描述和理解的歧义，由此克服 groupthink、clanthink 和 spreadthink 的不良影响。但是对与开放的复杂巨系统有关的复杂问题来说，想仅仅通过解析结构来对这类复杂问题进行建模是不可行的。首先，专家很难一开始就能够分析出问题包含多少个子模块（子问题），更不用说这些子模块中哪些是重要的了，因为对于问题该如何分解、以何种方式分解，专家一开始都很难给出一致的方案；其次，问题结构图不足以描述这类问题的结构，因为这类问题经常包含大量的子模块，这些子模块位于不同的层次，彼此之间还存在着复杂的关联关系和作用，甚至包括与环境的相互作用，同时这些作用又是动态的，整个系统是在不断变化、演化的，系统的巨量性、层次性、动态性、演化性和涌现现象是问题结构图无法表达的。离开了解析结构建模和问题结构图，linkthink便无从实现。因此，结构学派的方法无法直接应用于综合集成研讨厅的实践；最后，在问题求解中，专家的形象思维（包括经验、想象和直觉等）难以详细、准确地表达，因而也是难以形式化的，由此导致的问题是共享的困难，即一个专家对问题的看法无法毫无二义地被其他专家理解，而清晰、明确、无歧义的表达也是结构学派克服思维复杂性的一个重要基石，失去了这个基石，结构学派提出的许多工作步骤无法展开。

对于系统动力学派来说，结论也类似。由此可见，要在研讨厅的特定领域下解决不良群体思维模式的问题，我们必须立足于研讨厅的特点，有针对性地研究其具体表现和预防措施，而不能生搬硬套前人的研究成果。同时，值得一提的是，结构学派和系统动力学派的许多方法在研讨厅中仍然是可用的，不同的是，在研讨厅的群体思维研究和实践中不存在简洁、统一的实施思想，鉴于群体思维的复杂性，我们在研究和预防时，采用的也是多个小理论、小成果的综合集成策略。

群体思维的实质就是群体共同对信息进行加工和处理的过程，信息流动是联系群体中各个成员思维活动的纽带，从这个角度上说，可以把研讨厅（或群决策支持系统）中的专家群体视为一个互相联系、互相作用的整体。这个整体形成一个系统，其部件为专家个体，部件之间的联系和作用方式为信息流动。系统的输入为外部信息，输出为群体对问题的认识，或讨论结果，这些认识和结果同样可视为广义信息，如图6.22所示。

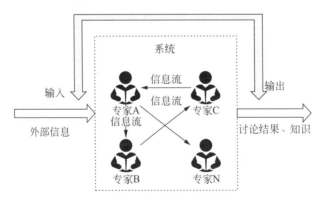

图 6.22　由研讨厅的专家群体所构成的系统

从图 6.22 中可以看出专家个体之间的关系是不断变化着的。首先是系统的输入和输出不断发生变化，其次随着信息流向的变化和信息内容的变化，系统的内部状态也在随之变化。按照研讨厅的理论框架，研讨厅的成员具有自动构建小团体的能力，那么这个系统还可以动态地划分为若干个子系统，这些子系统是系统自发演化的结果。同样，子系统之间的相互作用方式也是信息流，这样无论是对个体之间关系的分析，还是对小团体之间关系的分析，都可以统一到同一个框架下。

意识到专家体系的这种特点和结构，我们就能够利用系统动力学派的研究成果，即系统动力学的观点和工具来分析专家之间的相互作用。采用这一思路来描述依赖性思维、僵化思维和发散思维产生、形成的动态过程的。在这里，我们把这些有弊端的群体思维定义为专家系统运行的内部不良状态。

6.3.3　依赖性思维的形成与其对策

1. 依赖性思维的形成过程

依赖性思维最大的特点是系统内部的信息流动不充分，要么是信息只来自少数几个人（屈从于权威的压力），要么是信息只流向少数几个人（屈从于一致的压力），要么是信息根本就不怎么流动（"沉默意味着赞同"的错觉）。

值得注意的是，依赖性思维的各种"症状"并非一定会同时出现，尤其是在研讨的初期，依赖性思维的"症状"可能不是很明显，因而存在着被修正和消除的可能性。但是，如果专家群体意识不到这一情况，又没有设计良好的研讨规则和群体求解方法来防范，那么情况会持续恶化，直到群体完全陷入依赖性思维为止。如图 6.23 所示，采用系统回路的语言展示了依赖性思维在研讨过程中形成并不断得到强化的过程。

依赖性思维或多或少源于信念的多样性，面对与开放的复杂巨系统相关的问题，各个专家出现种种不同的认识是自然的事情，而且由于各人视角、专业背景、立场的不同，拥有不同的信念也是必然的。这种信念的多样性和问题的复杂性导致的直接结果就是群体无法获得统一、有效的问题分析方法。

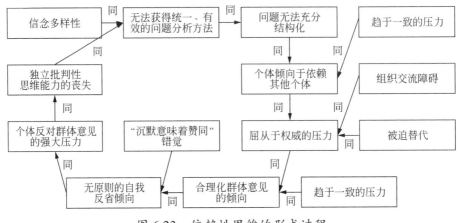

图 6.23　依赖性思维的形成过程

　　缺少有效的问题分析方法，自然无法将问题充分结构化，也无法促使群体提高对问题的认识。如此，求解效率低下，加上时间的压力，群体会逐渐产生趋于一致的压力。在这种压力下，许多个体会产生依赖他人的倾向，再加上组织语言交流的障碍，组织内权威专家的意见便逐渐开始占上风，群体意见出现错误的收敛趋势。对于这种"好不容易"达成的一致，许多个体倾向于合理化群体共识来避免出现群体意见的重新发散和重新面对时间压力。而持有不同意见的个体此时也往往通过无原则的自我反省来强迫自己接受群体"共识"以缓解对抗群体的压力。这反过来也增强了少数个体反对群体意见的强大的压力，对于"标新立异"者，群体极易对他提出道德和智力的谴责，或者直接忽视他的意见。这种情况的出现意味着群体和个体独立批判性思维能力的丧失，到此，依赖性思维完全形成，而且几乎无法逆转。

　　在这个增强回路中有三个关键点：①无法获得统一、有效的问题分析方法；②屈从于权威的压力；③个体反对群体意见的强大压力。前者是形成依赖性思维的真正根源，中间是直接导致依赖性思维出现的导火索，而后者意味着依赖性思维几乎要必然形成了。要寻找修正和避免依赖性思维的策略，应该从回路的各个环节出发，逐次采用合适的研讨规则、研讨方式和技术手段来进行处理。其中尤其要注意对上述三个关键环节的处理。

2. 依赖性思维的对策

下面我们对依赖性思维的 3 个关键环节依次进行分析。

首先是无法获得统一、有效的问题分析方法。目前可采取的措施只能是通过实践，不断摸索复杂问题的有效求解模式和求解步骤，从而从研讨流程的角度划分研讨步骤，并规范各个步骤的任务和目标。对此，我们可以把对问题分析方法的讨论划分一个单独的研讨阶段，而且把大部分研讨时间分配在问题求解方法的研究和获取上，以达到问题逐步结构化的目的。

其次是屈从于权威的压力。第一，研讨组织上，可以规定各个专家必须采用匿名方式发言，即专家群体内部无法从名称上获知哪些人是"权威"专家，哪些人不是，从而削弱其他个体对权威专家的心理依赖；第二，从发言方式的设定上，可以规定专家的每条关键性发言必须包含两个基本要素：前提/假设/思路和结论，即任何专家在发表自己的结论时，必须给出自己的思考过程；第三，在研讨方式上，可以借鉴 NGT 技术，要求与会专家必须依次发言，明确表明自己的观点，从而消除"沉默意味着赞同"的错觉；同时通过两段式的发言，明确专家们支持/反对权威专家意见的原因和思考过程。

最后是个体反对群体意见的强大压力，这个环节是比较容易克服的，因为它的外在表现最明显，容易被专家群体认识到。消除这个环节可借助两种手段：专家群体动态构建小团体的能力和研讨主持人的宏观调控手段。对于前者，在个体明显感受到群体意见压力的时候，持不同意见者可以自发组织成小团体，暂时与整体的讨论环境"隔离"。对于后者，主持人可以为持不同意见者设定较长的、单独的、可充分表达自己反对意见的发言时间。

信息的有效流动和问题的充分结构化是消除依赖性思维的最根本的途径，这两种手段对这两个目标都具有促进作用。更重要的是，通过运用这两种手段，系统可形成调节回路，从而削弱、扭转甚至消除依赖性思维的增强趋势。这种调节作用如下图 6.24 所示。

调节回路的形成，意味着由专家群体所构成的系统具有了自我调节的能力，而不需要依赖于外部手段的干预。一旦专家或者研讨主持人发现系统出现依赖性思维的特征，就可以有意识地建立如图 6.24 所示的调节回路，对依赖性思维进行调整，从而使系统自发恢复到正常运行状态。

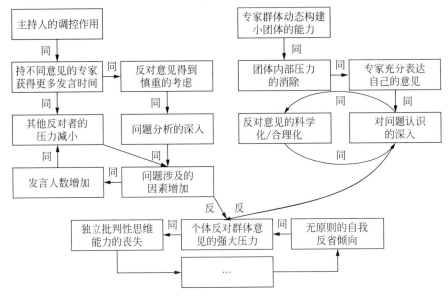

图 6.24　消除依赖性思维的调节回路

对于依赖性思维的其他环节，分析和预防方法与上面 3 个关键环节类似。在此不再赘述。综上所述，在研讨过程中修正依赖性思维，可采取的措施包括：

（1）借鉴 NGT 的某些做法，使每个人独立思考，依次发言，避免少数几个专家垄断发言权；

（2）利用匿名研讨的方法，塑造平等的氛围，削弱群体对权威的迷信和对个人反对群体意见的压力；

（3）制定发言规则，限定"主流"意见的总发言时长；

（4）结合主持人的调控手段和意见统计算法的作用，给具有不同于"群体"意见的个体充分发言的机会；

（5）借助于专家群体动态构建小团体的能力，按照意见分布，把全体成员划分为若干小组，具有相似意见的成员处于同一小组，消除个体反对群体意见的压力，在各个小组单独对相关问题进行充分分析、讨论后，再撤销小组，全体共同进行研讨；

（6）从研讨流程上，通过研讨步骤的设定，避免在没有对问题深入讨论的情况下就迅速达成一致。

6.3.4　僵化思维的形成与其对策

1. 僵化思维的形成过程

僵化思维在群体讨论中的表现有两个层面：个体的僵化思维和群体的僵化思维。前者的表现是：每个人盲目固守自己原有的心智模式，拒绝接受他人的建议，导致不同个体之间的思维模式难以互相补充、融合。在这种情况下，如果群体没有合适的标准来检验每个人的结论，个体的僵化思维将表现为群体的发散思维。后者的表现是：群体迅速就如何分析、解决问题达成共识，但是这种共识并不是每个个体深思熟虑的结果，而是群体根据并不可靠的经验和思维惯性而提出的。这种共识一旦达成，群体倾向于把它作为解题的默认假设，而不再检查其合法性和有效性。因此，群体僵化思维导致的直接后果就是决策支持质量的下降，甚至出现严重错误。

和依赖性思维一样，僵化思维的特点是系统内部的信息流动不充分，要么是信息的流动只限于某些局部（由具有相同思维模式的个体形成的小团体），要么是总体的信息交换量很小（全体成员具有相似的思维模式而迅速达成共识）。这里我们主要研究群体的僵化思维，因为解决群体僵化思维的手段同样可用于解决个体的僵化思维。在群体讨论过程中，群体僵化思维形成并不断得到强化的过程如下图 6.25 所示。

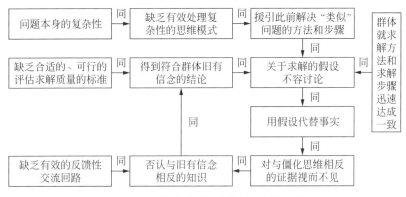

图 6.25　群体僵化思维的形成过程

群体僵化思维产生的最根本的原因在于面对复杂问题，群体缺乏真正有效处理其复杂性的经验和思维模式。在这种情况下，群体只好依据旧有经验采取一些似乎有效的、似是而非的方式来分析所面对的问题。由于每个个体都会意识到方法选取上的困难，因此一旦某种方法看起来比较有效，或者与以前的经验比较符合。那么群体将很快在求解方法上达成一致。此后，这个求解方法将成为问题求解的基本假设。

由于它只是一个经验性的假设，因而其正确性难以验证，群体也不愿对它进行讨论以避免再次出现求解困境。因此，该基本假设被群体视为事实，用于指导以后的讨论过程。对于一些局部问题的求解来说，也会经历相似的过程。群体力图避免求解困境的心态使得他们对与僵化思维相反的证据视而不见，同时，由于组织内缺乏有效的反馈性交流回路，这种漠视事实、拒绝讨论基本假设的思维模式难以被群体真正察觉，也难以修正。因而群体无法正视并获得与旧有信念相反的知识。

这种一步步增强了的僵化思维导致的结果是群体获得了符合旧有信念的结论，由于组织内又缺乏合适的、可行的评估求解质量的标准，错误的结论反过来增强了群体对基本求解假设的依赖，导致系统形成回路。增强回路的建立，意味着僵化思维只能愈演愈烈，而无法逆转，这同样也是群体僵化思维一旦形成就难以消除的原因。

2. 僵化思维的对策

我们同样对图 6.25 回路中的几个关键环节进行分析。首先是"关于求解的假设不容讨论"这个环节。它是群体僵化思维产生的开始，群体讨论是否要演化成僵化思维的转折点在于是否允许对求解的基本假设进行讨论。要修正这一环节，可行的做法是：要求每位成员在表达自己的观点时，必须明确阐述自己的假设，并负责解释选取这些假设的原因。这样，就有机会从根本上将各个专家求解复杂问题的心智模式凸显出来，并使得群体有机会审视自己的思维模式，在必要时修改自己的基本假设，从而使得系统能向正常的运行状态演化。

其次是"缺乏有效的反馈性交流回路",对这一环节的消除,包括两个方面的工作:建立有效的交流回路;协商合适的求解结果评估标准。前者可通过引入"深度汇谈"的交互方式和规定合适的发言格式来实现。例如,在发言中,要求询问者必须明确自己的询问对象,而响应者也必须明确自己的响应对象,同时主持人有权要求被询问者明确响应询问者的提问(建立动态的层次)。这样在询问者和响应者之间就建立了一个交流回路,在这种一对一的交互中,专家的思维模式、解题思路的细节、基本假设中的漏洞很容易被发现并放大。

最后是"缺乏合适的、可行的评估求解质量的标准"。没有可行的求解质量评估标准意味着即使群体采用了错误的求解方法和手段,这些错误也很难被发现和修正。要避免群体僵化思维形成定局,需要制定可行的求解质量评估标准,这个工作可以在研讨的一开始就进行,或者随着研讨的进展,一边厘清求解的真正目的,一边讨论评估标准,使得各个求解方案的效果都能够及时被检验。

对这 3 个关键环节逐一进行处理和防范后,就可以获得群体僵化思维的调节回路。回路中最核心的要素是设定合适的发言格式,使每个专家在阐述自己观点的时候,必须给出相应的假设,从而显露出他分析问题时依照的心智模式。随着心智模式的逐步显露,隐藏在其中的个体僵化思维也将逐步显现,从而引起其他个体的注意和讨论。调节回路的建立意味着由专家所构成的系统具有了自我调节的能力,不再需要依赖于外部手段的干预。

综上所述,在研讨过程中修正群体僵化思维,如图 6.26 所示,可采取的措施包括以下几点。

(1)设定合适的发言格式,要求成员在表述自己的观点时,必须悬挂该观点所依据的假设;

(2)结合研讨规则和主持人的作用,在探询别人的观点时,成员必须明确指明探询对象、指明探询针对的是假设还是观点,回答者也必须指明自己的响应对象;

(3)引入"深度汇谈"的交流方式,成员在辩论时必须使自己的推论过程明确化,并允许其他成员就推论的任何环节进行提问;

（4）设定合适的研讨过程，使得求解过程包括对求解结果评估标准的讨论；

（5）选定具有熟练团体学习经验的主持人作为研讨过程的辅导者，鼓励成员彼此进行深入探讨，进而成为自己、他人思维方式和心智模式的观察者。

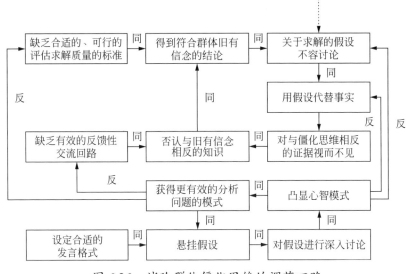

图 6.26　消除群体僵化思维的调节回路

6.3.5　发散思维的形成与其对策

1. 发散思维的形成过程

与依赖性思维和僵化思维不同的是，发散思维的特点是系统内部的信息流动频繁，但是没有最终收敛。发散思维有利有弊，它在群体讨论的一开始就是必然存在的，它的出现有利于群体从各个侧面和各个局部了解复杂问题，但是如果没有合适的手段对发散思维进行引导，它的表现会越来越显著，其结果要么是在趋向一致的压力下，演化为依赖性思维和僵化思维；要么是个体之间争执不下，无法形成结论。

发散思维在群体讨论形成并不断得到强化的过程如图 6.27 所示。发散思维源于群体信念的多样性和成员之间的固有冲突。为了解决复杂问题，研讨成员所属专业领域的跨度自然是越大越好，每个人思考问题的方式自然也是越独特越好，这样各个成员的知识才能够尽量全面地覆盖到问题所涉及的各个领域，成员之间才能存在较好的互补性，所以在研讨一开始，思维就广泛发散是必然的，也是有益的。

但是如果不采取任何干预引导措施，任其自由发展的话，思维的发散性带来的必然结果就是每个成员表达自己意见的时间减少，每个人都无法深入地阐述自己的观点和推论过程，再加上不同领域、不同思维方式的专家之间存在着交流障碍，彼此难以互相理解，这些都使得群体无法获得充分的信息。在这种情况下，个体心智模式的缺点难以被纠正，僵化思维将不可避免地反过来加深思维的发散程度，系统形成增强回路，如图 6.27 所示。

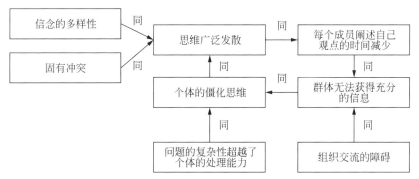

图 6.27　发散思维的形成过程

2. 发散思维的对策

我们对图 6.27 中的各个环节进行逐一分析。首先是思维发散导致的"每个成员阐述自己观点的时间减少"，它和"组织交流的障碍"共同作用，使得群体无法获得充分的信息。对于这几个环节，可采用的修正措施包括：①利用成员自动构建小团体的能力，将所属领域接近或者意见差距较小的成员纳入同一个小团体；②制定群体交流的规范，尤其是规范各种知识的形式化、可视化表达方法，使得不同形式、不同专业领域的知识可被群体无歧义地理解、共享和重用。

其次是个体的僵化思维，可采取的修正措施包括：①将求解过程划分为若干个阶段，或者将问题拆分为若干个局部，每个步骤和局部都包括尽可能少的要素，使得这种局部的复杂性与个体本身的求解能力相适应，避免让个体和群体直接面对过于复杂的问题而产生僵化思维；②利用前面提出的发言格式和"深度汇谈"，要求成员在阐述自己的观点时，必须悬挂假设，并使自己的推论过程明确化，从而凸显出成员分析问题的心智模式。

对于思维的广泛发散，也可以通过"辩论"的交流方式辅助其收敛。此处的"辩论"指的是一种以强调自己、说服他人为目的的研讨方式。与一般辩论不同的是，这里辩论的重点不放在结论上，而是放在分析思路和技术路线上。值得注意的是，在辩论中"一致"并不是专家群体追求的目标，辩论的最终目的是促进专家深入分析问题，从多个角度和多种思路来剖析问题的复杂性，辩论获得的结论只是这种深入分析的一种"副"产品。在整个研讨过程中，辩论起着促进思维收敛，将多方面的局部认识融合成为全局性认识的作用。

综上所述，在研讨过程中修正发散思维，可采取的措施包括以下几点。

（1）利用成员自动构建小团体的能力，将所属领域接近或意见差距较小的成员纳入同一个小团体；

（2）规定知识共享、重用和管理的标准形式，消除群体交流的障碍；

（3）划分求解过程，对复杂问题进行分解，由此避免专家个体和群体直接面对超越其认知能力的复杂问题；

（4）采用合适的发言方式和"深度汇谈"的交流方式，及时修正个体的僵化思维；

（5）采用"辩论"的交流方式辅助发散思维的收敛。

如前文所述，发散思维虽然具有许多弊端，但在求解与开放的复杂巨系统相关的问题时，它是一个必不可少的思维过程。不经历这种思维发散过程，专家群体对问题的分析不可能涵盖所有重要领域和关键因素，也就无法综合各方面的定性认识上升到定量认识。因此，在研讨的初始阶段，或者出现群体依赖性思维的时候，我们可以采用多种手段来促进专家群体思维的发散。例如：①利用头脑风暴（brainstorm）来让各个成员自由地交换对问题的看法；②采用信息顺向搜索策略，结合相关的软硬件工具帮助专家扩展其问题分析和资料搜索的范围；③利用意见（或共识）统计算法，寻找与群体意见差别最大的专家，给予他足够的发言时间来详细阐述自己观点等。

这些手段的应用，一方面可以避免定性研讨阶段出现依赖性思维和僵化思维；另一方面，则是帮助专家广泛分析问题的每一个层面、子问题和领域。只有在对上述因素进行广泛深入分析的基础上，成员们才能提高自己对问题的总体认识，专家群体也才有可能达成合理的共识。

6.3.6　结论与启示

尽管这些有弊端的思维模式大多是个体与群体在长期问题求解和决策实践中形成的，但通过观察可以发现，群体的不良思维行为并非一开始就会在研讨中占据主导地位。它们通常经历若干步骤逐渐加强，最终取得统治性地位，这是一个不可逆转的动态过程。

为了分析这些动态过程，我们将研讨厅内的专家群体视为一个系统，其中系统内成员（专家个体或小团体）之间的相互作用形成信息流，系统的输入、输出为信息和知识，专家群体的不良思维模式则可视为系统的不良运行状态。因此，可以借助系统动力学派的工具来分析这些行为在研讨中的演化过程。

在寻找解决方法时，我们仍然将专家群体视为一个系统，为其建立自动调节回路。这一回路将强调主持人、研讨流程、专家之间的交互模式以及组织语言交流的作用，旨在建立系统的自我调节机制。这意味着系统能够自动感知不良运行状态并采取补救措施，使系统趋向稳定并回到正常运行状态。

综合集成研讨厅中各种群体思维的病态行为实际上是成员个体根深蒂固的、与复杂问题求解不相适应的心智模式的表现。不适当的心智模式会阻碍有效的问题分析，而良好的心智模式则能促进团体学习和问题求解。因此，解决复杂问题的关键在于发掘研讨者背后的心智模式，呈现个人思维的过程，并从中制定合理、有效的研讨组织方式。同时，利用信息技术和软件技术的手段对研讨组织方式进行有力支持也十分重要。

基于这一点，我们应该将综合集成研讨厅建设成一个呈现专家个体与群体心智模式的平台，以及一个高效的学习型组织工作的场所。尽管存在许多困难，但从目前的理论和技术手段来看，这仍然具有一定的可行性。这也是对综合集成研讨厅中专家群体思维的初步研究带给我们的最重要的启示。

6.4 大模型时代下的专家体系

大模型的引入必然会给综合集成法注入新活力，其促进专家体系发展的最直观应用，就是基于大模型的智能体（又称 Agent）以"特殊专家"的身份参与研讨，与人类专家在知识利用和群智涌现的过程中相互补充。所谓智能体，就是任何能够感知环境并采取行动的实体。智能体具有在不同环境中执行任务的自主能力，依靠过去的经验和知识做出与预定目标一致的决策。在第 4 章"综合集成法中的大模型应用框架"中给出了大模型与专家体系相结合的可行性方案，本节将进一步从实现的角度更详细地介绍大模型能为专家体系的发展带来的帮助。

6.4.1 LLM 促进专家体系的发展

1. 基于单智能体的专家体系

所谓智能体，就是能够独立感知环境、无须依赖外部指令做出决策并采取行动的实体。与其他智能体不同，基于 LLM 的智能体融合了 LLM 和智能体的优势，将 LLM 作为智能体的"大脑"进行认知和战略处理，从而促进智能行为。

根据第 4 章所阐述的综合集成法中的大模型应用框架，我们从专家群体的视角介绍基于单智能体的专家体系框架图，如图 6.28 所示。

（1）**规划组织**：单智能体可以在提示的指导下将复杂任务分解为更小的子目标，以帮助组织专家更好地履行角色职能。其中思维链已成为增强模型对复杂任务分解性能的标准提示技术。该技术指导模型"一步一步思考"，以利用更多的时间计算，将复杂困难的任务分解为更小更简单的步骤，从而实现将大任务转化为多个方便实现的任务，并对模型思维过程进行了阐明解释。此功能体现了单智能体的自主权，并增强了其解决问题的有效性。另一方面，混合专家模型（mixture of experts，MoE）给出了一种由门控神经网络（GateNet）

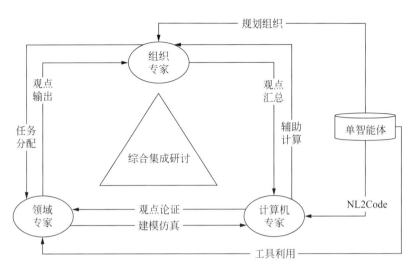

图 6.28　基于单智能体的专家体系

发放令牌权重来选择合适专家的方式。这种条件计算的思想与随机性失活神经网络中神经元的 dropout 原理类似，其会根据任务的具体情况选择激活一定数量的专家模型，从而保证了模型的稀疏性。由于每次训练的时候只保留一定的参数，不仅使网络具备了稀疏性特征，减轻了整个网络的参数压力，还降低了模型发生过拟合的概率，提高了模型的泛化能力。基于 MoE 模型的 LLM 较之于使用相同参数量的稠密模型，具有更快的预训练速度和推理速度。

（2）**工具利用**：专家体系作为综合集成研讨厅的核心，知识体系和机器体系可以被视为围绕其运转的工具。一方面基于大量文本数据训练，模型培养出了深厚语言理解和生成能力，LLM 拥有丰富的常识知识、领域专业知识和事实数据，可以通过向量的形式将知识存储编码，更加方便知识检索和利用。这使得基于 LLM 的单智能体具备处理各种自然语言任务的能力，方便研讨过程中的人机对话。另一方面，单智能体能够在预训练过程中学习调用外部 API 获取缺失的额外信息。API-Bank 允许 LLM 调用 73 个常用的 API 工具，极大地提高了专家群体使用工具的效率。LLM 首先根据专家的需求判断是否需要调用 API；接着调用正确的 API，如果不够好，LLM 需要迭代修改 API 输入（例如，确定搜索引擎 API 的搜索关键字）；最后基于 API 结果进一步响应：如果结果不满意，模型可以选择细化并再次调用。API-Bank 还创建了一个针对增强工具的 LLMs 定制的高质量训练数据集，以提高 LLM 在使用此类工具方面的性能，期望在未知 API 的情况下，也能连续规划、检索并调用多个 API 的能力。

（3）NL2Code：计算机专家作为沟通连接专家体系和机器体系的桥梁，最大的职责就是将专家群体的自然语言转化为机器能够看得懂的代码，进而辅助其他专家快速建模仿真计算以充分发挥机器体系的重要性能。由于训练大模型的大量文本数据往往是一个多样化的复合体，其中有不可忽视的代码部分，即使不是专门针对代码而设计或训练的大模型仍展现出了非凡的编程能力。在代码补全、代码修复和代码翻译方面，可以看作是传统的序列到序列的生成任务，由于代码拥有严谨的结构化特性，一些引入语言模型的早期研究就有了良好的表现。到了 LLM 时代，更是凭借其先进的自然语言处理技术帮助计算机专家进行更自然更轻松的编程。其可以根据自然语言查询检索相关代码，或从未加注释的语料库中挖掘平行文本 – 代码对。这项任务通常是通过计算查询和候选代码嵌入之间的相似度量来完成的。接着根据自然语言描述生成代码。基于 Transformer 架构的 LLM 即使在没有特定任务微调的前提下，也能以自回归语言建模的方式直接生成源代码。

可以看出，这种基于 LLM 的单智能体已经在很多方面显示出了其强大的能力，在综合集成研讨系统中将极大地提高研讨的工作效率。模型规模被视为提升性能的关键因素之一，但目前大模型的发展已经到了一个瓶颈期。一方面，想要解决"幻觉问题"、提升深层次的逻辑推理能力，就不得不继续增加模型的复杂度；另一方面，模型的复杂性和参数的规模不断增加，极大地提高了大模型的训练难度和推理成本。混合专家模型的成功证明了分布并行方法在降低大模型训练成本和加快训练速度方面的可行性，这启发了基于大模型的多智能体研究。

2. 基于多智能体的专家体系

多智能体研究（LLM-based multi-agent，LLM-MA）首先将大模型专门化为不同领域不同功能的智能体，通过大模型理解文本并生成文本的技术支持多智能体之间的交互，利用多智能体的集体智慧、专业知识和技能，有效地模拟复杂的现实世界环境，更好地解决复杂问题。这种多智能体协同合作、参与规划、讨论和决策的方式，实际上是人类群体在解决问题任务中的合作本质。

结合专家群体在研讨过程的动作与多智能体的技术现状，图 6.29 给出了基于多智能体的综合集成研讨框架图，我们将从以下几点介绍如何具体实现。

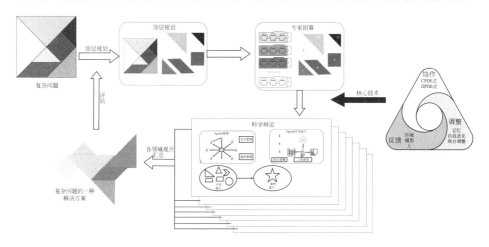

图 6.29　基于多智能体的专家体系

（1）顶层规划：这部分对应于组织专家的总设计师身份，通过顶层规划使 LLM-MA 系统中的多个智能体能够协同追求共享目标，首先要履行的职能是复杂任务的拆解。复杂任务的拆解可以通过多智能体框架中的任务细化器实现。阿卜杜拉国王科技大学开发了一款名为 CAMEL 的多智能体系统，这种基于 ChatGPT 进行"心智"交互的框架可以根据人类用户输入的一个想法或目标，制定一个较为详细的实现步骤，以及涉及的角色和领域。这种"开始提示"的技术引导会话 Agent 完成与人类目标一致的任务。美国麻省理工学院的团队将标准化操作程序（standardized operating procedures，SOPs）编码为提示序列开发了 MetaGPT，该框架可以根据提示将一行需求作为输入丰富扩充为数据结构 /API/ 文档等更详细具体的需求，从而有效地将复杂的任务分解为涉及许多 Agents 协同工作的子任务。

（2）**专家招募**：这部分对应于组织专家的总设计师身份，根据任务领域的不同寻找最适合的领域专家群体。在 LLM-MA 系统中，智能体由其特征、行为和技能定义，这些特征、行为和技能是为满足特定目标而定制的。在各种系统中，智能体承担不同的角色，每个角色都有包含特征、功能、行为和约束的全面描述。有以下三种方法：在预定义的情况下，智能体的配置文件由系统设计者明确定义。模型生成方法则通过已有的模型创建智能体的配置文件。数据派生方法涉及根据预先存在的数据集构建智能体的配置文件。CAMEL 框架根据任务细化器的输出，为每个 AI 智能体分配一个合适的角色和领域，接着使用一个对话生成器（dialogue generator），它可以根据角色分配器的输出，来为每个 AI 智能体实例化一个 ChatGPT 模型。MetaGPT 按照软件公司的架构在内部预定义好不同身份角色的 Agent，每个 Agent 都有特定的专长，并遵循一些既定标准。此外，诸如 AutoGen、AgentVerse、AutoAgents 和 AGENTS 等多智能体系统框架通过允许选择和定制多智能体配置中的角色，加快了多智能体系统的创建过程，简化了开发过程。

（3）**Agents 交互**：这部分主要为了体现领域专家的交互方式，在 LLM-MA 系统中，智能体之间的信息交流对促进合作至关重要。Taicheng Guo 学者的团队归纳出了多智能体之间的交互范式主要有三种：合作式（cooperative）、竞争式（competitive）和辩论式（debate）。在合作模式中各智能体为实现共同的目标而合作，通常是交换信息以加强集体解决方案。竞争模式下的各智能体为实现自己的目标而努力，但这些目标可能与其他智能体的目标相冲突。辩论模式适用于各智能体进行争论性互动，提出自己的观点或解决方案并为其辩护，同时对他人的观点或解决方案进行批评。这种模式非常适合达成共识或更完善的解决方案。在 LLM-MA 系统的框架研究中，Zhiwei Liu 学者所在的团队设计了一个名为 BOLAA 的架构，其通过增强单智能体的互动能力协调多智能体之间的分工合作。马萨诸塞大学阿默斯特分校联合清华大学、上海交通大学提出了一种协作性具身智能体（cooperative embodied language agent，CoELA），这种新颖的设计框架赋予具身智能体计划、交流和协作的能力，以高效地完成与其他具身智能体或人类的长期任务。受自适应思维控制

（adaptive control of thought，ACT）模型的启发，华东师范大学的团队设计了一个可配置的通用多智能体交互框架——CGMI，采用思维链和行动链（chain of action，CoA）方法并模拟人类交互方式，从而增强智能体的个性化和认知水平。

（4）**Agents 的通信管理**：这部分主要对应于组织专家的主持人身份，对Agents 之间的交互通信进行管理。缺乏通信可能导致智能体之间无法共享信息、协调行动或解决冲突。在某些情况下，这可能导致行为低效和整体性能下降。通过通信实现智能体间的信息交流，用于传播观察、目标、计划和其他相关信息，从而促进协作和整体性能的提升。智能体之间的通信结构分为 4种：分层通信（layered）采用分层结构，每一层的智能体都有不同的角色，主要在本层或与相邻层进行交互；分散式通信（decentralized）在点对点网络上运行，各智能体之间直接通信，这是世界模拟应用中常用的结构；集中式通信（centralized）是由一个或一组中心智能体协调系统的通信，其他智能体主要通过这个中心节点进行交互；为了提高通信效率，MetaGPT 框架在其系统中引入共享消息池（shared message pool）概念。这种通信结构维护了一个共享消息池，各智能体可在此发布消息，并根据自己的需求主动获取相关消息，从而提高通信效率。

（5）**任务执行**：这部分对应领域专家完成某个行为或任务的逻辑，在LLM-MA 系统中，智能体可以通过不同的策略和来源采取行动。一种方式是通过记忆回忆采取行动。在该策略中，智能体从当前任务的内存中提取相关信息，任务和提取的记忆用作触发智能体的提示来生成动作。为了更高效地通过一系列简单的任务完成复杂任务，清华大学联合国内多所高校和研究所提出名为 GITM（ghost in the minecraft，GITM）的框架，在 GITM 中智能体通过查询其内存以确定是否有与任务相关的成功经验。如果之前已经完成了类似的任务，则智能体可以调用之前成功的操作来直接处理当前任务。MetaGPT 允许不同的智能体之间直接进行通信，因此，不同代理的成功经验也可以被拿来直接使用。另一种方式是通过遵循计划采取行动。在此策略中，Agent 按照预先生成的计划采取行动。在 GITM 中，智能体通过将任务分解为许多子目标以及更细粒度的结构化操作来制订任务执行计划。根据这些计划，智能体采取行动依次解决每个子目标，以完成最终任务。

（6）**科学辩论**：这部分对应专家群体进行研讨交互的过程，LLM-MA 可以设置为科学辩论场景，其中智能体相互辩论以增强系统的集体推理能力。主要思想是，每个 Agent 先叙述自己对问题的分析，然后进行联合辩论过程。通过多轮辩论，智能体之间达成了一个一致的答案。麻省理工学院的 Yilun Du 团队在一组六种不同的推理和事实准确性任务上利用多智能体进行辩论并提出了一种改进语言响应的补充方法，实验结果证明了多智能体系统可以通过辩论提高生成内容的真实性，有效减少了幻觉问题。哈尔滨工业大学熊凯团队引入了正式辩论框架并制定了与现实世界场景相一致的三阶段辩论，分析了不同智能体之间的一致性，证明可以通过有效的合作达成共识。清华大学联合上海交通大学、腾讯 AI 实验室提出的多智能体辩论（multi-agents debate，MAD）框架，有效解决了 LLM 在自我反省中出现的思维退化（degeneration of thoughts，DoT）问题。在 MAD 中，智能体处于"针锋相对"状态的性质决定了：①一个智能体的扭曲思维可以被另一个智能体纠正；②一个智能体对变革的抵抗会被另一个智能体补充；③任何一个智能体都可以为对方提供外部反馈。实验表明，MAD 在常识机器翻译和反直觉的算术推理任务中产生了显著且一致的改进。

（7）**工具使用**：这部分对应领域专家借助知识库和计算机通过仿真计算进行论点论证的过程。在上一小节已详细讲述，这里不再赘述。

（8）**评估优化**：评估研讨结果并判断是否需要进行迭代讨论，评估当前状态与期望目标之间的差距，找出差距所在的原因并讨论下一轮如何改进，该过程至关重要。研究人员正在努力提出可能成为未来评估标准的基准，优化的关键在于提供建设性建议以供改进，这涉及 LLM-MA 系统的核心技术——反馈，在 6.4.2 节会详细探讨该技术如何提升 LLM-MA 系统的整体性能。

6.4.2 LLM——专家体系的核心技术

从 6.1 节的发展历程可以看出，只有当单智能体技术发展到一定的阶段，才能开启多智能体的研究。因此，影响多智能体系统性能的原因有两方面：单智能体的发展和智能体之间的协作。本节将从这两个角度介绍多智能体系统的核心技术。

反馈：根据智能体收到的关于其行为结果的关键信息，提供建设性意见以供改进，称之为反馈。基于 LLM 的智能体可以通过更高效的编程机制评估信号或量化指标，从而有效地提取和保留关键经验，实现反馈学习。根据智能体接收反馈的来源，可以将其分为四种：①来自环境的反馈，智能体在环境中执行行动，环境根据智能体的行动做出状态变化和奖励的响应。智能体根据环境的反馈调整策略，以获得未来行动中更高的累积奖励。Voyager、Ghost、SayPlan 等模型结合环境反馈制订计划，将行动之后的结果信息纳入下一轮的推理和行动中，促使对其战略不断调整直至确定可行的计划。有研究学者认为，仅提供任务完成的信息往往不足以纠正计划错误，因此他们额外补充了主动场景描述，以通过更详细的失败原因分析更有效地修改计划。②来自模型的反馈包括来自自身智能体的内部反馈和来自其他智能体的判断或通信。内部反馈通常基于预先训练好的模型生成：首先智能体生成输出，其次利用 LLM 根据输出提供如何完善输出的指导，最后，通过反馈和改进来改进输出。InterAct 使用不同的语言模型（如 ChatGPT 和 InstructGPT）作为检查器和分类器进行自我检查，以帮助主语言模型避免错误和低效的操作。基于其他智能体的反馈在科学辩论和游戏模拟等解决问题的场景中很常见，智能体通过交流学会批判性地评估和完善结论，也会根据其他智能体之前的互动来完善策略。MAD 框架证明了多智能体的辩论可以增强系统的任务解决能力。复旦大学 NLP 团队从人类行为中得到启发融入辩论、评论和检索等各种协作范式提出一种新的通用策略——Corex，以增强推理过程的真实性、忠实性和可靠性，从而开创了多智能体协作解决复杂任务的先河。③反馈来自人类，这种直接与人类交互的反馈方式，即基于人类反馈的强化学习（reinforcement learning from human feedback，RLHF）是增强智能体规划能力的一种非常直观的策略，被广泛运用在"人在回路"的场景中。RLHF 开发了一个基于人类偏好和反馈的奖励模型，允许他们标记和纠正任何错误或虚假信息，以引导语言模型提供更加一致的输出，即有用、诚实和无害的输出，从而实现多智能体系统与人类的价值观和偏好保持一致。④无反馈。这通常发生在侧重于分析模拟结果而非智能体规划能力的世界模拟应用中。在这种情况下，如传播模拟，重点在于结果分析，因此反馈并不是系统的组成部分。

调整：为提高自身能力，LLM-MA 系统中的智能体可通过三种主要解决方案进行调整。①记忆：大多数 LLM-MA 系统都利用记忆模块让智能体调整自己的行为。智能体将以前的互动和反馈信息存储在内存中。在执行行动时，它们可以检索相关的、有价值的记忆，特别是那些包含过去类似目标的成功行动的记忆。这种上下文学习（in-context learning，ICL）的方式可借助于任务特定的语言提示和实例增强智能体的性能。普林斯顿大学实现了一种通过交替生成与任务相关的语言推理和动作的交互范式，名为 ReAct，该范式应用于各种语言和决策任务中能够有效促进语言模型推理和动作能力的协同增强，并且提高了答案的可解释性和可信度。②自我进化：与基于记忆的解决方案中仅依赖历史记录来决定后续行动的方式不同，智能体可以通过修改自身（如改变初始目标和规划策略）以及根据反馈或通信日志训练自身来动态地进行自我进化。Reflexion 框架，由美国东北大学 Noah Shinn 学者所在团队提出，允许智能体在每个动作之后进行启发式计算，并通过自我反思确定是否重置环境，从而增强智能体的推理能力。加州伯克利大学提出的 CoH 方法利用一系列带有反馈的先前输出来促进模型的自我增强。该技术采用了监督微调、正负评级和经验回放等方法来提高性能。加拿大滑铁卢大学的 Nascimento 等人提出了一个自我控制循环过程，使多智能体系统中的每个智能体都能自我管理、自我适应动态环境，从而提高多个智能体的合作效率。为了应对零样本协调场景中智能体间交互的挑战，香港中文大学的团队提出能够预测队友决策，并根据智能体之间的通信日志动态调整策略的框架 ProAgent，以促进相互理解，提高协作规划能力，解决有效智能体与不熟悉的队友很难进行合作的问题。通过与环境和其他智能体的交互，来自清华大学的团队提出通信学习（learning through communication，LTC）范式可使智能体不断适应和改进，从而打破了上下文学习或监督微调的限制，因为它们不能充分利用与环境和外部工具交互时收到的反馈进行持续训练。这种使智能体能够自主调整其配置文件或目标的自我进化（self-evolution）机制，有助于基于 LLM 的智能体更加自主和适应多变的环境，从而实现更有效的人机协作。③联合调整：联合调整的研究还处于起步中，目前清华大学的刘志远团队提出动态 LLM——智能体网络（dynamic LLM-agent network，DyLAN）模型，作为一个基于任务查询的动态交互架构中进行通信的系统，使智能体能够在动态架构中进行多轮交互，并基于无监督算法根据贡献度选择最有效的智能体和早期停止机制（同一层的智能体达成共识时终止推理过程），以提高系统整体的性能和效率。

协作：先进的 Agents 组织管理方式可以优化 Agents 工作流程，有利于 Agents 之间的和谐运作，最大限度地减少冲突和冗余。目前，主流的 Agents 组织管理方式有两种：集中式规划分布式执行（centralized planning decentralized execution，CPDE）和分布式规划分布式执行（decentralized planning decentralized execution，DPDE）。在 CPDE 范式中，有一个集中式 LLM 的智能体负责代表系统中的所有智能体进行规划，该智能体被称为中央 Agent。这要求中央 Agent 必须同时管理多个智能体，考虑所有智能体的目标、能力和约束，为它们制订适当的行动计划，回避潜在的冲突，并协调它们以完成需要复杂协作的共享目标。在完成规划后，每个智能体独立执行其指定的任务，不再与中央 Agent 进行进一步的交互。这种方法的优点在于优化整体性能，因为中央 Agent 可以考虑到所有智能体的需求和资源。与 CPDE 相比，DPDE 系统将独立的 LLMs 纳入每个智能体的行动规划中，从而减轻了中央 Agent 的计算负担。每个智能体都可以根据其目标、能力和本地信息独立制订计划，使得 DPDE 系统在动态和不确定的环境中通常表现出更大的适应性。在执行阶段，智能体可以通过本地通信和协商协调行动来增强合作。但这两种方式都有些不足，在 6.4.3 节中会继续讨论。

6.4.3　LLM——专家体系的挑战与未来发展

可解释性差和透明度低的挑战：大模型通过多层次的神经网络结构进行

信息处理，从输入数据中提取高度抽象的特征表示。这些特征表示在数学上可能是高维度的、非线性的，难以直观理解和解释。其次，大模型通常具有数百万甚至数十亿的参数，这些参数相互交织，相互作用，形成了庞大的参数空间。所以理解模型每个参数的具体作用和影响是一项极为复杂的任务。单个参数的变化可能会导致系统性的变化，而这种变化又很难被直观理解和预测。由于对其中的推演过程难以理解且不清楚每个因素对结果的贡献程度和影响机制，因此模型的输出结果可能无法直接利用，需要经过群体专家进行新一轮的验证与筛查才能将其纳入知识库。这不仅增加了专家群体的工作量，也对专家群体的科学素养提出了更高的要求。

幻觉问题的挑战：大模型的输出效果严重依赖其训练数据集，然而这些训练数据通常来自互联网，数据不仅可能存在偏见，更有可能包含错误的虚假信息，从而让模型记忆了错误的知识，出现模型生成的内容与现实世界事实或用户输入不一致的现象。即使有了高质量训练数据，大模型仍然可能表现出幻觉现象。幻觉和创造/创新其实可能只有一线之隔，因此对大模型幻觉问题的研究具有重大意义。为降低这种风险，研究人员正在探索若干种方法。一种方法是对模型输出推行更多约束条件，如限制回复长度或要求模型回复以已知事实为依据。尽管这些解决方案很有希望，但它们绝非万无一失，甚至有研究学者认为具有优良预测文本性能的大模型必定会产生幻觉，因为对于当今常见的生成式语言模型，预测文本性能的优化工作位于"预训练"的第一个阶段。于是出现了另一种方法，即结合人类反馈，根据人类反馈进行强化学习。但反馈信号可能掺杂着人的主观意见，不同的人可能对同一个答案的评价相左。这种方法试图从人机结合的角度给出解决幻觉问题的思路，这启发了如何将专家群体的科学有效研讨的方式引入大模型中，以在大模型内部形成一个自我纠错自我完善的过程。

多系统协同工作的挑战：随着应用场景的复杂化和细分化，大模型越来越大，垂直领域应用更加碎片化，想要一个模型既能回答通识问题，又能解决专业领域问题，似乎 MoE 是一种性价比更高的选择。但用 MoE 模型解决复杂巨系统问题时的效果，可能不会那么理想。有学者认为这与集成学习的思想异曲同工，都是集成了多个模型的方法。但实际上 MoE 模型更像是采纳了还原论的思想，自上向下地将包含多个领域的大问题分离成不同的小任务，由不同领域的专家处理完之后，再通过简单的加权平均进行集成，但是门控网络往往倾向于激活相同的几个专家。这种情况可能会自我加强，因为受欢迎的专家训练得更快，因此更容易被选择。由此可以看出，这种方式导致的专家重要性不同并没有现实意义。另一个重要的方面是复杂问题很难被完整地拆分成每一个小问题，这就要求负责不同领域问题的专家群体最后一定要经过研讨交互，才能实现对问题全局认识。而 MoE 模型并没有很好地自下而上再综合集成回去，这使得其在面对开放的复杂巨系统问题时，得出的仍然是个局限解。因此，如何将研讨交互尤其是意见的综合集成引入大模型的框架中，是 MoE 模型下一步要探索的问题。

尽管 LLM-MA 系统的相关研究表现出了多智能体解决复杂问题的潜力，但当前研究中 LLM-MA 系统的主流方法仍是采用记忆和根据反馈进行调整的自进化。这种对单智能体训练有效的方法，孤立地调整智能体，忽视了多智能体作为整体系统可能产生的协同效应，不能充分发挥多智能体系统潜在的集体智慧。因此，如何联合调整多智能并发挥最佳集体智能仍是 LLM-MA 面临的一个关键挑战。因此，作为专家体系的关键技术——科学有效的群体交互是实现群体智慧涌现的必然道路，如何进行组织交互，如何规避或处理交互中可能的弊端思维都对 LLM-MA 的发展有很深刻的借鉴意义。

人机结合角色的挑战：上述挑战大都是从技术角度进行分析的，那么有一个最大的挑战是，人该何去何从？在飞速发展的大模型时代，AlphaGo 战胜了人类、ChatGPT 可以进行多模态对话、Sora 试图理解世界、模拟世界等。钱学森先生认为未来的人工智能工作是人机结合的一项"大成智慧"工程！"我们一旦进入这样的人工智能世界，人类也跟着改造了，将会出现一个'新人类'，不只是人，而是人机结合的'新人类'。"那么如何从机器对人的智能增强角度利用超大规模数据计算与推理提升人的洞察和思维能力，已成为研究学者要思考的问题。

主要参考文献

[1] 戴汝为 . 钱学森对系统科学、思维科学的重大贡献 [J]. 交通运输系统工程与信息 , 2002, 2(3): 1-3, 32.

[2] 冯国瑞 . 钱学森关于思维科学的构想 [J]. 西安交通大学学报 (社会科学版), 2011, 31(6): 26-33.

[3] 戴汝为 , 王珏 . 关于智能系统的综合集成 [J]. 科学通报 , 1993, 38(14): 1249-1256.

[4] 李耀东 , 崔霞 , 戴汝为 . 综合集成研讨厅的理论框架、设计与实现 [J]. 复杂系统与复杂性科学 , 2004, 1(1): 27-32.

[5] 李耀东 . 综合集成研讨厅设计与实现中的若干问题研究 [D]. 北京 : 中国科学院自动化研究所 , 2003.

[6] SOREANGSEY K, SAMEDI H, YVES W, et al.Using an ontology for systematic practice adoption in agile methods: Expert system and practitioners-based validation[J]. Expert Systems With Applications, 2022, 195.

[7] MOHAMMED A A, AMBAK K, MOSA A M, et al. Expert system in engineering transportation: A review[J]. Journal of Engineering Science and Technology, 2019, 14(1): 229-252.

[8] YURIN A Y, DORODNYKH N O, NIKOLAYCHUK O A, et al. Designing rule-based expert systems with the aid of the model - driven development approach[J]. expert systems, 2018, 35(5): e12291.

[9] RAJABI M, HOSSANI S, DEHGHANI F. A literature review on current approaches and applications of fuzzy expert systems.[J].CoRR, 2019, abs/1909. 08794.

[10] MUHAMMAD L J, GARBA E J, OYE N D, et al. Fuzzy rule-driven data mining framework for knowledge acquisition for expert system[M]// Translational bioinformatics in healthcare and medicine. Academic Press, 2021: 201-214.

[11] RAHMAN A, SLAMET C, DARMALAKSANA W, et al. Expert system for deciding a solution of mechanical failure in a car using case-based reasoning[C]//IOP Conference Series: Materials Science and Engineering. IOP Publishing, 2018, 288(1): 012011.

[12] 杨兴, 朱大奇, 桑庆兵. 专家系统研究现状与展望 [J]. 计算机应用研究, 2007, 24(5): 4-9.

[13] ZHOU Z J, HU G Y, HU C H, et al. A survey of belief rule-base expert system[J]. IEEE Transactions on Systems, Man, and Cybernetics: Systems, 2019, 51(8): 4944-4958.

[14] 王瑞通. 基于框架知识结构的专家系统设计与实现 [D]. 江苏: 南京邮电大学, 2017.

[15] DO N V, NGUYEN H D, Selamat A. Knowledge-based model of expert systems using rela-model[J]. International Journal of Software Engineering and Knowledge Engineering, 2018, 28(08): 1047-1090.

[16] LIAO S H.Expert system methodologies and applications: A decade review from 1995 to 2004[J].Expert Systems with Applications. 2005, 28(1)：93-103.

[17] SHIUE W, LI S T, CHEN K J. A frame knowledge system for managing financial decision knowledge[J]. Expert Systems with Applications, 2008, 35(3): 1068-1079.

[18] NEVES L P, DIAS L C, ANTUNES C H, et al. Structuring an MCDA model using SSM：A case study in energy efficiency[J]. European Journal of Operational Research, 2009, 199(3)：834-845.

[19] CHOU J S. Generalized linear model-based expert system for estimating the cost of transportation projects[J].Expert Systems with Applications, 2009, 36(3): 4253-4267.

[20] 张煜东, 吴乐南, 韦耿. 基于粒子群神经网络的细胞图像分割方法 [J]. 电子测量与仪器学报, 2009, 23(7): 56-62.

[21] 张煜东, 吴乐南, 韦耿. 神经网络泛化增强技术研究 [J]. 科学技术与工程,

2009, 9(17): 4997-5002.

[22] 张煜东, 吴乐南, 吴含前. 工程优化问题中神经网络与进化算法的比较 [J]. 计算机工程与应用, 2009, 45(3): 1-6.

[23] MOON U C, LEE S C, LEE K Y. An adaptive dynamic matrix control of a boiler-turbine system using fuzzy inference[M]// An Adaptive Dynamic Matrix Control of a Boiler-Turbine System. 2008: 11984-11989.

[24] PYSHKIN E, KUZNETSOV A. Approach to building a web-based expert system interface and its application for software provisioning in clouds[C]// Computer Science and Information Systems. IEEE, 2015: 343-354.

[25] JOSEPH A T. Evaluation of ProKappa[J]. Expert Systems, 2007, 8(2): 119-127.

[26] LI P, MAO K. Knowledge-oriented convolutional neural network for causal relation extraction from natural language texts[J]. Expert Systems with Applications, 2019, 115: 512-523.

[27] HOSSEINI S, IVANOV D. Bayesian networks for supply chain risk, resilience and ripple effect analysis: A literature review[J]. Expert systems with applications, 2020, 161: 113649.

[28] 崔霞. 基于 WWW 的综合集成研讨厅体系的模型研究 [D]. 北京: 中国科学院自动化研究所, 2003.

[29] 崔霞, 李耀东, 戴汝为. HWME 中基于学习型组织的专家有效互动对话模型 [J]. 管理科学学报, 2004, 7(2): 80-87.

[30] 张宁, 袁勤俭. 用户视角下的学术社交网络信息质量影响因素研究: 基于扎根理论方法 [J]. 图书情报知识, 2018 (5): 105-113.

[31] LI Y, SHANG H. Service quality, perceived value, and citizens' continuous-use intention regarding e-government: Empirical evidence from China[J]. Information & Management, 2020, 57(3): 103197.

[32] WEN L, FU D, LI X, et al. Dilu: A knowledge-driven approach to autonomous driving with large language models[J]. arXiv preprint arXiv: 2309.16292,

2023.

[33] SOHAIL A, CHEEMA M A, ALI M E, et al. Data-driven approaches for road safety: A comprehensive systematic literature review[J]. Safety science, 2023, 158: 105949.

[34] ZHANG Z, CHEN C, LIU B, et al. Unifying the perspectives of nlp and software engineering: A survey on language models for code[J]. arXiv preprint arXiv: 2311.07989, 2023.

[35] YAO S, ZHAO J, YU D, et al. React: Synergizing reasoning and acting in language models[J]. arXiv preprint arXiv: 2210.03629, 2022.

[36] SHINN N, CASSANO F, LABASH B, et al. Reflexion: Language Agents with Verbal Reinforcement Learning.(2023)[J]. arXiv preprint cs.AI/2303.11366, 2023.

[37] LIU H, SFERRAZZA C, ABBEEL P. Chain of hindsight aligns language models with feedback[J]. arXiv preprint arXiv: 2302.02676, 2023.

[38] ZHUGE M, LIU H, FACCIO F, et al. Mindstorms in natural language-based societies of mind[J]. arXiv preprint arXiv: 2305.17066, 2023.

[39] LIU Z, ZHANG Y, LI P, et al. Dynamic llm-agent network: An llm-agent collaboration framework with agent team optimization[J]. arXiv preprint arXiv: 2310.02170, 2023.

[40] JINXIN S, JIABAO Z, YILEI W, et al. Cgmi: Configurable general multi-agent interaction framework[J]. arXiv preprint arXiv: 2308.12503, 2023.

[41] ZHU X, CHEN Y, TIAN H, et al. Ghost in the minecraft: Generally capable agents for open-world enviroments via large language models with text-based knowledge and memory[J]. arXiv preprint arXiv: 2305.17144, 2023.

[42] ZHANG H, DU W, SHAN J, et al. Building cooperative embodied agents modularly with large language models[J]. arXiv preprint arXiv: 2307.02485, 2023.

[43] LIU Z, YAO W, ZHANG J, et al. AgentLite: A Lightweight Library for

Building and Advancing Task-Oriented LLM Agent System[J]. arXiv preprint arXiv: 2402.15538, 2024.

[44] LI G, HAMMOUD H, ITANI H, et al. Camel: Communicative agents for "mind" exploration of large language model society[J]. Advances in Neural Information Processing Systems, 2024, 36.

[45] HONG S, ZHENG X, CHEN J, et al. Metagpt: Meta programming for multi-agent collaborative framework[J]. arXiv preprint arXiv: 2308.00352, 2023.

[46] LI Y, ZHANG Y, SUN L. Metaagents: Simulating interactions of human behaviors for llm-based task-oriented coordination via collaborative generative agents[J]. arXiv preprint arXiv: 2310.06500, 2023.

[47] CHEN W, SU Y, ZUO J, et al. Agentverse: Facilitating multi-agent collaboration and exploring emergent behaviors in agents[J]. arXiv preprint arXiv: 2308.10848, 2023.

[48] WU Q, BANSAL G, ZHANG J, et al. Autogen: Enabling next-gen llm applications via multi-agent conversation framework[J]. arXiv preprint arXiv: 2308.08155, 2023.

[49] DU Y, LI S, TORRALBA A, et al. Improving factuality and reasoning in language models through multiagent debate[J]. arXiv preprint arXiv: 2305.14325, 2023.

[50] XIONG K, DING X, CAO Y, et al. Examining inter-consistency of large language models collaboration: An in-depth analysis via debate[C]//The 2023 Conference on Empirical Methods in Natural Language Processing. 2023.

[51] XIONG K, DING X, CAO Y, et al. Examining inter-consistency of large language models collaboration: An in-depth analysis via debate[C]//The 2023 Conference on Empirical Methods in Natural Language Processing. 2023.

[52] XI Z, CHEN W, GUO X, et al. The rise and potential of large language model based agents: A survey[J]. arXiv preprint arXiv: 2309.07864, 2023.

[53] YAO S, ZHAO J, YU D, et al. React: Synergizing reasoning and acting in

language models[J]. arXiv preprint arXiv: 2210.03629, 2022.

[54] KROON A, WELBERS K, TRILLING D, et al. Advancing Automated Content Analysis for a New Era of Media Effects Research: The Key Role of Transfer Learning[J]. Communication Methods and Measures, 2023: 1-21.

[55] WANG C, LIU X, YUE Y, et al. Survey on factuality in large language models: Knowledge, retrieval and domain-specificity[J]. arXiv preprint arXiv: 2310.07521, 2023.

[56] SINGH C, ASKARI A, CARUANA R, et al. Augmenting interpretable models with large language models during training[J]. Nature Communications, 2023, 14(1): 7913.

[57] YAO J Y, NING K P, LIU Z H, et al. Llm lies: Hallucinations are not bugs, but features as adversarial examples[J]. arXiv preprint arXiv: 2310.01469, 2023.

[58] VASWANI A, SHAZEER N, PARMAR N, et al. Attention is all you need[J]. Advances in neural information processing systems, 2017, 30.

[59] GUO T, CHEN X, WANG Y, et al. Large language model based multi-agents: A survey of progress and challenges[J]. arXiv preprint arXiv: 2402.01680, 2024.

[60] Hong S, Zheng X, Chen J, et al. Metagpt: Meta programming for multi-agent collaborative framework[J]. arXiv preprint arXiv: 2308.00352, 2023.

[61] XUE F, ZHENG Z, FU Y, et al. Openmoe: An early effort on open mixture-of-experts language models[J]. arXiv preprint arXiv: 2402.01739, 2024.

[62] NGUYEN H D, CHAMROUKHI F. Practical and theoretical aspects of mixture-of-experts modeling: An overview[J]. Wiley Interdisciplinary Reviews: Data Mining and Knowledge Discovery, 2018, 8(4): e1246.

[63] MA J, ZHAO Z, YI X, et al. Modeling task relationships in multi-task learning with multi-gate mixture-of-experts[C]//Proceedings of the 24th ACM SIGKDD international conference on knowledge discovery & data mining. 2018: 1930-1939.

[64] 戴汝为 . 人－机结合的智能工程系统：处理开放的复杂巨系统的可操作平台 [J]. 模式识别与人工智能 , 2004, 17(3): 257-261.

[65] 戴汝为 , 李耀东 . 基于综合集成的研讨厅体系与系统复杂性 [J]. 复杂系统与复杂性科学 , 2004, 1(4): 1-24.

[66] 郑楠 , 章颂 , 戴汝为 . "人－机结合" 的综合集成研讨体系 [J]. 模式识别与人工智能 , 2022, 35(9): 767-773.

[67] 杨宁芳 . 图尔敏论证逻辑的意义及反思 [J]. 重庆工学院学报 (社会科学版), 2008, (10): 25-28.

[68] VDE OLIVEIRA GABRIEL V, PANISSON A R, BORDINI R H, et al. Reasoning in BDI agents using Toulmin's argumentation model[J]. Theoretical Computer Science, 2020, 805: 76-91.

[69] WARFIELD J N. Five schools of thought about complexity: implications for design and process science[R]. Society for Design and Process Science, Austin, TX (United States), 1996.

[70] WARFIELD J N. Twenty laws of complexity: Science applicable in organizations[J]. Systems Research and Behavioral Science: The Official Journal of the International Federation for Systems Research, 1999, 16(1): 3-40.

[71] WARFIELD J N. 1997 Essays on Complexity. George Mason University, 1997.

[72] WARFIELD J N. Spreadthink: Explaining Ineffective Groups. System Research, 1995, 12(1): 5-14.

[73] 戴汝为 . 组织管理的途径与复杂性探讨 [J]. 科学 , 1998, 50(6): 8-12.

[74] DEGROOT M H. Reaching a consensus[J]. Journal of the American Statistical Association, 1974, 69(345): 118-121.

[75] TANG M, LIAO H. From conventional group decision making to large-scale group decision making: What are the challenges and how to meet them in big data era? A state-of-the-art survey[J].Omega, 2019, 100(prepublish): 102141.

[76] ZHANG H, DONG Y, CHICLANA F, et al. Consensus efficiency in group decision making: A comprehensive comparative study and its optimal design[J]. European Journal of Operational Research, 2019, 275(2): 580-598.

[77] LIAO H, WU X. DNMA: A double normalization-based multiple aggregation method for multi-expert multi-criteria decision making[J].Omega, 2020, 94(prepublish): 102058.

[78] HENDIANI S, JIANG L, SHARIFI E, et al. Multi-expert multi-criteria decision making based on the likelihoods of interval type-2 trapezoidal fuzzy preference relations[J]. International Journal of Machine Learning and Cybernetics, 2020, 11(12): 2719-2741.

[79] HEGSELMANN R, KRAUSE U. Opinion dynamics and bounded confidence models, analysis, and simulation [J]. Journal of Artificial Societies and Social Simulation, 2002, 5 (3): 1 - 33.

[80] WEISBUCH G, DEFFUANT G, AMBLARD F. Meet, discuss, and segregate [J] . Complexity, 2002, 7 (3): 55-63.

[81] 王长春, 陈俊良, 陈超. 战争设计工程中专家思维收敛过程的建模与分析 [J]. 国防科技大学学报, 2012, 34(3): 74-79.

[82] 王丹力, 戴汝为. 综合集成研讨厅体系中专家群体行为的规范 [J]. 管理科学学报, 2001, (2): 1-6.

[83] 王丹力, 戴汝为. 专家群体思维收敛的研究 [J]. 管理科学学报, 2002(2): 1-5.

[84] 郭小哲, 葛家理. 专家群体思维中分歧专家的确定与处理 [J]. 复杂系统与复杂性科学, 2007, (1): 1-5.

第7章
机器体系

以计算机软件、硬件和网络等现代信息技术的集成与融合所构成的机器体系，是研讨厅的重要组成部分。随着技术的发展，现代软件系统可以处理更加复杂的任务和数据，为综合集成研讨厅提供了强大的支持。新一代程序设计方法和编程语言的出现提高了软件系统的智能性和灵活性。算法的发展赋予计算机定性和定量判断的功能，如机器学习和深度学习等人工智能方法的应用。建模与仿真通过对数据规律进行验证，预测系统发展趋势。综合集成法指导机器体系的设计，使其具有更强的动态支持能力，实现人机交互的和谐工作状态。随着信息技术和算法的不断发展，机器体系结构不断进化，功能不断增强，人机结合处理复杂问题的能力也不断提升。本章将从机器体系的概念入手，介绍机器体系及其发展历程，并讨论机器体系中的关键技术，以及机器体系在大模型时代下的发展。

7.1 机器体系的概念与范畴

7.1.1 机器体系概述

机器体系由包括计算机、平板电脑和手机在内的各种计算与存储设备、内部网络设备及运行于二者之上的各种软件组成。大体可划分为服务器和终端两类，前者又包括计算服务器、存储服务器和网络服务器等，其中计算服务器是核心，各种领域软件、建模仿真软件和人工智能软件都运行在计算服务器之上，是计算机智能最重要的体现。与此同时，综合集成研讨厅也会引入大量外部服务，通过个人计算机和平板电脑等终端进行访问，它们也是计算机智能的重要组成部分。

在计算、存储与网络方面，随着计算能力的不断提升，现代软件系统能够处理更加复杂的任务和数据，为综合集成研讨厅提供了强大的计算支持。高速、大容量的存储设备使得综合集成研讨厅能够高效地管理和存储海量数据，并保证数据的安全性和可靠性。高速、稳定的网络连接使得各个子系统能够实现快速的信息交换和协同工作，实现综合集成研讨厅的整体协调运行。

在软件方面，新一代程序设计方法以及编程语言不断出现，如面向 Agent 程序设计（agent-oriented programming，AOP），进一步提高了软件系统的智能性、互操作性、灵活性、编程效率以及程序的自动化和智能化水平。基于 AOP 的 Java 编程相比面向对象编程（object-oriented programming，OOP）可以更好地模拟现实世界，在此基础上开发的软件系统，如网络会议系统、资源共享系统、任务协作系统、仿真可视化系统等，提升了专家研讨效率，促进了建模与仿真交互，为建设从定性到定量的综合集成研讨厅体系提供了有效工具。

在算法方面，通过算法将定性的认识赋予计算机，使计算机具备对特定问题进行定性和定量判断的功能，辅助人们洞察难以发现的规律和知识。近年来，以机器学习及深度学习为代表的人工智能方法，在基础知识的定性到定量计算研究上有较大的进展，为人（以定性思维为主）与机器（以定量计算为主）之间的信息交互与融合提供了有效的手段，提升了求解复杂系统问题的性能。

在建模与仿真方面，在计算机上通过建模与仿真对相关数据规律进行验证，来证明和验证专家的经验性假设与判断是否正确，对系统发展趋势进行预测。虚拟现实、数字孪生、平行系统及元宇宙等新兴仿真技术的发展，为建设从定性到定量的综合集成研讨厅体系提供了有效手段。

在网络环境中，研讨厅作为一个开放系统，需要各种资源基础来支持复杂系统或复杂巨系统的研讨，包括数据和信息资源、知识资源、模型体系、方法与算法体系等。特别是在人机交互过程中，机器体系应具有更强的动态支持能力，如实时建模和模型集成。这样的机器体系和专家体系相结合，形成了"人帮机、机帮人"的和谐工作状态。机器体系不仅是开放系统，同时也是一个动态发展和进化的系统。随着现代信息技术，尤其是以计算机为主的高新技术和算法的迅速发展，不断将新技术和算法集成到机器体系中，使得机器体系结构不断进化，功能不断增强，人机交互能力也日益强大。

7.1.2　机器体系的发展历程

机器体系的发展历程，主要涉及建模与仿真和人工智能及机器学习两方面的演进。建模与仿真是基于模型的活动，通过不断发展的计算机软硬件和算法，实现了从物理模型到数字模型的转变。随着大数据技术的兴起和数据存储能力的提高，基于数据驱动的仿真进一步提高了精度。虚拟现实和人工智能算法的支持也为仿真技术带来了新的形式，为机器体系的深化理解提供了重要手段。人工智能及机器学习领域的发展历程充满了创新和重大突破。从机器学习的概念最早被提出到神经网络、支持向量机等关键算法的诞生，再到深度学习的崛起和大模型时代的到来，机器学习不断演进，取得了革命性的进展。像 Sora 这样的大模型工具更是展示了对复杂现象模拟的惊人能力。机器学习的发展历程反映了从简单模型到复杂网络的演进，以及从理论探索到实际应用的转变。为人与机器之间的信息交互与融合提供了有效的手段。下面将围绕建模与仿真和人工智能及机器学习介绍机器体系的发展历程。

7.1.2.1　建模与仿真

在机器体系中，通过建模与仿真获得定量计算结果是建立综合集成研讨厅的关键。建模与仿真方法的发展历程也体现了计算机软硬件及算法的进步。从模拟计算机到数字计算机，从串行计算到并行计算，随着算力的提升，新兴的仿真技术不断出现。数据存储能力的提高和大数据技术的出现，使基于数据驱动的仿真进一步提高了精度。虚拟现实及人工智能算法的支持，也使仿真技术诞生了新的形式。图 7.1 展示了建模与仿真方法的发展历程。

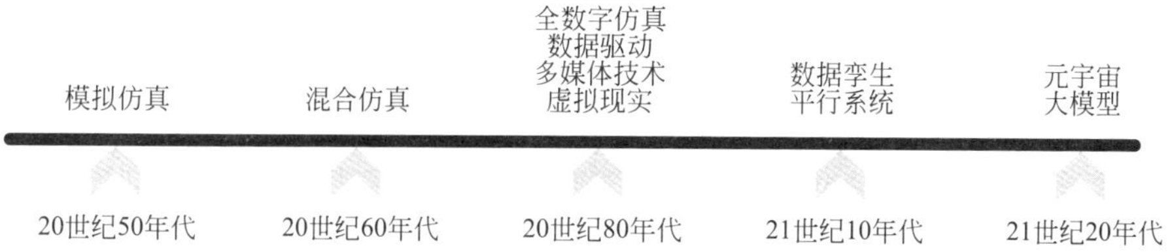

图 7.1　建模与仿真方法发展历程

仿真是指通过模拟现实世界的特定方面或系统来创建一个虚拟的环境或过程。这种虚拟环境可以是计算机模型、物理模型、数学模型或其他形式的模拟，旨在模拟真实情况以便研究、训练、测试或预测特定事件、系统或过程的行为。仿真通常用于多个领域，包括工程、医学、军事、航空航天、经济学等，以帮助人们理解复杂系统、做出决策或改进现有系统。

仿真是基于模型的活动。按照表现形式，模型可以分为物理模型和数字模型。工业革命期间就出现了一些简单的物理模型被用来解决工程问题和优化机械设计。"仿真"一词最早出现在 20 世纪 50 年代，开始于在计算机上运行解算数学模型，由于当时的计算机是模拟计算机，所以又称模拟仿真，主要是根据仿真系统的数学模型，利用仿真电路进行实验性研究。

随着数字计算机迅速发展和广泛普及，系统仿真的主要工具逐步由模拟机转向数字机，出现了在数字计算机上运行数学模型的数字仿真。但是，传统的数字机对信息进行串行处理，难以满足大规模复杂系统对仿真时限的要求。

为了解决这个问题，在 60 年代后，混合仿真技术通过合理地分配任务和恰当地选择帧速，在模拟计算机和数字计算机之间交互执行，进一步提高了仿真精度和速度。

80 年代后，随着计算机技术的迅速发展，数字仿真得益于计算机性能的提升，已经逐步取代模拟仿真和混合仿真技术。全数字并行仿真计算机的出现使数字仿真成为计算机仿真的主流技术。大数据的发展，使得基于数据驱动的仿真成为仿真发展的一大趋势。当仿真对象的机理不清楚、复杂度高、没有可行的模型时，相较于传统仿真，基于数据驱动的仿真能够提高仿真的精度，提升仿真的分析与预测能力。同时，基于数据驱动的仿真系统可以动态控制真实系统，使得仿真系统与真实系统之间相互影响。

这一时期，可视仿真技术在视听体验上也取得了进一步的发展。多媒体仿真技术利用不同的媒体形式描述不同性质的模型信息，构建反映系统内在运动规律和外在表现形式的多媒体模型，使人与计算机的交互手段更加丰富。但是只有视听体验是不够的，为了追求身临其境的感觉，虚拟现实（virtual reality，VR）的出现给人们带来更多感官信息。虚拟仿真技术可以在计算机中描述和建立客观世界中的客观事物以及它们之间的关系，使人们可以在从定性和定量综合集成的虚拟环境中获得对客观世界中事物的感性和理性认识。

近年来，随着智能化时代的发展，数字孪生和平行系统仿真技术为实现社会、物理、信息域深度融合提供了有效的解决方案，成为智能制造和复杂系统管理与控制领域的研究热点。数字孪生与平行系统的产生和发展与先进传感采集、仿真、高性能计算、智能算法等技术的发展密不可分。它们的核心目标可以概括为"虚实融合，以虚控实"。数字孪生的核心思想是基于预测控制的"牛顿定律"，仅为物理实体被动、镜像式的反映。而平行系统则以引导型的"默顿定律"控制和优化系统，能够主动引导实际系统演进。虽然数字孪生技术可以借助虚拟实体来控制和提升物理实体，虚拟实体也可以随物理实体的状态变化而变化，但是虚拟世界和现实世界相对独立，并不能同时出现在同一画面当中，为了进一步促进虚拟世界与现实世界的交流互动，在网络空间爆炸式增长与扩展现实设备的快速发展下，元宇宙应运而生。

元宇宙将物理世界扩展到虚拟世界，通过对现实世界进行建模，不仅仅旨在模拟现实，同时希望虚拟世界能够为人类带来全新的体验。在这个虚拟世界中，人们可以超越空间的限制，实现便捷的互联，拓展了我们对世界的描述能力和手段。目前，由于诸多底层技术缺乏成熟研究基础，距离元宇宙的成熟应用还有很大的探索空间。但是，随着大模型时代的到来，人工智能创作内容成为热点。例如，文生视频大模型 Sora 能够深度模拟现实世界，可生成包含物理规则的复杂场景，展示了人工智能理解真实世界场景并与之互动的能力。这为元宇宙以及其他仿真技术的发展提供了重要支撑和全新的可能性。

7.1.2.2　人工智能与机器学习

人工智能的发展历程是一段充满创新和重大突破的历史，如图 7.2 所示。其中关键性技术机器学习的概念最早可以追溯到 20 世纪 50 年代，阿兰·图灵在 1950 年的"图灵测试"中提到了机器学习的可能。以及 Arthur Samuel 的下棋程序，是最早的自学习程序之一，推翻了以往"机器无法超越人类，不能像人一样写代码和学习"这一传统认识。Arthur Samuel 对机器学习的定义是：不需要确定性编程就可以赋予机器某项技能的研究领域。随后，Rosen Blatter 提出了基于神经感知科学背景的模型——感知机，这是一种二元线性分类模型，模拟了人脑的运作方式，通过接收多个输入信号，并根据一定的权重赋值和阈值判定来产生输出。感知机作为早期的神经网络模型在解决简单问题上具有一定的优势，但在处理复杂、非线性的问题时存在明显的局限性，造成了人工神经网络发展的长年停滞及低潮。此时，基于逻辑表示的符号主义代表着早期 AI 发展的主流。

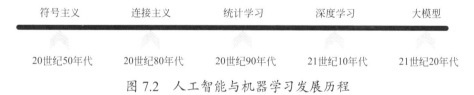

图 7.2　人工智能与机器学习发展历程

符号主义的核心思想是通过使用逻辑和符号来模拟人类的思维与推理过程。逻辑推理使用数理逻辑的形式化推理规则来解决问题，通过规定符号和它们之间的关系，以及定义逻辑规则和推理机制来进行逻辑推理与证明。符号主义认为，人类智能可以被模拟和复制，如专家系统是应用符号主义思想的一种人工智能系统，旨在模拟人类专家在特定领域的决策和解决问题的能力，通过使用领域专家的知识和规则来解决特定领域的问题。

20 世纪 70 年代，反向传播（back propagation，BP）算法的雏形以"逆模式自动微分"的名义被提出，通过构建计算图，在前向计算过程中同时记录计算节点的导数信息，然后在后向计算阶段按照链式法则从输出节点到输入节点反向传播梯度，但该算法在当时没有引起足够的重视。直到 1981 年，

Paul J. Werbos 基于 BP 算法提出了多层感知器模型，BP 算法才重新在学术界和业界被重视。多层感知机由多层神经元组成，每个神经元接收来自前一层神经元的输入，并经过加权求和以及激活函数进行非线性变换，从而使得多层感知机可以学习复杂的非线性关系，解决了线性模型无法解决的异或问题，加速了神经网络的相关研究，基于神经网络连接主义学习成为主流。也是在这段时期，著名的机器学习算法——决策树被提出，它通过构建树状结构来进行决策和预测，其规划简单，推理清晰，可以找到更多的实际案例，具备可解释性，这与神经网络黑箱模型正好相反。

20 世纪 90 年代，统计学习的代表性技术支持向量机（support vector machine，SVM）的出现使机器学习领域取得了重要突破，该算法具有非常强的理论基础和实验结果。其主要思想是寻找一个超平面来最大化两个类别之间的间隔，使超平面能够正确地将不同类别的样本分开。由于支持向量机是针对二分类任务设计的，在数据挖掘等需要解决多分类问题中的效果不理想，对多分类任务要进行专门的推广。在此期间，机器学习研究也分为两大流派：神经网络和支持向量机。2000 年前后，为了解决线性不可分问题，带核函数的支持向量机被提出，通过核函数将输入特征映射到更高维的特征空间，使得样本在高维空间中线性可分。这使支持向量机在许多以前由神经网络占据主导的任务上取得了更好的性能。凸优化、广义边际理论和核函数的知识基础优势，为支持向量机赋予了在分类和回归问题上优秀的性能与泛化能力。

进入 21 世纪后，随着 Geoffrey Hinto 发表的论文 *Reducing the Dimensionality of Data with Neural Networks* 引出了深层神经网络，把神经网络重新拉回人们视线中，深度学习登上了舞台。随后，Alex Krizhevsky、Ilya Sutskever 和 Geoffrey Hinton 在 2012 年提出了深度卷积神经网络架构——AlexNet，并在当时的 ImageNet 大规模视觉识别挑战赛中获得了冠军。AlexNet 的横空出世首次证明了学习到的特征可以超越手工设计的特征，一举打破了计算机视觉的研究现状，极大地推动了深度学习的发展。

相比 AlexNet，牛津大学的视觉几何组在 2014 年提出的视觉几何组（visual geometry group，VGG）模型使用了更深的网络结构，证明了增加网络深度能够在一定程度上影响网络性能。同年，谷歌团队提出了 GoogLeNet，它的核心是引入了 Inception 模块，通过并行多个不同大小的卷积核和池化操作，来捕获不同尺度下的特征，提高了特征的表示能力，降低了模型复杂度。但是，随着网络深度的增加，出现了网络性能会先提高然后饱和，最终下降的问题，称为退化问题。于是，微软研究院的何恺明等人在2015年提出残差网络(residual network，ResNet)，它的核心是引入了"残差学习"(residual learning)的概念，以解决深度学习模型训练过程中的退化问题。随着研究人员不断发表相关研究成果，在学术界和工业界掀起了一股深度学习的浪潮，开启了深度学习新纪元。

深度学习在图像识别、语音识别和自然语言处理等任务上取得了革命性的进展。2017年，谷歌颠覆性地提出了基于自注意力机制的神经网络结构——Transformer 架构，奠定了大模型预训练算法架构的基础。2018年，谷歌又提出了预训练语言模型(bidirectional encoder representations from transformers，BERT)，它通过无监督的预训练和双向编码的方式，使模型能够从上下文中理解单词和短语的含义，学习到丰富的语言表示，成为自然语言处理领域的标杆模型。同年，OpenAI 推出了生成式预训练转换器(generative pre-trained transformer，GPT)系列模型，GPT 是一种大规模预训练语言模型，它能够自行生成连贯且适当的上下文文本，进一步推动了大语言模型的发展。2020年，OpenAI 推出了 GPT-3，模型参数规模达到了 1750 亿，成为当时参数规模最大的语言模型。2022年，搭载了 GPT3.5 的 ChatGPT 横空出世，引起了社会的广泛关注。ChatGPT 是基于 GPT 架构的聊天模型，可以模拟人类对话的方式，回答用户提出的问题、参与对话和提供建议等。2024年 GPT4o 发布，实现了大数据、大算力和强算法的完美结合。

2024年2月，OpenAI 发布了"文生视频"的大模型工具——Sora。全球社交主流媒体平台以及整个世界都再次被震撼。Sora 不仅能够理解和生成复杂的视觉内容，还能够根据文本描述创造出新的视频场景。Sora 之所以能够在从文本到视频的转换过程中呈现出自然且逼真的效果，主要得益于其大规模数据训练和涌现能力。在海量数据的支持下，Sora 不仅能够学习到物体的形态、运动和交互方式，还能够自动学习到一些自然现象和规律，如水的流动、光线的折射等，使得其生成的视频符合常识且真假难辨。

机器学习的发展历程反映了从简单模型到复杂网络的演进，以及从理论探索到实际应用的转变。随着大模型技术的出现，机器对复杂系统的理解和模拟得到了进一步提升，机器体系将继续发展和演化，为人与机器之间的信息交互与融合提供有效的手段。

7.2 机器体系的关键技术

机器体系需要通过建模、仿真和实践反馈获得新经验，然后通过专家体系分析、讨论和判断。具体而言，机器体系整合专家们点点滴滴的定性知识和各方面的资料、数据，选择合适的建模方法，集合智能技术，包括不同的仿真技术、机器学习技术等。本节将以建模与仿真技术、机器学习及深度学习为例，叙述机器体系构建过程中的关键技术。

7.2.1 复杂系统建模方法

从方法论的角度来看，在建立系统模型时，可以采用两种基本的建模途径：①演绎－归纳建模；②分解－联合建模。

演绎－归纳建模可细分为三种建模方式：①演绎建模；②归纳建模；③演绎归纳建模。演绎建模法根据有关系统的一般原理、定律、系统结构和参数的具体信息和数据，进行从一般到特殊的演绎推理和论证，建立面向组分（子系统）的模型。所建立的模型，被称为机理模型或解析模型。演绎建模法适于组分（子系统）为白箱的情况，通常所建立的模型有唯一性。归纳建模法利用对实际系统的输入和输出的观测与统计数据，运用记录或实验资料，进行从特殊到一般的归纳推理和总结，建立系统的外部等效模型。所建立的模型被称为经验模型或外部模型。归纳建模法适于子系统为黑箱的情况，通常所建立的模型不是唯一的。演绎归纳建模法也称混合法。通常，它采用演绎法或专家经验，确定模型类别、维数及结构，然后用归纳法辨识模型参数。

混合法适用于子系统为灰箱的情况。

分解－联合建模适于简单大系统建模。采用的方法是：首先，将系统分解为若干个子系统。其次，不计各子系统间的关联，分别用演绎、归纳法建立各子系统的模型，有的文献称之为分解建模。最后，建立各子系统间的关系模型，利用该关系模型将各子系统有机地组装起来，形成系统的总模型。这种建模方法也称为结构建模法。

上述方法主要针对简单系统建模，下面介绍几种复杂系统建模的常见方法。

（1）基于主体的模型（agent-based model，ABM）是一种用于模拟自主主体或集体实体的行为和交互，以评估它们对整个系统的影响的计算模型。它可以模拟多个主体的同时操作和相互作用，以尝试重新创建和预测复杂现象的出现。一般用于复杂系统的推演与模拟，以刻画从微观主体决策和互动到宏观系统动态的涌现机理。但是，宏观层面的 ABM 往往计算量很大。因此，在主体的复杂性和模拟规模之间必须做出权衡。多主体建模的根源至少可以追溯到 20 世纪 40 年代，当时，艾伦·图灵利用单机的交互式软件建模物理学和生物学中的复杂行为。由于需要大量计算，发展浪潮从 20 世纪 90 年代中期才开始，ABM 目前已被广泛运用于社会学、城市规划、公共卫生和经济学等领域的研究中。

在社会学领域，有一个早期的成功案例是"寻找糖"（Sugarscape），该案例由弗吉尼亚州费尔法克斯的经济学家 Robert Axtell 和纽约大学的 Joshua Epstein 共同开发。他们的目标是在普通的台式电脑上模拟社会现象，所以他们将基于多主体的模型简化成了最基本的形式：一组简单的主体围绕一个网格移动，寻找"糖"——一种在某些地方很丰富、在另一些地方很稀缺的食品类资源。尽管这个模型很简单，但是却产生了令人惊讶的复杂的群体行为，如迁移、战斗和邻居隔离。

在城市规划领域，20 世纪 90 年代的多主体模拟发展的一个里程碑是交通分析和模拟系统（Transims），这是一种基于多主体的交通模型，由 Barrett 等在新墨西哥州的洛斯阿拉莫斯国家实验室（Los Alamos National Laboratory in New Mexico）开发。传统的交通模型使用方程组将大量移动的车辆作为一种流体来描述，往往基于简化的线性假设，难以准确模拟复杂的非线性交通行为和非理性决策。与传统的交通模型不同，Transims模型将每辆车和每个司机作为单独的穿过一个城市公路网的主体。不仅可以模拟车辆和行人在网络中的运行和交互，也可以模拟城市居民的出行行为。当应用到现实城市中的道路网络时，Transims相比传统模型可以更好地处理复杂的交通流动性和预测需求。如今，受Transims启发的多主体仿真模型已成为交通规划中的标准工具。

在公共卫生领域，传统的传染病模型采用相对简单的方程组来估计传染病的暴发。该方法将人们分成几类，如易感染的、感染性的和免疫的。同时假设这几种类别的人在受影响的地区相互保持联系。但是，模型中的假设可能不符合所有传染病的特点，且忽略了个体行为差异。所以在面对复杂的现实场景和变化快速的传染病时，传统模型的预测能力有时会受到限制。如今，传染病学家越来越多转向采用ABM来模拟主体之间的交互和传染病的传播过程。这样能够将方程组为基础的模型所忽略的因素考虑在内，如地理、交通网络、家庭结构和行为改变，这些都可以强烈影响疾病传播的方式。同时，ABM能够根据新的数据和信息动态调整模型，在面对新的疾病变种或不同的干预措施时表现得更为灵活和准确，更适用于复杂和动态变化的传播环境。

在经济学领域，多主体仿真模型可以成为理解全球贫困的有力工具。华盛顿特区世界银行的经济学家斯特凡·海利贾特（Stéphane Hallegatte）曾说，如果你看到的只是标准的经济指标，比如国内生产总值（GDP）和总收入，那么在大多数国家你只能看到富人，因为穷人的钱太少，他们几乎没有被算在国内生产总值这样的指标里。为了更好地理解全球贫困，Hallegatte和他的同事们正在考虑考察单个家庭。他的研究小组建立了多主体仿真模型，其中的主体代表全球140万个家庭，大约每个国家10 000个。他们考察气候变化和灾害将会如何影响健康、食物安全和劳动生产力。该模型估计了风暴或干旱会如何影响农民的作物产量和市场价格，或者地震如何通过摧毁工人的汽车、道路甚至工厂，来降低他们的收入。该模型表明了一些显而易见的事情：穷人比富人在灾害和气候变化面前更加脆弱。但是Hallegatte的团队还发现了非常可观的差异性。例如，如果在一个特定的国家，穷人大多数是农民，当全球食品价格上涨时，他们可能实际上会受益于气候变化。但是如果这个国家的穷人大多数都集聚在城市，食品价格上涨可能会导致他们的利益受损。

（2）元胞自动机（cellular automata，CA）是 20 世纪 50 年代初由计算机科学家冯·诺依曼为了模拟智能系统的自复制功能而提出来的，是实现复杂系统基于机制演化的另一种经典方法。元胞自动机是一种时间、空间、状态都离散，空间相互作用和时间因果关系为局部的网格动力学模型，具有强大的空间建模、运算和模拟复杂系统时空演化过程的能力。从 20 世纪 90 年代开始，元胞自动机就被广泛应用于土地利用及地貌演化、城市增长及扩散等地理模拟诸多应用领域。

CA 在地理模拟中最典型的应用就是模拟城市发展，为城市规划提供科学依据。CA 的基本研究对象是元胞，元胞可以定义为特定空间分辨率的格网，因此能十分自然地与相应空间分辨率的遥感影像分类结果结合起来。CA 强大的建模能力能模拟出与实际非常接近的结果，已被越来越多地运用到城市扩张模拟中。而最常用的城市模拟内容是土地利用变化模拟，CA 可以模拟多种土地利用类型间的转变，进而为科学合理的土地利用规划服务。

在土地利用研究中，元胞空间代表所有类型土地的集合，每个元胞有各自的属性（即土地利用类型），每个元胞在下一时刻的状态由该元胞当前状态、其邻域内元胞状态和转换规则共同决定。然而由于土地系统的高度复杂性以及影响因子的多样性，元胞转换规则是该模型设计中的最大难点，常用的模拟土地利用变化的地理元胞自动机方法有 ANN-CA 及 PCA-CA 等。

此外，元胞自动机在其他地学相关领域也有广泛的应用，如交通仿真模拟可以用于交通拥堵等问题的分析，森林火灾模拟为有效防治林火灾害提供科学理论依据，还有其他如山体滑坡、泥石流、火山岩溶流等自然灾害的模拟也都具有较大的理论价值。越来越多的研究和应用成果都证明了基于元胞自动机的地理模拟有着广阔的研究前景和重要的实践意义。

（3）数据驱动的复杂系统建模是利用数据和信息来对复杂系统行为、关系和特征进行建模的方法。过去，人们为了研究复杂系统，往往通过经验、人工构建模型等方法，包括智能游戏、Boid 模型、SIR 病毒传播模型、偏好依附网络增长模型、匹配生长模型、人工股市模型，等等。

这些人工模型有其独特的优点。首先，模型往往非常简洁，如 Boid 模型，通过简单的三条规则就能模拟出鸟群看似复杂的行为；其次，人工模型通常会参考科学家的经验，非常具有洞察性，使其更能够抓住事物的本质，如小世界模型、无标度模型都描述了网络的本质特征；另外，简洁的模型非常便于理论分析，也不需要很强的算力就能执行。

但人工模型有其很强的局限性。首先它太过简单，以至于很难解释更多的复杂现象，也很难与真实数据做拟合，预测的精度也较低。比如，人工股票市场，虽然它构建了一套机制，使得整个系统能够与真实股票涨落趋势非常接近，但实际上，这套机制与真实市场中的个体行为是完全无关的，所以不能用来做真实预测。其次，人工模型的构建与否和建模者的个人经验非常相关，它没有统一的建模规则，非常依赖建模者的能力和启发性思考。如何对复杂系统进行自动建模，这是一个迫切的需求。

随着大数据的积累和人工智能的发展，特别是深度学习技术的发展，我们可以通过数据驱动的方式，利用深度学习算法来自动构建复杂系统的模型。我们可以根据获取到的复杂系统的观测数据，利用 AI 系统构建模型，从而捕获到复杂系统内部的规则。这样，我们就能够对真实的复杂系统做出预测，甚至是控制。复杂系统自动建模这一领域划分成了 5 个阶段。

①基于循环神经网络的模型：复杂系统的行为数据大多表现为时间序列，而循环神经网络利用循环连接将前一时刻的隐状态作为当前时刻的输入，可以捕捉序列中的上下文信息，因此用循环神经网络来自动建模是一个主力方向，其记忆机制可以捕捉到复杂系统的长程关联。

②基于图网络的模型：图神经网络，简称图网络，是近几年发展起来的一种模型。这类模型基于一个给定的图结构，被称为基于关系的偏置先验（inductive bias），学习一种网络节点到连边，连边到节点的映射过程。由于模型将图结构充分利用，适于处理异质化网络，因此系统的准确度可以大大提高。图网络特别适合对复杂系统进行自动建模。

③基于神经微分方程求解的方法：ResNet 是一种深度卷积神经网络架构，它通过引入残差块实现深度网络中的跨层连接，从而使得网络更容易优化，也使网络越来越深。为了避免复杂且大量重复的反向传播过程，可以将 ResNet 拓展为一种微分方程的形式。于是，ResNet 变成了无穷深的网络，而神经网络的训练问题也转变为了微分方程的求解问题。

④图结构与动力学一起学习：复杂系统中的连边往往代表的是一种因果关系，因此图结构的学习也就是因果关系的发现。动力学则研究系统随时间的变化和演化规律。当从时间序列中提取出图结构时，可以更清楚地看到系统各个部分之间是如何相互作用的，从而提高系统的可解释性。最后，还可以用丰富的网络科学技术手段来分析获得的这种图结构，从而帮助我们对系统进行更深入的理解。

⑤干预与反事实：著名图灵奖获得者、贝叶斯网络的提出者 Judea Pearl 对于因果关系推理的执着令人印象深刻。他在著作 *Why* 中提出了因果的三重阶梯：关联（association）、干预（intervention）和反事实（counterfactual），分别对应逐级复杂的因果问题。以 Pearl 的标准来看，从数据中挖掘到的相关性仍然处在因果阶梯第一层的关联层。要想继续爬升，则需要对真实世界进行干预，发挥人类主观能动性。再通过"反事实"的问题，构建一个虚拟世界，与现实进行对比，进行反事实推理，最终探求到因果关系。

总结来看，复杂系统的自动建模已经取得了丰硕的成绩。相比传统的人工模型，自动建模的优势在于：可以同时学习网络结构和动力学、具有较高的准确度、可泛化、不强依赖于建模者的先验知识。

7.2.2　复杂系统仿真技术

仿真是建模完成后进行的延续活动，是进行研究和分析的技术手段。它结合计算机科学手段，如计算机图形学，将已建立的模型进行图像化、数值化和程序化处理，从而可以在计算机上看到建模对象的虚拟形态和运行状况。通过仿真技术，可以对实际系统进行模拟分析，改善和指导其规划设计与运作管理。同时，借助统计模拟结果和研究分析，仿真还能提供验证最佳决策的方法和评估模式。根据仿真技术发展的最新趋势，下面介绍几种新兴仿真技术。

7.2.2.1 数字孪生

数字孪生是利用物理模型、传感器数据更新和运行历史等信息，创建了一个包含多个学科、多种物理量、不同时间尺度和多种概率的仿真过程。这个过程可以反映物理系统在整个生命周期中的状态和行为，基本概念模型如图 7.3 所示。数字孪生最初源自 Grieves 教授在 2003 年提出的"镜像空间模型"，该模型涵盖了物理实体、虚拟实体以及二者之间的连接数据和信息的三维模型。然而，由于当时技术水平和认知水平的限制，这一概念并没有得到广泛关注。直到 2010 年，美国国家航空航天局在太空技术路线图中首次引入了数字孪生的概念。

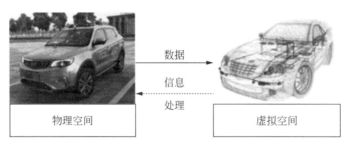

图 7.3 数字孪生概念模型

数字孪生的目标是通过传感数据和高精度仿真等手段建立物理实体的数字镜像，使得对于复杂系统难以用数学模型解析、预测的问题在信息领域变得更加清晰、便于预测和控制。这为实现信息物理系统（cyber physical system, CPS）提供了新的思路、方法和实施途径。随着数字孪生概念逐渐被重视，数字孪生的应用范围也从飞行器运行维护扩展到智慧城市、产品研发、装备制造等多样化场景中。在大模型时代下，将数字孪生和生成式大模型结合起来，可以实现更加智能化和精准化的数字化仿真与预测。通过生成式大模型的强大生成能力，可以为数字孪生系统提供更加生动、细致的数据展示和预测结果，使得决策者能够更好地理解和利用数字孪生模型的输出。

7.2.2.2　平行系统

平行系统是一个将人工系统、计算实验和平行执行紧密集成的复杂系统管理与控制技术体系。通过实际系统和人工系统之间的虚实互动，平行系统对二者的行为进行对比、分析和预测，从而相应地调整实际系统和人工系统的管理与控制方式，实现对实际系统的优化管理与控制、对相关行为和决策的实验与评估，以及对有关人员和系统的学习与培训。

早在 1994 年，王飞跃研究员提出了影子系统的思想，并于 2004 年在《平行系统方法与复杂系统的管理与控制》一文中首次提出了完整的平行系统技术体系。平行系统的核心在于 ACP 方法，其框架如图 7.4 所示，即包含人工系统（Artificial Systems）（A）、计算实验（Computational Experiments）（C）和平行执行（Parallel Execution）（P）。该方法的主要过程是由实际系统的小数据驱动，构建可计算、可重构、可编程的软件定义的对象、流程、关系等，组成软件定义的人工系统（A），以此来建模和表征复杂实际系统；基于人工系统这一"计算实验室"，设计计算实验（C），在人工系统中运行各类场景，生成完备的人工"大数据"，并借助机器学习、数据挖掘等手段，对数据进行分析，求得针对具体场景的最优控制策略；最后，人工系统与实际系统进行虚实互动，通过平行执行（P）引导和管理实际系统，使之不断逼近更优的人工系统，实现自适应优化。

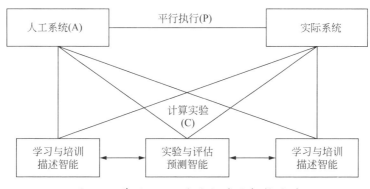

图 7.4　基于 ACP 的平行系统架构体系

经过十余年的发展，平行系统已形成了完整的技术体系，包括平行感知、平行学习、平行区块链、平行控制、平行测试等，产生了包含理论、方法、技术、平台、应用在内的层次化研究框架。在交通、医疗、自动驾驶、军事、化工等众多领域，平行系统获得了广泛应用并取得了良好效果。通过人工系统和实际系统之间的虚实平行交互，平行系统解决了由于社会因素等复杂性导致的实际系统与模型预测之间的"建模鸿沟"问题，为实现社会物理信息系统（cyber physical social system，CPSS）提供了有效方案。

7.2.2.3 元宇宙智能体

元宇宙是一种与物理世界相连的虚拟环境，描述了一种超越现实世界的虚拟空间。脸书首席执行官扎克伯格设想的元宇宙是一个由众多可交互虚拟社区构成的世界，人们可以通过虚拟现实等技术建立全方位和多维度的交互体验，并依赖元宇宙经济系统完成多样化活动。

元宇宙的发展历程可以追溯到1992年尼尔·斯蒂芬森的文学作品《雪崩》。在内容创作方面，虚拟世界的发展经历了多个阶段，包括文本表示的虚拟世界、2D图形化虚拟世界、3D图形化虚拟世界、引入虚拟经济系统的3D虚拟世界以及去中心化虚拟世界。在元宇宙的内容创作方式上，可以分为专业创作内容、用户创作内容和人工智能创作内容。总体上，随着智能科学与技术的发展进步，元宇宙这一"形而上"的哲学概念已逐渐技术化和工程化，成为一种社会物理信息系统，通过连通物理世界、心理世界和人工世界形成虚实交互的平行空间。

既然元宇宙是现实世界和虚拟世界的无缝连接，那么结合人工智能的发展与应用，在元宇宙中注入智能体实现进一步的人机结合将会是一个新的发展趋势。元宇宙智能体的设计初衷并非要模仿真实人类，而是致力于成为人类可控制、合理利用、为现实世界提供服务的人工实体。利用大模型实现基于元宇宙的人机协作。比如，这种协作可以在零风险、低成本的情况下展开医药实验，或者进行高效率、可复现的医疗技术培训等工作。帮助人们在虚拟世界中协同创造、传承和应用现实世界的知识，同时完成现实世界中难以实现的重复性和高效率任务。因此，元宇宙智能体可以被视为一种对现实世界的弥补、映射和超越。它也可以看作是一个人机协作智能系统，既可以控制元宇宙中智能体的逻辑思维，使其与人类协同工作，也可以逐步发展成具有引导机制的智能体。在人类的监督和规范下，元宇宙智能体将不断强化学习，并产生协同效应。虽然元宇宙智能体目前还处于起步阶段，但它未来的应用前景非常广阔。随着数据量的增加，大模型赋能的元宇宙智能体有望学会人类的规范问答模式，并通过特定的评价机制接受引导，创造出新颖的答案反馈。人类引导的训练方法可以利用这一机制，培养出具有处理复杂且未知问题能力的元宇宙智能体。

大模型赋能的元宇宙智能体具有更出色、更快速、成本更低的特点。在这种情况下，元宇宙智能体可以被视为熟悉人类所有既有知识的智能体。除在各行各业中的出色表现以外，大模型赋能的元宇宙智能体可能对现有的社会模式提出挑战，涉及领域包括网络安全和国家安全问题、医药治疗及智能制造。在网络上，存在着偏见、歧视、文化和意识形态等危害性言论，大模型赋能的元宇宙智能体有可能接触到这些不良信息。此外，也可能有人利用不法手段向智能体提出特殊问题。尽管在模板规范阶段有约束，但大模型毕竟不像人类那样真正学会了知识，只是学到了贯穿于知识中的语言搭配模式，因此极有可能被诱导输出帮助犯罪的知识，从而使防范违法犯罪变得更加困难。此外，利用元宇宙智能体加速药物试验、培育数字生命体（例如组织器官），也有可能遭到人为篡改数据，进而导致试验结果不准确，造成更加严重的医疗事故。类似的问题也可能出现在智能制造领域，制造过程中任何一个步骤的错误都会导致无法挽回的成本损失。在与元宇宙智能体相互协作的过程中，也可能泄露工作内容，甚至泄露工作机密。确保交互方式、数据保护和沟通问题不被泄露将会是元宇宙智能体研究的主要核心问题之一。

未来，每个机构或许都需要部署自己的大模型来确保安全，而非共用同一个大模型。然而，这样做可能会带来弊端，即无法充分发挥数据规模效应。因此，在保证数据安全的前提下实现联邦学习将是一个新的挑战。学术界已经针对这个问题提出了 Prophet 框架，即通过在大模型上引入一个可学习的、与任务相关的小模型，更好地激发大模型的潜力。如果这个方法具备普适性，那么它可以简单有效地、经济地解决计算机科学界和社会各界目前担忧的问题，应对面临的挑战。

7.2.3 机器学习算法

机器学习是计算机科学的一个分支，旨在通过从数据中积累经验和计算技能来改进某些性能指标。机器学习适用于解决存在潜在规律但难以编程定义的问题，并且需要有关模式的数据可供学习。其中，存在潜在规律和有关模式的数据是进行机器学习的前提条件，而难以用编程定义则是需要使用机器学习的原因，简单且可通过编程处理的问题通常不需要机器学习，以防止机器学习滥用。机器学习不仅包括各种类型的学习方法，还涉及多种算法、模型、应用场景和挑战。根据学习类型划分，主要包括有监督学习、无监督学习、半监督学习和强化学习等。

7.2.3.1 有监督学习

有监督学习中，训练样本包含输入特征和相应的输出标签，算法的目标是从输入数据中学习到一个模型，以便对新的未标注的数据进行预测或分类。在学习的过程中，人与计算机有机地结合起来，充分发挥各自的优势，复杂的计算与数据处理由计算机完成，而训练样本的标签则需要依靠人的经验来进行标注，靠人来决定所属的类别，这就充分体现出人所起的关键作用。

有监督学习主要应用于分类任务、回归任务和标注任务。学得的模型分为生成模型和判别模型。生成模型表示了给定输入 X 产生输出 Y 的生成关系。经典生成模型有朴素贝叶斯和隐马尔可夫模型。判别模型关心的是对给定的输入 X，应该预测什么样的输出 Y。经典判别模型有 K 近邻、决策树、Logistic 回归、支持向量机和 Adaboost 等。

7.2.3.2 无监督学习

在无监督学习中，训练样本不包含输出标签，算法需要从数据中发现隐藏的模式或结构。无监督学习的优势在于可以自动地探索数据的内在结构，揭示数据之间的潜在关系，通常用于聚类和降维等问题。

在无监督学习中研究最多、应用最广的是聚类。聚类是将样本集合中相似的样本分配到相同的类，不相似的样本分配到不同的类。聚类时，样本通常是欧氏空间中的向量，类别不是指定的，而是从数据中自动发现的，但类别的个数通常是事前指定的。样本之间的相似度或距离由应用来决定。聚类分为硬聚类和软聚类，如果一个样本只能属于一个类，则称为硬聚类；如果一个样本可以属于多个类，则称为软聚类。

降维是将训练数据中的样本从高维空间转换到低维空间。假设样本原本存在于低维空间，或者近似地存在于低维空间，通过降维则可以更好地表示样本数据的结构，即更好地表示样本之间的关系。高维空间通常是高维的欧氏空间，而低维空间是低维的欧氏空间或者流形。低维空间不是事前指定的，而是从数据中自动发现的，其维数通常是事前指定的。从高维到低维的降维过程中，要保证样本中的信息损失降到最小。降维分为线性降维和非线性降维。

7.2.3.3　半监督学习

半监督学习是介于监督学习和无监督学习之间的学习类型。在半监督学习中，部分数据有标签，而另一部分数据没有标签。这种情况下，我们可以利用有标签数据来指导模型学习，并通过无标签数据的信息来提高学习性能。以自训练（self-training）算法为例：通过对有标签数据训练得到初始模型，然后使用该模型对无标签数据进行预测，选择一部分对预测结果最有把握的无标签数据加入有标签训练集中，使用新数据集迭代训练模型，直到达到停止条件为止。半监督学习在某些场景下非常有用，如医药公司对药物检测的情况。由于成本和实验人群限制等问题，只有少量数据有正确的标签。通过利用这些有标签数据以及大量的无标签数据，可以更好地训练模型并进行准确地预测。

7.2.3.4　强化学习

强化学习是另一种重要的学习类型，在这种学习中，模型通过与环境的交互来学习最佳的行为策略。通过奖励和惩罚的机制，模型可以逐步优化其行为，以获得更好的结果。强化学习常用于训练智能体（如机器人或游戏智能）在动态环境中做出正确的决策。强化学习任务通常使用马尔可夫决策过程（markov decision process，MDP）来描述，具体而言，机器处在一个环境中，每个状态为机器对当前环境的感知。机器只能通过动作来影响环境，当机器执行一个动作后，会使环境有一定概率转移到另一个状态。同时，环境会根据潜在的奖赏函数反馈给机器一个奖赏。常用的强化学习算法包括 Q-learning、SARSA、Deep Q-Networks、Policy Gradient 等。这些算法通过不同的方式来学习和更新策略，以逐步优化智能体的行为。

7.2.4 神经网络及深度学习

深度学习是机器学习的一个分支，核心思想是利用多层神经网络来提取和学习数据的抽象特征表示。通过层层堆叠的方式，每一层网络可以学习并提取出上一层表示中的更高级和更抽象的特征。这种逐层提取特征的方式使得深度学习可以有效地表明复杂的数据结构。其中，神经网络是指由很多人工神经元构成的网络结构，这些神经元通过连接（或称为权重）相互交流和传递信息，是实现深度学习的关键技术之一。

神经元是神经网络的基本单位，模仿人脑中的神经元。神经网络通常由多个层组成，包括输入层、多个隐藏层和输出层。每一层都包含多个神经元，每个神经元与上一层的所有神经元相连，并带有权重和偏置。神经网络结构图，如图 7.5 所示。

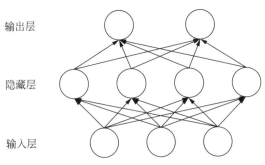

图 7.5　神经网络结构图

激活函数是神经网络中的一种非线性函数，被用来加入非线性因素，使得神经网络可以学习和表示复杂的数据结构。在神经网络中，每个神经元的输出通常会经过一个激活函数，将加权输入转换为神经元的输出。如果没有激活函数，那么多层神经网络将只是一系列线性变换的组合，无法表达复杂的非线性关系。选择合适的激活函数对神经网络的训练和性能而言至关重要，不同的激活函数适用于不同的场景和问题，需要根据具体情况进行选择和调整。常见的激活函数包括：① Sigmoid 函数；② Tanh 函数；③ ReLU 函数；④ Leaky ReLU 函数。Sigmoid 函数将输入值压缩到 0 ~ 1，具有平滑的 S 形曲线，可将任意实数值转换为概率，常用于输出层的二分类问题。Tanh 函数将输入值压缩到 −1 ~ 1，也是一种 S 形曲线，相比 Sigmoid 函数，Tanh 函数的输出均值接近 0，能够抑制数据的偏移。ReLU 函数将负数置为 0，正数保持不变，简单高效，可以缓解梯度消失问题，是目前最常用的激活函数之一。Leaky ReLU 函数是对 ReLU 函数的改进，允许负数部分有小幅度地输出，避免了 ReLU 中存在的神经元"死亡"现象。

神经网络的运行过程分为三步：①前向传播；②反向传播；③参数更新。在前向传播的过程中，输入数据逐层传递，每一层的输出作为下一层的输入，经过权重和偏置的计算以及激活函数的处理，最终得到模型的预测结果。这个过程是单向的，信息只能从输入层流向输出层，因此被称为前向传播。在反向传播的过程中，从输出层开始，沿着神经网络的反方向计算每个参数对损失函数的梯度。这一过程使用链式法则，将误差从输出层向输入层传播，计算每一层的误差梯度。反向传播是训练神经网络的核心算法之一，它使得神经网络能够通过学习调整参数，逐渐优化模型以达到更好的性能。反向传播的高效实现和应用是深度学习成功的重要原因之一。在参数更新过程中，使用梯度下降或其他优化算法更新神经网络中的参数，重复上述过程，使得损失函数逐渐减小，从而提高模型的性能。

下面将介绍几种重要的神经网络，不仅在各个领域发挥着重要作用，也为大模型的出现奠定了理论基础。

（1）卷积神经网络（convolutional neural network，CNN）是一种专门用于处理具有网格结构数据的深度学习模型，特别是对于图像数据而言，因其在计算机视觉任务中的卓越性能而受到广泛关注。CNN 通常由卷积层、池化层和全连接层组成。卷积层通过卷积操作来提取图像的局部特征。卷积操作涉及将一个滤波器（也称为卷积核）应用于输入图像的局部区域，通过计算滤波器与图像之间的点积来生成输出特征图。滤波器在图像上滑动的步长称为步幅（stride），用于控制输出特征图的尺寸。在进行卷积操作之前，可以在输入图像的边界上添加零值，称为填充，以保持输出特征图的尺寸。池化层通过池化操作减小特征图的空间尺寸，减少计算复杂度，并提取主要特征。最大池化和平均池化是两种常见的池化操作，分别选择局部区域中的最大值或平均值作为输出。通常在卷积神经网络的卷积层后面使用 ReLU 激活函数，它引入非线性结构，有助于模型学习更复杂的特征。在卷积神经网络的末尾，通常会添加一个或多个全连接层，将卷积层提取的特征映射到最终的输出。这些全连接层通过权重矩阵将前一层的所有神经元连接到当前层的每个神经元。以 LeNet 为例，LeNet 共有 7 层，网络结构如图 7.6 所示，包括 2 个卷积层、2 个池化层、2 个全连接层，以及 1 个输出层。其中，每个卷积层都有 5×5 卷积核和一个 Sigmoid 激活函数，将输入映射到多个二维特征输出，同时增加通道的数量。每个池化层通过步幅为 2 的 2×2 池化操作进行空间降维。最后一层输出层使用 Softmax 函数来输出分类任务中每个类别的概率。

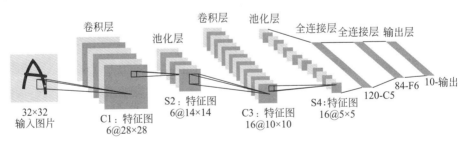

图 7.6　LeNet 结构图

卷积神经网络通过卷积层、池化层和全连接层的组合，能够有效地捕捉图像等网格数据中的局部特征，从而在计算机视觉任务中取得显著的成果。其结构和参数共享的特点使得它在处理大规模图像数据时具有很高的效率和表现力。

（2）循环神经网络（recurrent neural network，RNN）是一类用于处理序列数据的神经网络。与传统的前馈神经网络不同，RNN能够处理任意长度的序列信息，这使得它们非常适用于语言模型、文本生成、语音识别、机器翻译等任务。RNN的关键特性是其网络结构中含有循环，这允许信息在序列的不同时间步之间传递。RNN的核心思想是使用一个隐藏状态（hidden state）来捕捉到目前为止所处理的序列中的信息。对于序列中的每一个时间步，RNN都会根据当前的输入和前一时间步的隐藏状态计算出当前时间步的隐藏状态和输出，网络结构如图7.7所示。但是，由于序列的长距离依赖，RNN在反向传播时很难保持梯度的稳定性，容易导致梯度消失或梯度爆炸。因此，标准的RNN难以学习到序列中的长距离依赖关系。

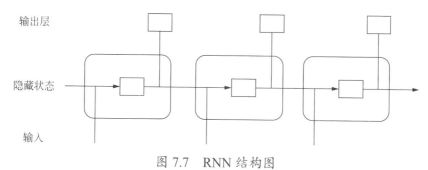

输出层　隐藏状态　输入

图 7.7　RNN 结构图

为了解决传统RNN中的长距离依赖问题，长短期记忆网络（long short-term memory，LSTM）通过引入门控机制来控制信息的流动，从而能够更好地捕捉序列数据中的长距离依赖关系，网络结构如图7.8所示。在LSTM中，通过记忆细胞（memory cell）在网络内部传递主要信息。通常经过三个门来控制记忆细胞：①遗忘门；②输入门；③输出门。遗忘门决定要保留记忆细胞中多少过去的信息；输入门决定要添加多少新信息到记忆细胞中；输出门决定从记忆细胞中输出多少信息。

近年来，更多的研究转向了注意力机制和Transformer架构，这些架构在处理长序列和捕捉长距离依赖方面展现出了更好的性能和更高的效率。但是，RNN及其变体在理解序列数据的基础上所做的工作仍然是深度学习领域的一个重要贡献。

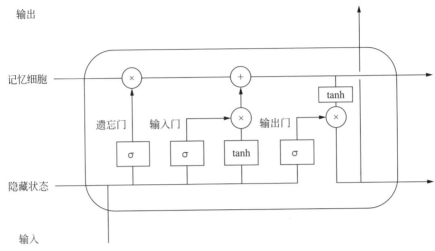

图 7.8　LSTM 结构图

（3）Encoder-Decoder 框架和注意力机制是深度学习领域中常用于处理序列到序列任务的两个重要概念。下面分别介绍它们的基本原理和关键特点。

Encoder-Decoder 框架是一种用于处理序列数据的通用框架，它由两个主要部分组成：编码器（Encoder）和解码器（Decoder）。编码器接收长度可变的输入序列并将其转换为一个固定的上下文变量。编码器可以是 CNN、RNN、LSTM、门控循环单元（Gated Recurrent Unit，GRU）等结构。解码器接收编码器生成的上下文变量，并利用它来生成输出序列。解码器通常也是一个循环神经网络，它逐步生成输出序列的每个元素，直到遇到特定的结束标记或达到最大长度。

注意力机制（attention mechanism）旨在解决编码器－解码器框架中的一个问题，即编码器将整个输入序列信息压缩到一个固定长度的上下文变量中，可能会丢失一些重要信息。通过注意力机制，解码器可以动态地关注输入序列的各个部分。在每个解码器时间步中，注意力机制会计算一个注意力分布，用来指示编码器输出中不同位置的重要性。然后，解码器根据这个注意力分布对编码器输出进行加权求和，得到一个加权的上下文变量，作为当前时间步的上下文信息。通过这种方式，注意力机制提供了一种更加细粒度的方式来查看输入信息，大大提高了模型处理长序列和捕捉长距离依赖的能力。在训练过程中，注意力机制和编码器－解码器框架一起进行端到端的训练，通过反向传播算法来调整注意力机制的参数，使其能够根据输入序列和当前解码器状态来自适应地计算注意力权重。以带有 Bahdanau 注意力的循环神经网络 Encoder-Decoder 架构为例：Bahdanau 注意力的核心思想是在每个时间步中根据上下文中其他部分的信息动态地调整注意力，从而更好地捕捉输入序列中不同部分之间的相关性，解决了输入数据过长导致的信息丢失问题，网络结构如图 7.9 所示。

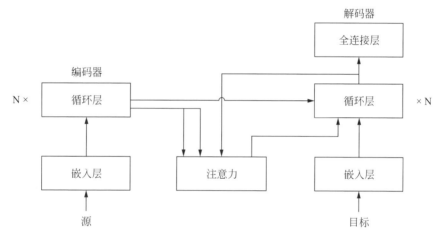

图 7.9　Bahdanau 注意力的循环神经网络 Encoder-Decoder 架构图

总的来说，Encoder-Decoder 框架提供了一种处理序列到序列任务的通用方法，而注意力机制则进一步增强了模型对输入序列的理解能力，使其能够更好地捕捉输入序列中的重要信息。两种技术的结合可以构建出性能更好的序列到序列模型。

（4）Transformer 是由谷歌于 2017 年提出的一种用于处理序列数据的神经网络模型。它在自然语言处理领域取得了巨大成功，并且在其他领域也得到了广泛的应用。本书在 3.1.1 节对该模型进行了详细介绍，这里不再赘述。

大模型在机器体系中的应用与挑战将在第 9 章展开论述。

主要参考文献

[1] 于景元, 周晓纪. 从定性到定量综合集成方法的实现和应用 [J]. 系统工程理论与实践, 2002, 22(10): 26-32.

[2] 谢宗仁, 冯伟, 耿奎. 综合集成研讨厅研究现状及其在人工智能时代的发展机遇 [J]. 科技管理研究, 2020, 40(16): 39-45.

[3] 滕弘飞, 王奕首, 史彦军. 人机结合的关键支持技术 [J]. 机械工程学报, 2006, 42(11): 1-9.

[4] 李耀东, 崔霞, 戴汝为. 综合集成研讨厅的理论框架, 设计与实现 [J]. 复杂系统与复杂性科学, 2004, 1(1): 27-32.

[5] 王丹力, 郑楠, 刘成林. 综合集成研讨厅体系起源, 发展现状与趋势 [J]. 自动化学报, 2021, 47(8): 1822-1839.

[6] 吕雁. 计算机仿真与建模技术综述 [J]. 电子科技, 2001, (11): 2-4.

[7] 于景元. 集大成 得智慧: 钱学森的系统科学成就与贡献 [J]. 航天器工程, 2011, 20(3): 1-11.

[8] 郑楠, 章颂, 戴汝为. "人 – 机结合"的综合集成研讨体系 [J]. 模式识别与人工智能, 2022: 35(9): 767-773.

[9] 王行仁. 建模与仿真技术的发展和应用 [J]. 机械制造与自动化, 2010, 39(1): 1-6, 45.

[10] 顾银芳, 苑士华, 李玮, 等. 仿真技术的发展与展望 [J]. 河北工业科技, 2000, 17(5): 36-39.

[11] ROSENBLATT F. The perceptron: a probabilistic model for information storage and organization in the brain[J]. Psychological review, 1958, 65(6): 386-408.

[12] QUINLAN J R. Induction of decision trees[J]. Machine learning, 1986, 1: 81-106.

[13] CORTES C, VAPNIK V. Support-vector networks[J]. Machine learning, 1995, 20: 273-297.

[14] KRIZHEVSKY A, SUTSKEVER I, HINTON G E. Imagenet classification with deep convolutional neural networks[J]. Communications of the ACM, 2017, 60(6): 84-90.

[15] LECUN Y, BENGIO Y, HINTON G. Deep learning[J]. Nature, 2015, 521(7553): 436-444.

[16] KAREN S. Very deep convolutional networks for large-scale image recognition[J]. arXiv preprint arXiv: 1409.1556, 2014.

[17] SZEGEDY C, LIU W, JIA Y, et al. Going deeper with convolutions[C]// Proceedings of the IEEE conference on computer vision and pattern recognition. Boston, MA, USA: IEEE, 2015: 1-9.

[18] HE K, ZHANG X, REN S, et al. Deep residual learning for image recognition[C]//Proceedings of the IEEE conference on computer vision and pattern recognition. Las Vegas, NV, USA: IEEE, 2016: 770-778.

[19] GERS F A, SCHMIDHUBER J, CUMMINS F. Learning to forget: Continual prediction with LSTM[J]. Neural computation, 2000, 12(10): 2451-2471.

[20] VASWANI A, SHAZEER N, PARMAR N, et al. Attention is all you need[J]. Advances in neural information processing systems, 2017, 30: 5998–6008.

[21] DEVLIN J, CHANG M W, LEE K, et al. Bert: Pre-training of deep bidirectional transformers for language understanding[J]. arXiv preprint arXiv: 1810.04805, 2018.

[22] RADFORD A, NARASIMHAN K, SALIMANS T, et al. Improving language understanding by generative pre-training[J]. 2018.

[23] BROWN T, MANN B, RYDER N, et al. Language models are few-shot learners[J]. Advances in neural information processing systems, 2020, 33: 1877-1901.

[24] OUYANG L, WU J, JIANG X, et al. Training language models to follow instructions with human feedback[J]. Advances in neural information processing systems, 2022, 35: 27730-27744.

[25] AXTELL R, AXELROD R, EPSTEIN J M, et al. Aligning simulation models: A case study and results[J]. Computational & mathematical organization theory, 1996, 1: 123-141.

[26] EPSTEIN J M, AXTELL R. Growing artificial societies: social science from the bottom up[M]. Cambridge, MA, USA: MIT Press, 1996.

[27] SMITH L, BECKMAN R, BAGGERLY K. TRANSIMS: Transportation analysis and simulation system[R]. Los Alamos, NM, USA: Los Alamos National Lab.(LANL), 1995.

[28] HALLEGATTE S, GREEN C, NICHOLLS R J, et al. Future flood losses in major coastal cities[J]. Nature climate change, 2013, 3(9): 802-806.

[29] WOLFRAM S. Cellular automata as models of complexity[J]. Nature, 1984, 311(5985): 419-424.

[30] 贾斌, 高自友, 李克平, 等. 基于元胞自动机的交通系统建模与模拟 [M]. 北京: 科学出版社, 2007.

[31] REYNOLDS C W. Flocks, herds and schools: A distributed behavioral model[C]//Proceedings of the 14th annual conference on Computer graphics and interactive techniques. Anaheim, CA, USA: ACM, 1987: 25-34.

[32] SCARSELLI F, GORI M, TSOI A C, et al. The graph neural network model[J]. IEEE transactions on neural networks, 2008, 20(1): 61-80.

[33] 卞雪卡. 建模与仿真技术的发展及其展望 [J]. 市场周刊, 2020 (5): 173-174.

[34] GRIEVES M. Product lifecycle management: driving the next generation of lean thinking [M]. New York, USA: McGraw-Hill, 2006.

[35] WANG F Y. Shadow systems: A new concept for nested and embedded co-simulation for intelligent systems[J]. Tucson, Arizona State, USA: University of Arizona, 1994.

[36] 杨林瑶, 陈思远, 王晓, 等. 数字孪生与平行系统: 发展现状, 对比及展望 [J]. 自动化学报, 2019, 45(11): 2001-2031.

[37] 王飞跃. 平行系统方法与复杂系统的管理和控制 [J]. 控制与决策, 2004, 19(5): 485-489.

[38] 倪清桦, 郭超, 王飞跃. 平行戏剧: 新时代戏剧的人机协同创作与智能管理 [J]. 智能科学与技术学报, 2023, 5(4): 436-445.

[39] 武强, 季雪庭, 吕琳媛. 元宇宙中的人工智能技术与应用 [J]. 智能科学与技术学报, 2022, 4(3): 324-334.

[40] SHAO Z, YU Z, WANG M, et al. Prompting large language models with answer heuristics for knowledge-based visual question answering[C]// Proceedings of the IEEE/CVF Conference on Computer Vision and Pattern Recognition. Vancouver, BC, Canada: IEEE, 2023: 14974-14983.

[41] BENNETT K, DEMIRIZ A. Semi-supervised support vector machines[J]. Advances in Neural Information processing systems, 1998, 11: 368-374.

[42] WATKINS C J C H. Learning from delayed rewards[J]. Robotics & Autonomous Systems, 1989.

[43] RUMMERY G A, Niranjan M. On-line Q-learning using connectionist systems[M]. Cambridge, UK: University of Cambridge, Department of Engineering, 1994.

[44] MNIH V, KAVUKCUOGLU K, SILVER D, et al. Playing atari with deep reinforcement learning[J]. arXiv preprint arXiv: 1312.5602, 2013.

[45] SUTTON R S, MCALLESTER D, SINGH S, et al. Policy gradient methods for reinforcement learning with function approximation[J]. Advances in neural information processing systems, 1999, 12: 1057-1063.

[46] LECUN Y, BOTTOU L, BENGIO Y, et al. Gradient-based learning applied to document recognition[J]. Proceedings of the IEEE, 1998, 86(11): 2278-2324.

[47] LIPTON Z C, BERKOWITZ J, ELKAN C. A critical review of recurrent neural networks for sequence learning[J]. arXiv preprint arXiv: 1506.00019, 2015.

[48] BAHDANAU D, CHO K, BENGIO Y. Neural machine translation by jointly

learning to align and translate[J]. arXiv preprint arXiv: 1409.0473, 2014.

[49] CHUNG J, GULCEHRE C, CHO K H, et al. Empirical evaluation of gated recurrent neural networks on sequence modeling[J]. arXiv preprint arXiv: 1412.3555, 2014.

[50] GERS F A, SCHMIDHUBER J, CUMMINS F. Learning to forget: Continual prediction with LSTM[J]. Neural computation, 2000, 12(10): 2451-2471.

[51] BAHDANAU D, CHO K, BENGIO Y. Neural machine translation by jointly learning to align and translate[J]. arXiv preprint arXiv: 1409.0473, 2014.

第三篇

综合集成法的总结与展望

"人机结合"已成为解决开放的复杂巨系统问题的研究关键。2022年末，ChatGPT的推出为通用人工智能带来了曙光，同时也使人机关系发生了革命性变化，引发了对大模型时代下"人机结合"的深刻思考。综合集成研讨厅体系的核心是通过人机结合的方式，从定性到定量地解决问题。在当前背景下，人机结合体系面临着日益复杂的现实需求和不断变化的发展趋势。随着技术的进步和社会需求的不断演变，人机结合的方式必然会不断创新和发展。因此，建立起灵活、高效的综合集成研讨厅体系势在必行。这一体系应当注重人机协同工作的深度融合，推动人类智慧和人工智能的良性互动，以应对未来更加复杂的挑战。

本篇主要从人机结合的视角出发，探讨综合集成研讨厅体系的现实需求与发展趋势。第8章"人机结合的智能系统"主要讨论大模型介入之下的人机结合智能系统的发展，及其面临的安全和伦理问题。第9章"未来趋势、挑战与应对"主要讨论人机融合的未来发展趋势、技术挑战和可能的解决方案，在此基础上，提出以创新思维模式和创造性思维为导向的交叉学科研究及相关学科体系建设问题。第10章"结语"总结综合集成法诞生以来的主要研究成果，回顾人机结合和人机融合的发展历程，对大模型时代下综合集成研讨体系的进一步发展予以展望。

第8章
人机结合的智能系统

　　综合集成研讨厅体系作为人机混合智能的典型代表，通过把人集中于系统之中，采取人机结合、以人为主的路线，充分发挥人的作用，使群体在研讨中相互激发，相互启发，相互激活，使群体创建远胜于一个人的智慧。本章首先探讨目前智能系统的三种研究范式。综合集成法作为人机混合智能的代表，本章从人与机的视角出发，进一步介绍"人机结合"智能系统的现实需求，并厘清钱学森提出"人机结合的综合集成法"的背景及其深刻内涵。最后，从人机关系和人机对话两个方面探讨大模型对人机融合的影响，从思维科学的角度梳理大模型时代前人机结合的两个层次，并探讨大模型时代下人机结合的第三个层次——人机融合智能共进。

8.1 智能系统的研究范式

　　人工智能的概念由麦卡锡等学者于 1956 年提出，其发展几经浮沉。基于对智能产生机制的不同理解，人工智能领域形成了多个学派，并相互借鉴，产生了一系列代表性成果。目前，智能系统研究的主流方法包括类脑智能、演化智能和人机混合智能。

8.1.1 类脑智能

　　类脑智能（Neuromorphic Intelligence）是一种模仿人脑结构和功能的智能计算模型，旨在通过构建具有类似神经元和突触的硬件或软件系统，实现更加生物学化、能效高、自适应的智能计算。类脑智能的发展脉络经历了多个阶段，涵盖了神经网络科学、神经计算和硬件实现等多个领域。

类脑智能的概念最早源于 20 世纪 40 年代和 50 年代的神经网络理论。人们对生物神经元和神经网络的研究启发了计算模型的建立，如 McCulloch 和 Pitts 提出的"人工神经元"模型。然而，由于当时计算能力的限制，这些模型只能进行简单的仿真。在 20 世纪 60 年代，感知机模型的提出和 Minsky 与 Papert 对其进行的批评使得神经网络研究陷入低谷。感知机模型被认为难以处理非线性问题，导致了神经网络研究的停滞。

20 世纪 80 年代末和 90 年代初，随着反向传播算法的引入，神经网络再次引起关注，人们重新开始关注类脑智能的研究。这一时期的神经网络开始在图像识别、语音识别等领域取得一些成功。随着计算能力的提高，人们开始关注如何通过计算机模拟神经系统的功能。神经计算模型以脑为灵感，通过建模神经元之间的连接和信息传递，尝试理解和模拟大脑的工作方式。Hopfield 网络和 Boltzmann 机等模型被广泛研究，引发了神经网络和深度学习的兴起。

21 世纪初，随着计算能力的提高和大数据的普及，深度学习成为类脑智能研究的主要方法之一。通过深度神经网络的模拟和训练，人们开始在图像识别、语音识别、自然语言处理等领域取得突破性进展。这一时期，类脑硬件的研究也取得了显著进展。研究人员开始设计和构建基于神经元与突触的硬件系统，如 IBM 的 TrueNorth 芯片。这些硬件系统通过并行处理和低功耗设计，更好地模拟了生物神经网络的特性。

随着神经科学研究的深入，类脑智能逐渐与生物学原理更为紧密地融合。研究者们尝试将神经网络模型与实际的神经科学研究相结合，以便更精确地模拟和理解大脑的工作机制。类脑智能的概念逐渐渗透到人工智能领域，尤其是在处理感知、学习和决策等方面。神经计算的思想被广泛应用于图像处理、语音识别、自动驾驶等领域，为解决复杂的人工智能问题提供了新的思路。最近的研究注重生物学和类脑硬件之间的交叉。类脑智能的硬件实现更加关注生物神经网络中的细节，包括突触的可塑性、神经元的多样性等。这一趋势为构建更具类人的智能系统提供了方向。

在类脑智能的发展过程中，出现了两种主要的研究方法，即联结主义和认知建构主义。联结主义强调神经网络的模拟和训练，认为智能行为是由神经网络内部的连接和权重决定的；认知建构主义则更侧重于理解智能行为的符号和语言表示，倾向于使用符号处理和知识表示技术。总体而言，类脑智能的发展脉络经历了从早期神经网络理论到神经计算和硬件实现的多个阶段。随着技术的不断进步和对大脑工作机制理解的深入，类脑智能有望在未来为人工智能领域带来更多创新和突破。

8.1.2 演化智能

演化智能（Evolutionary Intelligence）是一种基于生物进化理论的人工智能方法，通过模拟生物进化的过程，包括遗传、突变和选择，来设计和优化智能系统。这种方法借鉴了达尔文的进化论思想，认为复杂的智能行为可以通过逐代进化和自然选择来产生。

演化智能的发展脉络涵盖了多个阶段和领域，其根基可以追溯到20世纪60年代，John Holland等人提出的经典遗传算法被应用于求解各种优化问题，并取得了一定的成功。这一算法通过模拟自然选择的过程，使用基因编码来表示解空间中的个体，并通过交叉、变异等操作对个体进行演化，最终找到适应度最高的解。

20世纪80年代和90年代，演化策略和遗传规划等演化算法被提出，并逐渐发展成熟。这些算法在求解连续和离散优化问题、控制问题等方面表现出了良好的性能。演化策略主要关注解决连续域问题，在演化策略中，个体的进化不仅包括基于遗传操作的演化，还包括对个体的直接评估。这使得演化策略在处理复杂问题时变得更加高效。遗传规划是演化智能的又一重要发展方向，它将遗传算法与规划方法结合，用于解决优化和规划问题。这种方法更加注重对问题空间的建模，能够适应更广泛的应用领域。

21世纪初，随着计算能力的提高和对演化计算理论的深入理解，演化智能开始得到更广泛的应用。演化算法被应用于神经网络的优化、机器学习算法的改进、机器人控制和自动化设计等领域。例如，在工程设计中，演化算法被用于优化结构、参数和性能。在金融领域，演化算法可以应用于投资组合优化。此外，在机器学习的领域，演化智能也被广泛用于神经网络结构搜索、超参数优化等任务。

随着演化智能的发展，研究者们提出了协同进化和多目标优化的概念。协同进化强调不同个体之间的相互作用和竞争，多目标优化则关注于处理多个冲突的目标，使得演化智能更加适用于复杂的实际问题。演化智能的应用范围逐渐扩大，涵盖了计算机网络、图像处理、自动化控制等多个领域。在无人驾驶车辆的路径规划中，演化算法能够有效地找到适应各种交通条件的最佳路径。在电力系统中，演化智能被用于优化电力分配和能源管理。

总体而言，演化智能在过去几十年里经历了持续的发展和创新，从最初的遗传算法，到演化策略、遗传规律，到如今的多样化应用。未来，随着对生物学原理理解的深化和计算能力的提升，演化智能有望在更多领域展现出强大的潜力。

8.1.3 人机混合智能

人机混合智能（Human-Machine Hybrid Intelligence）是指将人类的认知能力与计算机的计算能力相结合，形成一种协同工作的智能系统。这种系统通常由人类专家和计算机算法共同组成，旨在利用二者的优势，实现更高水平的智能决策和解决复杂问题的能力。这一领域涵盖了多个层面，包括物理融合、认知融合和任务融合等方面。

人机混合智能的概念可以追溯到 20 世纪 60 年代和 70 年代，当时的研究主要集中在人机交互和专家系统的开发上。专家系统利用人类专家的知识和经验，结合计算机算法进行推理和决策，成为人机混合智能研究的先驱。在这个阶段，计算机和人类之间的交互主要是基于指令完成的，人类使用计算机来辅助完成一些任务，如数据处理、文本编辑等。

20 世纪 80 年代和 90 年代，随着人机界面技术的发展和计算能力的提高，人机混合智能开始涉足更多领域，如智能辅助技术、增强现实和虚拟现实等。这些技术将人类与计算机的互动推向了一个新的水平，促进了智能决策和问题解决的发展。在这一阶段，人机混合智能逐渐演变为一种旨在增强人类能力的范式。这意味着在认知和感知层面引入智能系统，以提供更强大、高效的信息处理和决策支持。举例来说，引入智能助理、语音识别和自然语言处理系统代表了这一发展阶段的趋势。

21 世纪初，随着机器人技术和人工智能的进步，人机混合智能开始涉足更广泛的应用领域。协作机器人和智能助手等技术成为人机混合智能研究的热点，这些技术通过与人类用户合作，实现了更高效、更智能的工作和生活体验。这一阶段，人机混合智能逐渐进入物理融合和身体增强，包括将智能系统嵌入到人体中，以增强生理功能或提供新的感知能力。例如，假肢和智能义肢的发展，以及脑机接口技术的进步，使得机器可以直接与大脑进行交互，从而实现对身体部位的控制。

目前，人机混合智能更多地涉及多模态融合，即结合视觉、听觉、触觉等多种感知模态，以更全面地理解和响应环境。人机混合智能开始探索如何将人类认知和智能系统的认知融合在一起，以实现更复杂的智能任务。这包括将机器学习、深度学习等技术应用于认知任务，以提高决策、问题解决和学习能力。总的来说，人机混合智能作为一种将人类智慧与计算机技术相结合的智能系统研究领域，经历了从早期的专家系统到智能辅助技术和协作机器人的发展历程。它不断探索人类与计算机之间的紧密协作和互补，旨在实现更高水平的智能决策和解决复杂问题的能力。人机结合、以人为主，从定性到定量的综合集成研讨厅体系就是人机混合智能的典型代表。

8.2 智能系统之人机结合

本节将从现实需求出发探讨"人机结合"的现实意义，以及钱学森等人提出"人机结合的综合集成法"的背景及其深刻内涵。

8.2.1 智能系统"人机结合"的现实需求

以往人工智能研究的先驱者们对于 AI 所取得的成就及前景作过一些过于

乐观的评述。哲学家休伯特·德雷福斯（Hubert Dreyfus）在 1979 年的《计算机不能做什么：人工智能的极限》一书中，提出了一些重要的、带有根本性的问题。他看到所有关于人工智能基础的研究进展都十分缓慢，他把这种进展缓慢看作是存在着不可逾越障碍的标志，而不是那种为克服困难取得成功之路上所应付出的正常代价。

德雷福斯把智能活动分成四类，第一类是刺激–反应，这是心理学家最熟悉的领域，其中包括意义与上下文环境。同有关活动无关的、各种形式的初级联想型行为。第二类是费马帕斯卡的数学思维领域，它由概念世界而不是感知世界构成，将问题完全形式化了，并完全可以计算。第三类是原则上可形式化而实际上无法驾驭的行为，称为复杂–形式化系统，包括那些实际上不能用穷举算法（象棋、围棋等）处理的，因而需要启发式程序的系统。第四类是那些非形式化的行为领域，包括有规律但无规则支持的、我们人类所有的日常活动。在该书最后一节，标题是人工智能的未来，他提出了人与机器相结合的观点，他谈到了以前巴希莱尔、奥·格尔和约翰·皮尔斯他们都主张采用可使计算机与人共生的系统，并强调了罗森布里斯在 1962 年一次学术会议上的观点"人同计算机一起能够完成谁也无法单独完成的事"。此外，德雷福斯在该书的前言中还提到，他发表第一次调查研究人工智能工作成果之后的第二年，兰德公司召集了一次计算机专家会议，当时在 IBM 公司工作的利克利德尔（Licklider）博士想要为德雷福斯关于人机合作的观点辩护时，遭到 AI 专家、美国麻省理工学院帕波特的责难。

该书的中文版于 1986 年出版，校者是马希文，他在校者的话中写道："从应用上来看，谈论人脑与计算机的彼此替代未免空泛、消极，不如研究使两者取长补短的人机共生系统。这样做，不仅有实用意义，而且对于我们对思维的认识、对信息处理在思维中地位的认识将提供许多有启发性的实验资料。"后来一位计算心理学家玛格丽特·波登（Margaret Boden）从不同于德福雷斯观点的另一角度来评价 AI 的成就，她认为："AI 的主要成就在于明确地促使我们鉴赏到人的心智（human mind）是极其巨大、丰富与难以捉摸的。人们可以通过 AI 的途径来了解人的心智的某些方面。例如，人的创造性的某些方面可以通过建立有关创造性的计算机模型开始加以了解。"如果说德雷福斯消极地看出用计算机来实现 AI 的局限，那么波登则是从积极方面看到人的意识作用，而且她的看法说明在心理学和 AI 之间相互有所反馈，是比较辩证的观点，她的见解是对人－机结合观点的支持。

里南和费根鲍姆曾经说过："在知识系统的'第二个纪元'中'系统'将使智能计算机与智能人之间形成一种同事关系，人和计算机各自完成自己最擅长的任务，系统的智能是这种合作的产物。人与计算机的这种合作可能达到天衣无缝并极其自然的程度，以至于技能、知识及想法是在人脑中还是在计算机的知识结构中都是没有什么关系的，断定智能在程序中是不准确的。在这样的人机系统中将出现超人的智能和能力。"这段话充分表明了人机结合的前景。

8.2.2 人类"心智"与机器智能的结合

1988 年 6 月 28 日，由中国国家高技术"863"计划"智能计算机系统"主题专家组建议，在国防科工委系统所举行的"智能计算机理论讨论会"上，马希文在谈论对智能计算机的看法时，再次提到人机共生系统。在这次会议上，通过与会者的发言，对人机结合的论点阐述得比较充分。参加了这次会议的钱学森后来多次提到马希文的那次发言。马希文所谓的"人机共生"虽然在当时还局限于人机通信的层次上，但他对后来形成系统的"人机结合"的论点是有贡献的，他于 1989 年赴美，以后没有再参加国内对此有关问题的研讨。

钱学森早在 20 世纪 80 年代初就对处理复杂行为系统的定量方法作了概括，认为是半经验半理论的，提出经验性假设（猜想或判断），是建立复杂行为系统数学模型的出发点。这些经验性假设（猜想或判断），不能用严谨的科学方式证明，但需要用经验性数据对其确实性进行检测，从经验性假设（猜想或判断）出发，通过定量方法途径获得结论，仍然具有半经验、半理论的属性，强调了人的重要性及来源于人的聪明才智与实践活动经验的重要性。

80 年代末，钱学森等人进一步从社会经济系统、人体系统和地理系统的研究与实践的基础上，分析了以往习以为常的科学研究的还原论的局限性，提炼出"开放的复杂巨系统"的设想，并提出处理这类系统的方法论"从定性到定量的综合集成法"，这种综合集成的构思来源于实践论。他在一封信中曾讲道："人从实践经验的总结先在大脑中形成感性认识，那是点滴零碎的，然后再进一步分析综合，运用过去积累的知识加工成理性认识。但这一过程是一次认识的循环，还要把得到的理性认识运用于实践。开始第二个循环，……，无穷无尽。"这一构思和现代信息技术的成就相结合的结果产生了综合集成法，其实质就是将专家群体、数据和各种信息与计算机技术有机地结合起来，这三者本身也构成一个系统。

这种方法的应用就在于发挥这个系统的整体优势和综合优势。谈到整体优势，不免使人想起恩格斯曾经引用过的拿破仑关于法国兵与马木留克兵双方战斗力相比较的生动例子：2 个马木留克兵能绝对打败 3 个法国兵，10 个马木留克兵与 10 个法国兵，打起来可以打个平手，而 100 个法国兵可以打败 1500 个马木留克兵。原因何在呢？原因在于法国兵在协调配合方面更胜一筹，因而能有效地发挥他们的综合优势。从定性到定量的综合集成技术充分发挥与体现了人机结合的思想，在综合集成的过程中人始终起着主导的作用。另外关于专家在错综复杂的情况下的判断，提出的假设以及专家的某些"点子"是专家经验积累而形成的知识，是人的"心智"的一种体现。我们可以认为综合集成是人用计算机的软件、硬件来综合专家群体的定性认识及大量专家系统所提供的结论及各种数据与信息，经过加工处理从而上升为对总体的定量认识的过程。

综合集成的过程是相当复杂的，即使掌握了大量的定性认识，也不能通过几个步骤，几次处理就能达到对全局的定量认识。因为复杂的、智能型的问题往往被称为结构不良的问题，也就是说目标、任务范围、计算机允许的操作都没有明确的定义，所以需要一种有反馈的过程来加以解决。结构不良的另外一种含义是针对被解决的问题而言的，所具有的知识是不完备的或不一致的，如对于同一个问题，两个专家的看法可能完全不同，甚至发生了矛盾，这就必须靠人参与解决。当然也要发挥计算机快速处理的本领，形成人机结合的智能系统。关于人机结合的智能系统，钱学森在 1991 年 4 月 18 日与受他指导的科研集体中的部分成员做过如下一次总结性的谈话："智能机是非常重要的，是国家大事，关系到下一个世纪我们国家的地位。如果在这个问题上有所突破，将有深远的影响。我们要研究的问题不是智能机，而是人与机器相结合的智能系统。不能把人排除在外，是一个人机智能系统。"谈话的内容还包括以下三点。

（1）人的意识活动是很丰富的，包括自觉的意识、下意识，人是靠这些来认识世界的。

（2）为认识世界和改造世界，人始终发挥着主导作用，我们要研究的是人和机器相结合的智能系统。

（3）现在还不可能很快实现这种人机智能系统，目前只能做些"妥协"，实事求是，尽量开拓当前计算机的科学技术，使计算机尽可能地多帮助人来做些工作。

这是一次重要的谈话，对人工智能及智能计算机以及其他科技领域的研究具有方向性的、极其深远的意义。它指明了在研制智能系统时，应强调的是人类的"心智"与机器的智能相结合。从体系上讲，在系统的设计过程中，把人作为成员综合到整个系统中去，充分利用并发挥人类和计算机各自的长处形成新的体系是今后要深入研究的问题。

8.3 大模型时代下的人机结合

当前，大模型不仅能高质量完成自然语言生成任务，生成流畅通顺、贴合人类需求的语言，而且具备以生成式框架完成各种领域任务的能力。本节将从人机关系和人机对话两个方面分析大模型对人机结合的影响，并进一步从思维科学的角度梳理人机结合的方式。

8.3.1 大模型与人机结合

1. 人机关系

随着通用智能大模型的普及，将智能系统部署到人类的日常生活中已成为一项重要任务。在实现人机结合的过程中，建立良好的信任关系尤为关键。机器是否能够得到充分应用取决于人类与机器之间的互动和信任程度。这一信任关系的建立涉及多个方面：一方面，它取决于人类在特定情况或任务中对机器的依赖程度，这受制于个人的意愿和经验；另一方面，机器是否能够被充分利用还取决于机器完成任务的能力，以及它如何有效地传达关于工作完成情况的重要信息。除此之外，为了有效地实现人机结合，还需要考虑影响信任的因素，并对这些因素的相对重要性进行正确的评估。

谈到人机关系的研究，就不得不谈到恐怖谷理论（uncanny valley）。恐怖谷理论是一个关于人类对机器人和非人类物体的感觉的假设，由日本机器人专家森政弘（M. Mori）于1970年提出。该理论认为人机关系的早期，机器人与人类在外表、动作上越相似，人类对机器人的好感度就会越高；但是当到达某一个特定相似度时，人类会突然对机器人产生极度的反感，任何机器人与人类之间的差别，都会显得非常刺眼，人类会感觉机器人如同人类"僵尸"，非常僵硬、恐怖，让人有面对"行尸走肉"的感觉。机器人仿真人类的程度越高，人们对机器人越有好感，但在相似度临近100%前，这种好感度会突然降低，越像人反而越让人反感和恐惧，好感度甚至会降至谷底，这种情况被称为恐怖谷。但是，当机器人与人类的相似度继续上升时，人类对他们的情感反应会逐步跨过恐怖谷，对高度相似的机器人产生移情效应，甚至认为机器人就是一个健康的人。

毫无疑问，大模型所展现出的通用智能，让人类感受到了前所未有的恐惧。2023年3月29日，包括埃隆·马斯克、苹果联合创始人斯蒂夫·沃兹尼亚克，以及负责设定世界"末日时钟"的《原子科学家公报》的负责人蕾切尔·布朗森在内的1000多名科技界领袖和研究人员敦促人工智能实验室暂停对最先进系统的开发，并在一封公开信中警告，AI工具"对社会和人类构成深远风险"。这封信由非营利组织生命未来研究所发布，信中说，AI开发人员"陷入了一场失控的竞赛，开发和部署越来越强大的数字思维，以至于所有人，甚至包括它们的创造者，也无法理解、预测或可靠地控制它们"。

上海对外经贸大学的齐佳音教授认为恐怖谷理论背后的原理可以用心理

学中的认知不一致效应来解释，也就是说在人机关系的初期，人类对机器的认知是"机器"，而不是"人"，因而当机器逐步具备更加智能的功能时，人类会为机器在"智能"上的拟人性而表现出正面积极的反应；但是当机器越来越像人，人类的认知出现失调，人类在对界定机器是"机器"还是"人"时产生认知困惑，一方面像是机器，一方面又像是人类，这种对机器认知上的不伦不类，导致人极度反感这种怪模怪样的智能机器，但之后，随着机器更加逼真地接近人，人类重新调整了认知，并会移情于机器人。

综合集成法强调的是以人为主的人机结合，以人为主的视角主要关注人类如何评估机器的性能、可靠性以及它们提供的信息。这涉及个人经验、信任倾向、对技术的熟悉程度以及任务复杂性等因素。除此之外，我们还需要通过交叉学科方法分析研究人机协同过程中出现的一系列合作、竞争和协调行为，让人类对机器的行为有足够充分的理解，从而使人与人工智能的关系顺利度过"恐怖谷"时期，进入新的发展阶段。

2. 人机对话

对话系统是自然语言处理中经典且最为困难的任务之一。早期的对话系统研究主要分为垂直型对话系统和开放域对话系统。前者以完成任务为目标，如点餐、订票之类的传统任务，后者以社交和情感为主要目标，通过不限领域、不限话题的开放域对话实现陪伴和支持的功能。传统的垂直型对话系统是一种模块化的系统，包括意图理解、对话管理、对话生成、领域知识库等模块。随着深度学习的发展，端到端的对话系统逐渐流行起来，这种端到端的对话系统的效果比较依赖于所训练的模型。由于不限领域和话题，开放域对话系统一般被建模为给定上文直接生成回复的条件生成过程。在生成模型兴起早期，一般广泛采用基于检索匹配的方法，即根据用户输入从一个大的对话语料库检索得到相似对话的回复。循环神经网络和 Transformer 模型流行后，开始采用生成方法，构建大规模的对话语料训练生成模型。在开放域对话系统中，一般通过精细建模知识、情感、个性，以实现生成更类人的回复。

基于 Transformer 的生成模型给人类对话系统的研发带来了新的曙光，而

ChatGPT 之类的大规模预训练模型则把人类对话系统推向了新的高度。在整个发展过程中，开放域闲聊系统占据主流：国外，2021 年谷歌研发了 Meena，2022 年推出了 LaMDA；Meta 持续研发了 Blender 1/2/3；国内，百度研发了 Plato 1/2/XL/K，清华 CoAI 研发了 CDial-GPT、EVA、OPD 等。这些模型都是采用专门收集的对话数据进行训练。在工业界成熟的产品方面，国外有个性化角色化的对话平台 Character AI，国内有聆心智能研发的 AI 乌托邦。

随着 OpenAI 推出 ChatGPT、Anthropic AI 推出 Claude、谷歌推出 Bard、百度推出文心一言、复旦大学推出 Moss、智谱推出 ChatGLM 后，人机对话开启了通用对话的时代。机器可以理解人的意图、情感等，并像人一样可以自由地进行交流沟通。这背后所体现的是类人的智能，意味着机器不再是传统意义上的工具，而是一个拥有一定智能程度的"虚拟人类"。人类与机器的交互方式也正在发生颠覆性的变化。这种类人的通用智能特性，让大模型可以快速地应用于各个领域，人机共生的现状正在发生急剧的转变。

8.3.2　人机结合的三个层次

大模型时代下，机器与人类的互动日益频繁。早在 1960 年，利克利德（Licklider）就提出了一个具有远见卓识的观点，即将人类与机器的互动比喻为生物学中的共生现象。他借助人类与机器共生的观点，意在描述人类与高度智能的计算机网络机器之间紧密联合、共同生活的状态，使双方都能从中受益。他设想人类与机器能够共同协作，实时动态、交互地解决问题。

人机共生的愿景在大模型时代下的人机交互研究中变得越来越接近现实。然而，这个概念本身、其驱动力、边界条件以及人机共生的应用场景仍然非常模糊，需要付出高度跨学科的努力，以便在未来优化人机交互的复杂性。因此，需要一种同时考虑共生双方视角以及共生多元结构的方法。

为此，我们从思维科学的角度进一步梳理出人机结合的三个层次。

1. 初等结合

人类和计算机各自具有独特的优势和限制。人类在解决问题时能够充分发挥经验和直觉的作用，特别擅长在复杂情境中制订计划和作出决策。然而，当面对大量的数据计算和处理时，人类的效率相对较低。相反地，计算机以其高效的数据处理能力而著称，能够迅速处理大规模的数据，但在处理定性信息和进行复杂问题的基本判断方面相对不足，如图8.1所示。

图 8.1　人机初等结合

人机初等结合在充分发挥人类和计算机各自优势的基础上，构建了一种协同合作的模式。这种方法的核心思想是将那些能够形式化、可重复计算的任务交给计算机来完成，而复杂且难以形式化的任务则需要人类的直接或间接参与，形成了人机结合系统。

举一个实际的例子是医学诊断领域。医生在面对患者的病历、检查结果和症状时，能够运用自身的专业知识和临床经验做出初步的诊断计划。然而，随着医学领域的不断发展和数据积累，大量的医学数据需要被分析和处理。在这方面，计算机可以通过对大规模的医学数据库进行分析，识别潜在的模式和趋势，为医生提供更全面、精确的信息，从而辅助医生做出更准确的诊断和制订治疗方案。

另一个例子是智能交通系统。在城市交通管理中，人类负责制定交通规划、应对突发事件等复杂决策，而计算机则通过智能交通灯控制、路况监测等技术来优化交通流，提高道路通行效率。这种人机结合的方式使得交通系统更加智能化，能够更有效地缓解拥堵问题，提高整体交通系统的运行效率。

初等结合的另一个重要方面是人的逻辑思维被外化到计算机中。也就是说，人类可以将自己的逻辑思考、问题解决方法以及经验知识转化为算法、软件功能等，使计算机能够具备类似人类的逻辑推理能力。在金融领域，人们可以利用计算机执行复杂的金融模型，通过对市场趋势的分析和预测来进行投资决策。在此过程中，人类的投资经验和洞察力被转化为算法，从而使计算机能够更有效地进行金融决策。

综合而言，初等人机结合的实际应用贯穿于社会发展的各个领域，可以充分发挥人类和计算机的优势，取得更好的综合效果。这种人机结合的方式在解决实际问题和实现计算智能方面具有广泛的潜力。

2. 人机协同

人和计算机除了功能互补，还可通过交互与反馈互相感知理解。这种紧密的交互反馈环境使得人与机器之间的合作变得如同人与人之间的协作一样，因此，这种人机结合方式被形象地称为人机协同。在人机协同中，人类既参与模型的训练、调整和测试，同时也向机器传授知识，使得机器具备学习知识的能力。这种协同模式在机器学习算法中得到了广泛的应用。

一个典型的例子是在自然语言处理领域中的机器翻译。人类翻译员可以对数据进行标注，指导机器学习模型理解不同语言之间的语法、词汇和语境。同时，通过大量的双语对照数据，机器学习算法能够学习到从一个语言到另一个语言的翻译规律。这样的人机协同使得机器翻译系统在实际应用中取得了显著的进展，为跨语言沟通提供了更为便捷和准确的工具。

人机协同的另一个重要方面是将人的认知赋予计算机，使其具备感知智能。在图像识别领域，机器学习算法通过学习提取图像的特征，从而解决对未知图像的识别问题。例如，通过训练模型，计算机可以辨别图像中的物体、场景和人脸，使其具备视觉感知能力。类似地，在语音识别、语言翻译、运动控制等领域，机器学习算法也通过学习人类的行为模式和语言规律，赋予计算机听、说、读、写、运动控制等多方面的感知能力。此外，计算机通过数据可视化、统计分析等信息反馈方式，辅助人们洞察难以发现的规律和知识。在金融领域，计算机可以通过对大量市场数据的分析，提供图形化的趋势图表，协助投资者更好地理解市场动向。这种信息反馈方式不仅增强了人类的视觉、听觉、触觉等感知能力，同时也提高了决策的准确性和效率。

在人机协同的框架下，人类与计算机共同构建了一个相互促进、共同学习的生态系统。通过交互与反馈，人机协同不仅提高了计算机在各领域中的智能水平，也为人类提供了更强大的工具和资源，共同推动了科技与社会的进步，人机协同框架图，如图8.2所示。

图 8.2　人机协同

3. 人机融合智能共进

随着算力、数据、算法等要素逐渐齐备，先进的算法结构不断涌现，成熟的人工智能技术逐渐向代码库、平台和系统发展，实现产业和商业层面的落地应用，推动人工智能发展迈向新阶段，人机融合智能共进成为必然趋势，并将对复杂系统的演化和涌现等产生新的影响。人机融合智能共进的核心任务是如何将人的创造思维外化并赋予计算机，用于解决计算机能思考、推理、决策的问题。人向机器传授学习方法，即关于学习方法的学习，计算机不但会学习，还知道如何学习，并创造新的学习方法，如上下文学习（in-context learning）方法。

从人对机器的智能增强角度出发，类脑智能可以借鉴脑神经和认知科学研究，增加空间复杂度以保留计算单元之间的结构相关性，构造基于神经形态工程的高速、新型计算架构。从机器对人的智能增强角度出发，利用超大规模数据计算与推理将成为提升人的洞察和思维能力的有效途径。在人机系统中，通过大模型实现任务的泛化性表征与学习，实现模型的符号化输出到可解释性方案的转换，从决策大模型生成新的认知。对人进行认知心理建模，有效表达思维和心理状态，提升人对复杂问题的深入洞察与认知理解。以前，人类普遍陷入个体的局限思维中，如今计算机可帮助人类洞察世界、提升思维能力与水平，这是人类信息时代前所未有的进步与发展。随着人机系统的持续调整与发展演化，通过人类与机器在不同层次上的协作、双向启发和激荡、反馈迭代，人的思维能力随之提升，机器的智能水平随之增强，最终实现人机融合智能共进，如图 8.3 所示。

图 8.3　人机融合智能共进

以下技术的突破将有助于促进人机融合智能共进的发展。

1）脑机接口大模型赋能人机融合

脑机接口是实现人机融合的关键技术之一，通过建立大脑与外部设备之间的直接连接，使得人类可以通过大脑信号直接控制外部设备，或者将外部设备的信息直接传递给大脑，人类可以更加自然、高效地与机器进行交互，从而实现人机之间的优势互补和协同工作。目前，脑机接口技术已经取得了一定的进展，但仍处于发展阶段。在基础理论研究方面，科学家们已经对脑机接口的基本原理和关键技术进行了深入研究，包括脑电信号的处理和分析、神经元的编码与解码、脑电信号与机器指令的转换等。在应用研究方面，脑机接口已经在医疗、康复、军事等领域得到了一定的应用，如用于辅助残疾人士进行日常活动、帮助癫痫患者预防发作等。

尽管脑机接口已经取得了一定的成果，但因为原理和技术的限制，精确地实现神经解码是非常困难的。第一个问题是人们对神经编码的理解还十分有限，导致测量和建模未必能抓住最核心的参数。第二个困难源于数据采集技术带来的信息局限性。基于不同技术对数据采集精度和对神经系统损伤程度的考虑，现在能获取的数据在时间和空间分辨率都非常有限。第三个挑战是作为编码的逆问题，解码通常是一个病态问题。在有限的精度下，两幅场景对应的功能性核磁共振成像（functional magnetic resonance imaging，fMRI）

图像可能几乎一样，因此，当看到一幅 fMRI 的模式时，并不能确定反推出到底哪幅图像是本来的刺激图像。在这种情况下，也就无法实现视觉场景的重建。

大模型时代下，如果把采集到的大量高质量、标准化大脑信号输入给 AI，推动开发"脑机接口大模型"，上述三个问题或许能够较好地得到解决。可以利用"脑机接口大模型"分析神经元放电模式与特定行为或认知状态之间的关系，帮助揭示神经编码的潜在机制。也可以通过模拟大脑神经网络的复杂动态，为我们提供关于神经信息处理的更深入见解，从而指导实验设计和数据分析。虽然大模型本身不能直接改进数据采集技术，但它们可以通过分析现有数据的局限性来指导未来数据采集策略的优化。例如，确定哪些类型的数据对于提高解码精度最为关键，或者预测在哪些脑区进行更高分辨率的测量可能最有信息量。此外，大模型可以用于设计和优化信号处理技术，从有限的、嘈杂的数据中提取更多有用的信息。大模型在处理高维数据和复杂模式识别方面具有优势。通过训练"脑机接口大模型"来学习从神经信号到外部刺激或行为意图的映射，大模型可以在一定程度上缓解解码的病态问题。

2）机器行为的研究赋能人机融合

机器行为学是对智能机器的行为进行科学研究的跨学科领域，包含 3 个层次：单个机器行为学、团体机器行为学以及混合人机行为学。这其中，又以混合人机行为学最为复杂。在人机混合系统中，人可以重塑机器的行为，机器也可以重塑人的行为，人与机器之间还可以派生出合作行为。未来该领域的发展趋势和研究热点包括以下 3 个方面。

（1）在研究机器行为的机理和演化中，需要充分考虑法律制度、伦理规范和文化等因素的影响。已有相关研究主要面向结构化的简单应用场景，未来研究需要面向真实复杂的管理决策场景，将法律制度、伦理规范和文化等融合到机器行为的机理、发展、适应性、群体演化等方面的建模中。

（2）研究人机协同决策中机器行为与人的行为的交互机理和相互影响，尤其是机器行为对人的塑造和影响。随着人工智能系统在生产和生活中的广泛应用，人机协同决策会对参与其中的个人或群体提出特定的要求，机器行为也可能导致一些新的社会现象或问题，对人的心理、行为、生活和工作等产生影响。

（3）针对不同的管理应用场景，研究相应的新型人机协同决策理论和技术。虽然已有研究涉及人类的政治、经济、医疗和教育娱乐等各个领域，但是还存在大量的有重大价值和应用前景的领域尚未涉及，对应的人机交互机制和人机协同决策机制还有待深入挖掘。

8.3.3　人机结合的安全和伦理问题

从人工智能助手到机器人外骨骼，从生物传感器到脑机接口，当谈论到人机结合时，必然会提起一个引人深思的课题，那就是人机结合的安全和伦理问题。因此本节将探讨人机结合所带来的安全和伦理挑战，以及如何应对这些挑战以确保技术的发展与人类的福祉相辅相成。

1. 人机结合的安全问题

人机结合领域中的安全问题主要涉及隐私安全、算法安全以及物理安全。隐私安全是指在人机结合的环境下，需要保护个人信息不受未经授权的访问、使用和泄露。例如，智能家居设备可能会收集用户的居家生活习惯和行为模式，如果这些数据被未经授权的第三方获取，可能会被用于侵犯用户的隐私权或进行针对性的广告营销。算法安全是指在人机交互中，需要确保人机结合系统中算法的可靠性。例如，自动驾驶汽车的算法可能受到来自恶意攻击者的影响，导致车辆偏离正常行驶路径，发生交通事故。物理安全是指在人机结合系统中，保护实际设备和接口免受未经授权的操控、损坏或篡改的威胁。与隐私安全不同，物理安全更加关注于保护设备本身，而不是数据或信息的安全。例如，外骨骼系统或植入式医疗设备可能会对用户的身体健康造成直接威胁。在人机结合的领域中，隐私安全、算法安全、物理安全这三方面相辅相成，共同构成了保障人机结合系统安全的关键组成部分。

2. 人机结合的伦理问题

人机结合的伦理问题主要涉及人自主性与机器控制权冲突和人机道德标准差异这两方面。人的自主性指的是个体能够自主做出选择和决策的能力，而机器的控制权则是指机器系统在某些情况下可以接管个体的行动或决策权。当两者相冲突的时候，就引发了人自主性与机器控制权冲突这一伦理问题。例如，在现代手术中，医生需要将部分控制权转交给机器人系统，二者相互配合，完成手术中的精细操作。但由于医生更倾向于依靠自己的专业知识和经验，机器系统更倾向基于以往的数据和算法，那么当医生和机器系统的决策产生冲突时，就会延误治疗进程，影响患者的健康。人机道德标准差异问题涉及人类与机器之间互动的伦理原则和价值观。人类有道德意识和责任感，可以对其行为负责，会考虑到公平、正义和个体权利的道德因素，并遵循社会、文化和法律的道德标准。然而机器本身缺乏道德意识和判断能力，只能执行预先编程的指令或算法。因此，人机交互中往往存在着人类与机器在道德底线上的差异，导致忽视了某些群体的利益或权利，从而影响社会公平。

人机结合的伦理问题涉及人类与机器之间的互动、权力分配、责任界定等方面，直接影响着人机结合时代下社会的发展和运作，因此需要认真思考和解决，以确保科技的进步不会伤害到人类的利益和社会的稳定。

3. 从综合集成的角度优化人机结合的安全和伦理问题

基于综合集成法，通过对知识体系、机器体系和专家体系这三个体系的综合思考和协调，可以更好地对人机结合的安全和伦理问题进行优化。

知识体系涉及对数据和信息的理解和应用，可以通过数据加密与联邦学习的手段优化人机结合的安全和伦理问题。数据加密是确保数据安全和隐私保护的一种重要手段，可以防止未经授权的访问者获取到敏感信息。联邦学习则是一种通过在多个设备或数据中心上进行分散式学习，从而保护用户隐私和数据安全的机器学习方法。例如，每个医院都拥有自己的患者数据库，包含诊断、治疗和医疗历史等敏感信息。通过联邦学习，这些医院可以共享数据而无须将其传输到中心服务器，从而确保患者隐私和数据安全。

机器体系则关乎模型的架构和算法优化，如算法集成通过利用多个算法的决策结果来提高系统的安全性和可靠性。在脑机接口的神经反馈系统或脑控外骨骼等应用中，可以通过集成多个模型的决策结果，增强对用户脑活动和意图的识别及响应能力，从而提高脑机接口系统的性能和可靠性。

　　而专家体系则是通过人类专家的参与和指导提升人机结合的安全和伦理问题。例如，当生产线上的工程师和自动化模型存在决策冲突时，领域专家通过审查故障报告、机器传感器数据和设备历史维护记录，与工程师和机器学习团队交流，分析故障的根本原因，并制订出解决方案，以确保生产线尽快恢复正常运行。通过领域专家的介入和协调，人和机器之间的决策冲突得以解决，从而实现更好的合作和协同效应。

　　在不断发展的人机结合时代，安全和伦理问题至关重要。通过综合知识体系、机器体系、专家体系三个方面，建立完备的知识体系和规范，训练可靠的算法和模型，培养高精尖的专家团队，可以更好地应对人机结合带来的挑战，实现人机协同共赢，确保人机结合的发展能够造福人类社会的全面进步。

主要参考文献

[1]　ISLAM M K, RASTEGARNIA A. Recent advances in EEG (non-invasive) based BCI applications[J]. Frontiers in Computational Neuroscience, 2023, 17: 1151852.

[2]　INGA J, RUESS M, ROBENS J H, et al. Human-machine symbiosis: A multivariate perspective for physically coupled human-machine systems[J]. International Journal of Human-Computer Studies, 2023, 170: 102926.

[3]　LU Y, ADRADOS J S, CHAND S S, et al. Humans are not machines—anthropocentric human-machine symbiosis for ultra-flexible smart manufacturing[J]. Engineering, 2021, 7(6): 734-737.

[4]　HAESEVOETS T, DE CREMER D, DIERCKX K, et al. Human-machine collaboration in managerial decision making[J]. Computers in Human Behavior, 2021, 119: 106730.

[5]　GLIKSON E, WOOLLEY A W. Human trust in artificial intelligence: Review of empirical research[J]. Academy of Management Annals, 2020, 14(2): 627-

660.

[6] RAHWAN I, CEBRIAN M, OBRADOVICH N, et al. Machine behaviour[J]. Nature, 2019, 568(7753): 477-486.

[7] RADFORD A, WU J, CHILD R, et al. Language models are unsupervised multitask learners[J]. OpenAI blog, 2019, 1(8): 9.

[8] HOC J-M. From human-machine interaction to human-machine cooperation[J]. Ergonomics, 2000, 43(7): 833-843.

[9] 王丹力，郑楠，刘成林 . 综合集成研讨厅体系起源、发展现状与趋势 [J]. 自动化学报 , 2021, 47(8): 1822-1839.

[10] 郑楠，章颂，戴汝为 . "人 - 机结合"的综合集成研讨体系 [J]. 模式识别与人工智能 , 2022, 35(9): 767-773.

[11] 戴汝为 . 认知科学进展 [J]. 中国科学基金 , 1997, (1): 5-9.

[12] 戴汝为 . "人机结合"的大成智慧 [J]. 模式识别与人工智能 , 1994, 7(3): 181-190.

[13] 戴汝为，张雷鸣 . 思维 (认知) 科学在中国的创新与发展 [J]. 自动化学报 , 2010, 36(2): 193-198.

[14] 德雷福斯 . 计算机不能做什么 [M]. 宁春岩 , 译 . 上海：三联书店 .1986.

[15] 陈自富 . 炼金术与人工智能：休伯特·德雷福斯对人工智能发展的影响 [J]. 科学与管理 , 2015, 35(4): 55-62.

[16] 程学旗，梅宏，赵伟，等 . 数据科学与计算智能：内涵、范式与机遇 [J]. 中国科学院院刊 , 2020, 35(12): 1470-1481.

[17] 曾大军，张柱，梁嘉琦，等 . 机器行为与人机协同决策理论和方法 [J]. 管理科学 , 2021, 34(6): 55-59.

[18] 齐佳音 . 人工智能与变革管理专栏之十 挑战与方向：人 - 机关系 [EB/OL]. [2020-02-10]. http://www.suibe.edu.cn/ai/2020/0210/c7640a96515/page.htm.

[19] 车万翔，窦志成，冯岩松，等 . 大模型时代的自然语言处理：挑战、机遇与发展 [J]. 中国科学：信息科学 , 2023, 53(9): 1645-1687.

第9章
未来趋势、挑战与应对

前述各章立足于大模型系统的当前发展状况，讨论了其与综合集成工作系统的结合和应用问题，其核心在于基于自然语言交互的人机融合。目前，以大模型为代表的人工智能仍处于快速发展阶段，考察其发展趋势、面临的挑战，以及应对策略，将为人机融合指明新的方向。

9.1 人机融合的未来发展趋势

就大模型自身来说，更大的参数规模和更多的训练语料一定是个长期追求，因为参数规模代表了"能学"潜力，语料数量则代表了"所学"程度。不过从 GPT-4 开始，官方有意淡化了参数规模，这可能暗示着规模比拼的重要性有所下降。至少在短期之内，更加多样化的交互方式、更加安全准确的输出内容和更加强大的回答及创作能力，才是大模型竞争的主战场。但淡化不等于忽略，增速下调也不等于停滞，伴随大模型训练硬件成本的降低，规模上升是必然趋势，只是上升曲线可能会越来越平缓。

参数规模与语料数量相呼应，越大的参数规模意味着需要越多的语料进行训练；反之亦然，越多的语料意味着越多的知识，就需要越大的网络结构来存储。GPT-3 的训练语料高达570GB（据信整理前的原始大小为45TB左右），考虑到互联网上的文本内容存在大量重复，而大模型的语料库经过精心筛选，可以说人类可靠知识中的相当一部分已经纳入语料库，进而被大模型学习得到。今后语料库的扩展将集中于以下几个方面。

（1）日常进展性材料，如新闻、论文和专著等，这些材料与时俱进，经常包含着新的事实、常识、科学理论和技术知识，是对大模型已有知识的良好扩充。

（2）多语言材料，此前大模型学习的语料以英文为主，英文材料虽然在人类知识库中占据着较大比例，但仍有许多知识采用其他语言表达和存储，引入这些材料可以进一步扩充大模型的知识量。

（3）图片材料，除了文本，图片也是表达知识的一个良好工具。GPT-4 的原始训练语料达到 PB 级，很重要的一个原因就是它把图像文件加入了自己的语料库，从而可以学习有关图像方面的知识。近些年来，随着移动设备的爆发性增长和移动互联网的持续繁荣，大量图片被拍摄、生成并上传至互联网，成为艺术、知识和经验的载体，这将是大模型知识的另一重要来源。

（4）视频材料，得益于视频拍摄、编辑和制作的门槛快速降低，短视频在最近十年都是增长速度最快的一种互联网表达媒介，至今仍在快速增长，构成新知识的另外一个重要来源，很可能具有比前三种材料更大的潜力。

上述新语料的加入，必将丰富和完善大模型的知识体系，使其在知识的广度、深度两个维度上获得长足进步，从而更好地补充人类特定个体和群体头脑中的知识，促进更加全面的人机融合。尤其是图片和视频材料的加入，还大大丰富了大模型系统输入输出的形式，使得它可以通过图像、视频与用户（人类）进行交互，进而支持用户之间通过 AI 生成的图像视频进行交流和讨论，这对于某些复杂问题的解决（例如建模问题、推演问题）可能具有特殊重要的价值。

与此同时，大模型发展的另外一个趋势是最大上下文词元（token）数的不断增大，这一数字限定了大模型可以一次性处理的最大文本长度，也代表了模型的上下文窗口宽度，窗口越大，大模型可一次性处理信息就越多，输出也就越连贯和实用。例如，对于一个最大上下文词元数为 1000 的大模型来说，如果输入的文本长度超过 1000 词元，文本就会被截断，"超限"部分被丢弃，其中蕴含的知识无法被学习，它与被保留部分之间的联系也就无从得知，大模型甚至会因此学习到错误知识、给出错误的答案。

受限于各种软硬件能力，早期大模型的最大上下文词元数普遍较小，如

GPT-3 只支持约 2000 个词元（大约相当于 1700 个单词的英文或 1000 个字的中文）的输入；GPT-4 提升到了 32 000 个，可以处理一篇短篇小说，但到中篇小说就力不从心了；GPT-4-Turbo 进一步提升到 128 000 个，可以处理中篇小说了，但还不能处理长篇小说。谷歌在 2024 年初发布的多模态大模型 Gemini1.5 Pro，可稳定地处理高达 100 万词元的文本、音频或视频输入，极限则达到 1000 万词元，这使得它能够分析时长超过 11 个小时的音频资料和 3 个小时的视频资料，或者超过 30 000 行的代码库，超过 70 万个单词的文本。

当然，如同参数规模与语料数量一样，最大上下文词元数的增长也会经历一个从快到慢的过程，终究会达到一个稳定状态或者极限。但这一窗口越大，用户与大模型交互时受到的制约就越少，大模型输出的内容也可以越强大。举例来说，由于某个小词元窗口的大模型只能"理解"最长 1000 行的代码库，那么用户就无法指望它一次性自动生成超过 1000 行的代码，代码的功能自然就比较简单，如果它能理解并生成 10 000 行的代码，那么代码的功能必然大大增强，其对用户的帮助也将大大提升。

最后，大模型的微调技术也处于快速进化之中，从全量微调到高效微调，从二阶预训练到强化学习再到检索增强，大模型学习领域知识的方法越来越多、速度越来越快、准确度越来越高，专业能力自然变得越来越强。这对于无时无刻不涉及专业知识和专业经验的综合集成工作系统来说，无疑也是极有价值的事情。可以设想一下，在开始求解某个复杂问题时，其所涉及的某类专业知识尚未被大模型系统学习，但在求解过程中，计算机专家通过部署本地化微调系统，快速对通用 / 公用大模型系统进行微调，从而使其在极短时间内获得了所需的专业知识，及时支持特殊专家参与了相关问题的研讨。这相当于实现了一个人机"按需融合"新范例。

我们仍然可以从综合集成工作系统三类专家对的角度，设想大模型系统在技术层面的发展趋势（包括规模增大、语料扩展、窗口扩宽、快速微调）对人机融合的影响和促进，例如：

（1）普通计算机专家 – 特殊计算机专家对。其对普通计算机专家的影响是构建综合集成工作平台所需复杂软件功能的难度和成本变得越来越低。由于更多编程知识和更长代码库的加入，大量功能可以在研讨时利用自动代码生成技术按需加入；由于微调技术的进步，某些特殊领域专家也可以在研讨时快速按需引入。这就大大降低了普通计算机专家预先设计、开发一个无所不包的庞大、复杂工作平台的难度，并使得平台具有某种演化特性，能够伴随问题求解过程展现出不同支持重点和特性。

（2）普通组织专家 - 特殊组织专家对。多模态语料的加入，可以让特殊组织专家轻松理解、跟踪专家群体输入的各类材料，更好地维护研讨秩序，避免空转和误判。上下文窗口的扩宽，一方面可以让特殊组织专家跟踪更长的研讨周期，另一方面可对更复杂的研讨进程进行归纳和总结，为普通组织专家提供更全面、更稳定的辅助服务。

（3）普通领域专家 - 特殊领域专家对。大模型功能的增强首先表现为知识储量和表达能力的增强，其对特殊领域专家"技能"的提升是最直接、明显的，可以表现为知识广度的扩展、知识深度的增加、对最新知识的吸纳、"思维"链条的增长等。尤其是伴随快速微调技术的成熟，根据问题求解需要随时引入新的特殊领域专家查漏补缺，组成灵活的特殊领域专家群体，与普通领域专家群体协同工作，将会把综合集成工作系统中的人机融合推升到一个新层次。

除大模型之外，人工智能领域还有一个方向可能对人机融合产生重要影响，那就是具身智能（Embodied AI）。虽然人们对具身智能期待已久（例如对各种人形机器人的幻想），但囿于软硬件技术的限制，其进展并不顺利。但是近年来，机器人的运动控制问题取得一定突破，某些先进机器人已经表现出相当的独立行动潜力，具身智能可能正在走向爆发的临界点，大模型则为这一爆发提供了另外一个维度的铺垫，那就是现实世界中的决策问题。

具身智能的困难来源于两个方面：一方面是运动控制，让机器人在复杂的现实世界中行动自如，涉及视觉、触觉、力学和动力学等多方面的复杂处理与控制，是前期机器人研究重点解决的问题；另一方面是决策问题，机器人在现实世界中的每个动作和每个行为都涉及复杂的决策，否则它只是一台自适应行走的机器，而不可能承担所谓"智能"型任务。

大模型系统对化解具身智能这两方面的困难都可起到显著提升的作用。在运动控制方面，大模型首先提供了一种大网络、大参数、大数据、大算力的自学习范式，对于解决不确定环境下的复杂运动控制问题具有极大启发性；其次，大模型对于图像视频数据的理解可与机器人的感觉系统相结合，帮助后者理解现实世界，实现更加正确、合理的运动控制。但大模型系统对于具身智能更重要的帮助在于决策层面，它可以直接给机器人提供一个庞大知识库，让它知道怎么与现实世界中各种各样、不可计数的对象进行交互，怎样灵活规划自身任务、随机应对各种未知状况，从而能够顺利执行各种高级任务。在大模型系统出现之前，这是一个难度超过运动控制的极其棘手的问题。

上述促进作用，都是大模型对具身智能而言的。反过来，具身智能对于大模型有着更加深刻的矫正价值。目前的大模型系统，无论其能力有多么强大，无论其语料来自何处，学习到的都是"书本知识"即信息层面的知识，它与现实世界没有任何真正意义上的交互，因而不可能拥有任何感受层面和物理层面的真正知识。这就像一个坐在教室里的学生，无论他自身多么聪颖，老师多么博学务实，只要一天不走出教室进行亲身实践，他就不可能真正掌握这些知识，也不可能真正体会这些知识的真假对错和运用条件。

而具身智能因为身处现实世界，与现实环境有着物理层面的交互、矛盾甚至是冲突，时刻"感受"到现实世界的反馈，它的知识必然更加具体而"真实"，可对自己头脑里已有的知识进行修改和调整。把这一机制引入大模型系统，一方面实现基于具身智能的强化学习，使其摆脱基于传统 AI 反馈的强化学习方法的缺陷，在有效降低成本的同时，贴近基于人类反馈的强化学习效果；另一方面，则可借助具身智能知识库对大模型中的知识进行系统化分析和检验，探索更加"真实"的大模型设计、训练和后处理方法。

大模型系统与人的结合，将在一定程度上节省人的脑力，降低复杂问题求解的知识成本；具身智能与人的结合，将节省人的体力，降低社会运行的人力成本；大模型与具身智能的结合将使二者互相增强，全方位提升 AI 系统在体力和脑力两个方面辅助人类的质量和效率。三者互相结合，将形成人机融合的又一全新领域，不过鉴于目前具身智能的完成度较低，我们仍将主要注意力放在大模型系统与人的结合上，期待在不久的未来借助具身智能对大模型系统的增强，将形成更加安全、可靠和紧密的人机融合。

除人工智能之外，还有一个可能对人机融合产生重要影响的领域，就是所谓的扩展现实（XR）技术。早在 1992 年钱学森院士首次提出综合集成研讨厅的构思时，就已经把虚拟现实（VR）纳入其中，称之为灵境技术，认为"灵境技术是继计算机技术革命之后的又一项技术革命。它将引发一系列震撼全世界的变革，一定是人类历史中的大事。"三十多年来，虚拟现实相关技术获得长足进步，出现了 AR（增强现实）、MR（混合现实）等新兴领域，并在某些具体行业获得了一定的应用实践。但同样受限于软硬件技术和使用体验，包括 VR、AR、MR 在内的扩展现实技术尽管屡屡引起人们的强烈关注，却始终无法做到大范围普及。

但在综合集成领域，由于大模型系统的引入，图像和视频（包括动画）的生成难度大大降低，结合这一趋势，在复杂问题求解过程中使用扩展现实技术将会逐渐变得现实且有价值。传统条件下讨论扩展现实的应用问题，最大的制约在于虚拟对象的制作，如果能借助多模态大模型系统，使用自然语言生成清晰的图像，那么专家群体在讨论复杂概念时，其准确度和轻松度无疑将会大大提升。对于抽象的逻辑过程，如果采用动画、视频来表达，其可理解性也会大大增强。

更进一步，如果大模型系统能够根据自然语言生成可操控的三维（甚至是高维）虚拟对象，专家们使用扩展现实设备查看、操作、修改、注释这些对象，研讨过程将在很大程度上超越自然语言，形成逻辑思维和形象思维并重的交互模式，这对激发专家灵感、促进社会化智能的涌现，将有直接的促进作用。

在大模型系统、具身智能和扩展现实的共同加持下，可以想象未来综合集成系统的一个典型工作过程。

1. 召集相关的专家

主持人根据问题所涉及的领域在综合集成工作平台的专家库中挑选相关

专家，专家库借助文生图像大模型系统为库中每个专家生成一个立体模型，全方位展示其背景、专长和特点，以便主持人进行对比、筛选。

2. 明确问题

主持人可以使用丰富的文生图向专家们介绍待解决的问题、关键的求解目标和主要约束条件，也可以用文生视频展示需求、现状和求解意义等，激发专家的工作热情。

3. 初步研讨，提出解决问题的经验性假设

普通领域专家和基于大模型系统的特殊专家各显神通，运用自然语言、文生图像、文生三维模型、文生视频等丰富多彩的方式对问题求解思路和前提假设进行讨论。基于大模型系统的特殊组织专家自动对领域专家们的观点进行提炼，生成各种观点的时序图，以便回顾、总结和复盘。

专家群体就问题求解的思路和过程达成一致后，组织专家设计后续研讨流程，以文生三维图像的方式展现给各类专家，专家们拨弄这个三维图像便可了解研讨的阶段划分和各阶段的任务、目标，选中一个感兴趣的环节予以放大，就可以看到更具体的子任务、子目标和相关资源。如果不满意该环节的设定，可以操纵三维图像进行修改。

4. 确定系统建模思想、模型要求和功能

领域专家和组织专家的工作方式同上，同样可以采用三维对象对建模体系进行表达、讨论和修改。计算机专家则在领域专家确定系统模型和模型要求后，在特殊计算机专家的帮助下，利用自动代码生成技术，快速实现所需的系统模型，并在领域专家要求修改时，随时进行修改。

5. 界定系统边界，明确系统变量

同上。

6. 系统仿真

专家运行系统模型，观察运行结果，运行结果由特殊计算机专家－普通

计算机专家对共同呈现多样的可视化效果。

7. 系统分析

同上。

8. 系统优化

同上，如果需要，特殊计算机专家－普通计算机专家对共同修改、调整系统模型。

9. 专家共同对上述系统优化结果进行分析、讨论和判断

此步往往会出现激烈的讨论和辩论，三类专家对均呈现忙碌的工作状态。领域专家运用各种方式（音频、文字、图表、立体对象和文生视频等）发表意见、阐述观点、思考学习；组织专家密切关注跟踪进程、维持研讨秩序，随时抽取、统计和展现专家群体意见分布；计算机专家则随时准备修改模型，按需提供各种数据分析和可视化工具。

10. 专家认为结果不可信，重复上述第 3~9 步

工作模式基本上与以上第 3~9 步相同，但此处可能引入研讨复盘、集体学习与培训和分组对抗等环节，多模态的交互方式、按需实现的软件功能、及时准确的组织管理，同样均可在这些环节中发挥重要作用。

11. 各方面专家都认为结果可信，做出结论和政策建议

自动生成图文并茂的研讨报告和政策建议，专家以可视化方式对报告和建议进行集体修改，并可通过文生视频等方式对报告和建议予以生动、形象的说明。

12. 本次工作结束

大模型系统回顾研讨过程，自动标出重要节点，生成研讨摘要和总结视频，供专家们日后查阅和复盘。

在这种新型的人机结合环境下，专家们可以更加专注于讨论、思考和学

习，而更少受到表达手段与模型工具的制约，从而加速复杂问题求解的迭代过程，更快实现认识飞跃。这里的综合集成工作系统既提供了一个特例，也为未来更加强大的人机融合指明了一个可能的方向。

9.2 未来挑战与应对的探讨

在前文叙述的对人机融合产生重大影响的技术中，具身智能的成熟度较低，本书对其期许主要集中于有关真实世界知识与感受的获取，以便对大模型系统进行改进，完善其知识体系。具身智能本身是一个复杂度极高的宽广课题，长远来看其价值和意义远超大模型系统，在理论、技术、应用、伦理和心理等诸多方面存在严峻的困难和挑战，对这些问题的讨论已经超出本书的讨论范围，故略。

扩展现实的挑战主要在于技术，包括两个方面：一方面是自身亟须解决的技术难点，如佩戴设备的舒适性、易用性问题，交互的速度、准确度和精度问题，应用开发的成本和难度问题等；另一方面是与其他应用相结合产生的问题，如对象的构建与操作问题。

以扩展现实技术在综合集成工作系统中的应用设想为例，主要思路是把工作过程中涉及的大量问题、猜想、概念和模型可视化为立体对象，通过共同观察、操作、修改这些对象，专家之间实现直观的交流与讨论，从而避免出现以下3种问题：①烦琐的语言描述过程；②自然语言表达不准确引起的误解或歧义；③过于聚焦于局部问题（例如求解过程的某个环节、模型的某个细节）而忽视了整体性意象和全局性任务。这些正是形象思维的优点。

这里就涉及两个应用问题：一是被操纵的对象从何而来；二是对象的操纵性如何定义。前者的设想均是通过大模型系统产生，由领域专家用自然语言描述给大模型系统，后者自动生成相应的对象。目前的障碍在于大模型的生成对象具有高度的不确定性，如用同样的提示词让它画画，每次画出来的内容是不一样的，即便使用脚本语言对画面的细节进行全方位描述，也不可能覆盖全部细节，从而无法保证细节之外的画面保持不变，这对于需要经历多个制作步骤，根据中间生成结果边修改、边完善的复杂任务来说，几乎是不现实的。

进一步过渡到立体对象，不仅涉及对象自身的外形（如形状、颜色、质感），还涉及对象之间的连接关系（例如可分离连接、不可分离连接、可变形连接、不可变形连接等），连接点对不同操纵的反应（如拉伸、弯折、断裂等）等，使用自然语言来描述，将更难。如果转用脚本语言，就等于让领域专家或组织专家承担了建模工程师的任务，用非所长，同样不太现实。

对于上面两种情况，一个可能的解决思路是对大模型系统进行针对性微调，使之学会如何把自然语言转换成适用于 3D 建模软件的脚本语言，然后调用 3D 建模软件生成所需的立体对象。这样就相当于给领域 / 组织专家配备了一个 3D 建模助手，专家负责定义，大模型系统负责翻译，3D 建模软件负责执行。生成的立体对象发送给扩展现实服务器，服务器再将其发送给参与工作的各位专家，专家借助扩展现实设备操作立体对象，对其所代表的语义对象进行深入讨论。

这样一来，大模型系统就可以辅助解决扩展现实的某些应用问题，让后者专注于自身"硬核"技术的研究，降低人机融合的技术门槛。以此类推，对于未来人机融合的其他领域或应用，也可以考虑以大模型系统为枢纽，把人类的自然语言、自然动作转换成专业系统可以理解的专业语言，生成专业对象，从而降低人机融合的难度，促进各个领域、各个方向上的人机融合。以大模型为枢纽的人机融合框架，如图 9.1 所示。

最后，我们回到大模型系统本身。值得注意的是，以大模型为代表的人工智能的发展，带来的不仅仅是益处，如第 5 章讨论的大模型幻觉问题就是一个典型代表，如果使用者在一些重要问题上被大模型系统"一本正经的胡说八道"欺骗，其损失可能是非常惨重的。再如，第 8 章讨论的社会伦理问题，受训练语料的制约，大模型系统获得的知识可能充满偏见，而且某些偏见是非常隐蔽的、不易察觉的，当其经历较长的时间周期或曲折的演进路线最终展现出来时，已经造成了非常恶劣的后果。所以，正确性、准确性和公平性是大模型系统带来的第一类问题。

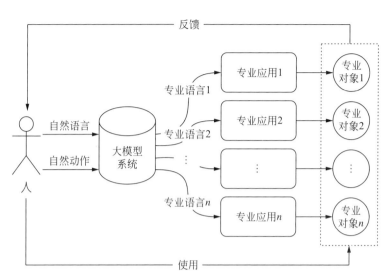

图 9.1　以大模型为枢纽的人机融合框架

第二类问题，是大模型强大的生成式功能带来的"垃圾信息"泛滥问题。从个人电脑的普及开始，到互联网（尤其是移动互联网）的兴起，再到社交网络和自媒体的全方位覆盖，个人在网络上进行意见表达的便利性越来越高，网络上用户原创内容（user generated contont，UGC）的比例随之不断升高。不过专业化表达依然存在一定的门槛，非专业人员勉强拼凑、编造的"专业性内容"很容易被识破和打假，但在大模型系统的支持下，非专业人员仅需提供几个关键词就可以源源不断地生产出几乎无穷无尽的"专业内容"。这些内容看似严谨，其实只是一些重复的陈词滥调，几乎没有知识含量可言，对阅读者而言多属浪费时间。

在大模型兴起之前，互联网上已经充斥着机器生成的"垃圾信息"，但由于其生成水平较差，鉴别和过滤的难度较低，尚不足以对阅读者产生显著影响。大模型的兴起很可能会打破这一局面，使更多阅读者落入"垃圾信息"的陷阱。尤其是随着文生图片、文生视频技术的发展，越来越多的"虚假"图片和视频将会以假充真、以假乱真，从"无图无真相"到"有图有假象"，甚至足以对专业人士产生迷惑作用，从而提升整个社会的信息鉴别成本。

第三类问题，"垃圾信息"与不恰当的信息分发机制相结合，会形成更加强烈的"信息茧房"效应，造成观点壁垒，形成"认知茧房"，导致更加严重的群体极化现象。使用某些大模型系统生成的"伪专业"内容虽然没有多少知识含量，其暗含的偏见和谬误却未必少，被各种专业术语精心包装后更具迷惑性和危害性，鉴别力不强的阅读者容易被其欺骗。加之同一领域/话题下，大模型可生成的内容无穷无尽，阅读者想看多少就能制造出多少。长此以往，不但浪费阅读者的时间，而且很可能降低其认知水平，造成不良的社会影响。

对于第一类问题——大模型的正确性、准确性和公平性问题，已经得到不少研究者和管理者的关注，提出了诸如人工智能伦理问题建议、伦理规范、伦理指南和应用监管指导意见等原则性的 AI 管理准则。这类问题与大模型系统的可用性密切相关，可通过技术手段（例如对齐技术）、市场机制（大模型系统之间的优胜劣汰）和管理规范（监管意见和法律法规）等多种方式联合应对。这类问题伴随大模型的出现而出现，也会伴随大模型发展而发展，不可能彻底根除，但就人类社会对新技术的管理经验而言，将其抑制在一个合理范围内，不会是一个非常困难的事情。

比第一类问题更难应对的是第二类问题，即大模型系统制造的"垃圾信息"问题，其影响在自媒体领域已经初见端倪，未来随着文生图像、文生视频门槛的降低，影响将变得更加明显。尤其是这些生成式信息越来越多，对网络正常内容的挤占和"污染"越来越严重，可能反过来构成大模型的新学习语料，形成恶性循环，导致大模型自身学到的无效、虚假知识也越来越多。这类问题更难解决，因为它涉及更多参与者（大模型系统的使用者），而不像第一个问题，涉及的主要是大模型系统的开发者和经营者。

第三类问题与此类似，却又涉及更多参与者（主要是终端用户，即各类文生文章、图像和视频的阅读者、观看者，其数量级远远超过大模型系统的开发者、经营者和直接使用者），牵涉到更多经济利益，因而存在更加复杂的博弈。对于这类问题，必须采用多层次的方案，多方协调、齐抓共管，才能取得较好的成果。例如，在大模型开发者层面，通过技术手段，尽力避免大模型输出没有价值的"垃圾信息"；在大模型使用者层面，要求其必须明确标明自己使用的文生材料，并在显著位置给出这类材料可能包含虚假、错误、误导性内容的声明；在分发平台方面，应对用户发布的材料进行检查或抽查，确认其是否包含大量文生内容，是否做了恰当的标注和声明，同时降低包含大量低质量文生材料的作品的权重、减少分发，降低其对公共资源的浪费；在阅读 / 观看者层面，积极引导他们进行对比式阅读 / 观看，开阔视野，避免自己在信息茧房中越陷越深。

在可以预见的未来，错误信息、垃圾信息和认知茧房无疑将构成大模型系统的主要负面作用，如果应对不当，将会削弱大模型系统的真正价值，制约人机融合的发展进程。但也不必过于悲观，因为尽管第二、三类问题的应对难度较大，但这种难度主要来自牵涉面广和琐碎性强，需要在多方联合框架下予以系统性处理，而非存在理论上不可逾越的障碍。如同第一类问题一样，就历史经验来看，把后两类问题的危害抑制在一个合理范围内，是一个大概率事件。

与大模型相关的另外一个挑战，是所谓的"人工智能统治人类"问题。这个论调由来已久，自从 20 世纪 50 年代人工智能正式诞生以来，伴随每波发展浪潮，此问题必定浮出水面，引起各方人士的热烈讨论（甚至在人工智能诞生之前，科幻爱好者们就已经热衷于争论这个问题了），其间更夹杂着人类认知上限与强弱人工智能之争。因为人工智能在理论上可以学习到全部人类知识，从而在"智商"上"碾压"人类，大模型系统的兴起同样引起某些人的担忧，"人工智能即将统治人类"的论调卷土重来。在 2023 年 OpenAI 公司管理层的内部争斗事件里，有好事者还编造了 ChatGPT 产生了意识，对人类发出威胁，从而引发公司内斗的段子，以迎合人们潜意识里对通用人工智能（AGI）的担忧。

从技术层面来看，当前的大模型系统确实有可能学到全部人类知识，从而完成大量依赖特定知识才能完成的工作。但首先，这个工作本身还远远没有完成；其次，人类的知识体系并非是天然完备、一致的，当大模型系统的知识量足够庞杂时，是否会重现传统 AI 系统"知识越多反而越笨"的悖论，尚有待观察；再次，不管在技术还是实践上，大模型系统都未显示出任何创新力迹象，反而因为它对语料只做概率层面的相关性处理，而未真正学习其中暗含的逻辑关系，导致其时常出现"幻觉"；最后，最重要的是，我们暂时从理论上也无法证明大模型系统具有创新能力（反过来，却有很多它不太可能具备这一能力的论证）。

因此，即便对通用人工智能寄予厚望的研究者目前也仅倾向于从行为主义的立场来看待大模型系统，以它能够完成多少人类工作作为对它"智商"的评价，而不必探究其内部工作机理（是否完全与人类相同）。从这个角度来看，大模型系统在某种程度上符合"中文房间"的隐喻，依靠一本字典对房间外的人进行回复。不同于"中文房间"设定的是，这本字典是大模型系统自身从大量语料中"学习"得到的，所以我们不能说它完全不懂"中文"，但对于它到底是真懂"中文"，还只是获得了高超的模仿能力，从而能够以假乱真，尚有很大的探讨空间。

基于以上讨论，对于大模型系统的"超能力"问题，至少暂时不必过于担忧，也不需要给予过多关注，顺应技术发展潮流，继续推动大模型能力的稳步提升，做到就事论事、"摸着石头过河"即可。但对于另外一类问题——大模型系统深度普及（甚至是通用人工智能取得一定突破）之后的新型人机互补、人机分工问题，则需要引起足够重视，尽早予以研究和处理。

9.3 跨学科研究与创新

在本书前述章节中，我们从大模型系统为计算机体系带来的"新智能"的角度，重新理解人机结合，可以得到这样一个结论：将以大模型为代表的人工智能作为被综合集成的对象所产生的问题，将是综合集成研究中一个新的、重要的课题，因为在这个课题中，人机结合的做法将从基于增强量智与人的性智的综合集成扩展到基于增强量智与补充性智的全方位的综合集成，称为"人机融合"。

本书其余章节的主要内容均依据该结论展开，其立足点在于大模型系统的当前发展水平。但如果把时间周期拉长，考虑未来较长一段时间的发展趋势，将有更多新问题"涌入"人机融合的研究领域。其中最重要的一个问题是，伴随计算机的能力越来越强，对人类的"挤压"越来越严重，人机融合的必要性是否会越来越弱，以至于逐渐失去存在价值？

不管对于相信"机定胜人"的强人工智能者，还是对于相信"机器终究是机器"的弱人工智能者来说，计算机能力的继续提升都是确定性趋势。早在大模型系统崭露头角之前，计算机就已在"量智"方面确立了令人信服的优势（例如计算机在各类棋类运动中先后战胜人类冠军），大模型的成功则显著提升了计算机在"性智"方面的能力，即便它还不能战胜人类冠军（例如各行各业的科学家、艺术家和工程师），但在通识方面超越普通人、在专业方面超越初级人员，应该不需要太长时间。

如果把计算机和人当作两类竞争者，毫无疑问，计算机在量智和性智两个领域的"地盘"都将越来越大，而人类囿于生理和遗传的局限，其增长速度要比前者缓慢得多（甚至可能是根本没有增长），只能任由前者"为所欲为"，进而产生越来越强的对立情绪。但如果把计算机和人当作两类合作者，情况就完全不同了。以人类历史上前两次工业革命为例，机器与电气的发明和普及使得机器在体力上迅速超越人类，短期看导致了大量相关行业的倒闭，长期看却把大部分人从沉重烦琐的机械性体力劳动中解放出来，使得更多人可以从事轻体力、技巧性劳动乃至脑力劳动，这进一步加速了科技的发展。

同样，从合作的角度来看，计算机能力的每一次增强（不管是量智方面还是性智方面），都把很多人从相关的初等性、机械性脑力劳动中解放出来，使得他们能够从事更加复杂的工作，解决更为重要的问题。在这些脑力工作中，至为重要的是创新能力，即创造性思维——在现有知识的基础上，引入新的想法、理论、方法或技术，通过反复实践、反馈与综合集成，实现认识飞跃，从而突破旧知识框架，产生新的知识乃至知识体系。在可以预见的将来，这个能力仍然是计算机所不具备的，却是知识的真正来源，以及人类智慧的真正体现。

所以，虽然计算机能力的强大未必意味着对人类的威胁，但必然意味着它能为人的创新能力提供更加强有力的支持。这正是无数科学家、工程师致力于改进计算技术的根本原因，也已经为综合集成法的发展所证实。它在早期实践中就引入计算机模型作为容纳领域专家各方面知识的框架，创建之初更明确指出综合集成法可以利用知识工程，领域专家的一部分作用可以通过专家系统来实现（知识工程和专家系统正是当时人工智能发展的热点，体现了计算机的最强能力），从而揭示出"人机结合"的深刻主题。本书所讨论的"大模型时代下的综合集成研讨体系"同样是这一主题下的产物。

延续这一主题，我们以两个例子来说明人类智慧的某些特点及其对计算机能力更加"高级"的要求。其一是中医的诊疗过程，中医注重"辨证施治"，其中的"证"是一种整体性判断，而非对各个器官系统具体指标的具体描述。研究者将"辨证"过程称为"立象表意"，大夫通过多种媒介（望、闻、问、切）等感知，加上自身体会，建立子模式（象），再形成与各种病症对应的模式类别（意）。这一过程用现代的语言与观点来说，是大夫的实践与经验积累的过程，是多维（望、闻、问、切）的自下而上的综合集成过程，是由大夫的大脑这一系统来完成的，最终把实践经验沉积于大夫的脑中，形成表征与各种病症相对应的各种模式类的"意"，达到立象表意，如图9.2所示。

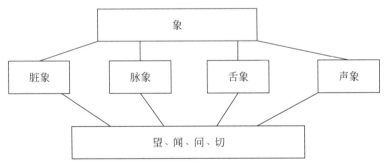

图 9.2　中医的立象示意图

中医大夫采用"以象说象"的办法建立一种描绘整体形象的比较抽象的象，将其称为"意"，对病人疾病的诊断是靠对人体的整体了解以及"意"之间的相似性来加以判断。借用模式识别研究的叙述，可以用一个二元式表示这种以象说象的方法：

$$P=P(I,E)$$

其中，P 为模式，包括象（用 I 表示）和意（用 E 表示）两个成分。

I 为模式 P 的象，包括感性成分与理性成分；E 为模式 P 的意，是一种比 I 更抽象的象，也包括感性成分与理性成分。E 的感性成分是相应的象 I 的感性成分的凝练和浓缩；E 的理性成分是相应的象 I 的理性成分的涵盖和总结。由于中国传统思维中认为感性与理性是相通的，所以 E 可以认为是 I 通过从定性到定量的综合集成所得的结果。

这一理论分析对应到临床实践，就是中医专家在多年临床诊断的经验中，大脑里存储了很多有意义的病情实例，同时又具有一种模糊的直觉联想能力，当遇到一个新病例时，他是由相似性而联想到某一过去的病例，并与之比较，这种相似性是难以用严格的逻辑形式甚至是语言描述清楚的，是形象思维的高度应用、形象思维的升华。它的优点在于宏观，能避免微观方法的因小失大。这在一些名医案例中有深刻体现，体现了综合集成及其成功运用。

与中医类似的，是中国传统文化中的"言意"之辨。例如，《周易·系辞》所说"书不尽言，言不尽意……圣人立象以尽意"，这是认为语言和文字（言、书）有其局限性，不能准确表达事物的精髓（意），需要采用别的手段（例如具体形象、辅助符号或比喻、类比等）予以辅助，才能让"意"充分表达出来（尽意）。由此引申出去，是"意"对"言"的超越。例如，《庄子·外物篇》说："筌者所以在鱼，得鱼而忘筌。蹄者所以在兔，得兔而忘蹄。言者所以在意，得意而忘言。"这是说，如果我们充分把握了意，就不要再执着于描述意所采用的语句，甚至要忘记这些语句，以免受到这些语句的束缚，言只是工具，意才是目的。

以论语中的一句话为例，子曰："君子而不仁者有矣夫，未有小人而仁者也。"这句话依字面意思理解，是说君子中没有仁德的人是有的，而小人中有仁德的人是没有的。那么这里就出现了问题，既然有的"君子"没有仁德，为何还能被称为君子呢？如果采用逻辑分析方法，会很难理解孔子为什么会说出一个"病句"。但结合上下文考察，会发现这句话的重点在于后半句"未有小人而仁者也"，其真正意思是"要让小人有仁德，比让君子没仁德还难"。修辞方式类似于"山无陵，江水为竭，冬雷震震，夏雨雪，天地合，乃敢与君绝"，用一件绝不可能发生的事强调另一件事更不可能发生。

理解了这一点，就能很好地把握语句背后的意义；反之，如果执着于语句的琐碎分析，注意力就会被干扰，反而无法得其真意；得到真意后，也就更不必纠结于它是采用什么语句／方式表达的了，这就是所谓的"得意忘言"。显然，得意忘言不是单纯的逻辑思维（尽管其中一定有逻辑思维的介入），而是一种从整体上把握语句意义的思维方式。这种思维方式至少有三个优点：①运行上的稳定性，整体层面的考察和自上而下的反向验证可在很大程度上避免被局部细节误导；②交流上的高效性，层次水平相当的交流者可通过简单的语句、案例、表情乃至动作传达那些"只会意会、不可言传"的抽象含义；③有助于激发灵感，主要原因在于多种思维工具的综合运用，使之具备广泛、深度的联想能力，可证之于传统文献中记载的"顿悟"现象。

上面两个例子（中医的立象表意和传统文化的言意之辨）展现了两种领域专家常用的思维方式。在综合集成法中，这两种方式对于提高工作效率、提升工作质量和实现认识上的突破都具有极其重要的意义，但是目前机器体系所能为此提供的支持还是非常有限的，即便是以大模型为代表的最新人工智能系统，其主要价值也是作为知识库和资料库而存在，能够帮助专家节省一些低层次的脑力劳动，但很难进入形象思维和创造性思维层面。本书前文中提出的扩展现实＋多模态大模型系统的构思，其出发点即是希望机器体系能在形象思维方面给予专家体系更多帮助。

同时值得注意的是，前面两个例子不过是人类多样化思维模式的冰山一角，除此之外仍有大量模式、方法值得去考察和研究。从这个角度出发，为促进未来更深层次的人机互补、人机融合，至少需要做两大类的工作，一类是建立健全综合集成相关的学科体系，另一类是大力发展跨学科研究与创新。

1. 建立健全综合集成相关的学科体系

人机融合的学理核心是思维科学。早在提出思维科学之初，钱学森就提出了思维科学的学科体系，包括基础科学、技术科学和工程技术三个层次，其中基础科学层次包括信息学和思维学，后者又包括抽象（逻辑）思维学、形象（直感）思维学和灵感（顿悟）思维学；技术科学层次包括科学方法论、情报学、数理语言学、结构语言学和模式识别等；工程技术层次包括密码技术、计算机软件工程、情报资料库技术、文字学、计算机模拟技术和人工智能等。

但截至今天，这些学科的进展参差不一，有的突飞猛进，有的近乎停滞，这使得思维科学体系的发展极不均衡。即便是那些发展比较好的学科，也很少自觉地建立自身与上下游学科的纵向联系，以及与同层次学科的横向联系，导致思维科学的学科体系未能作为一个整体清晰地呈现出来。

尤其是，基础科学层次的研究较为薄弱，未能给予技术科学层次有力指导；工程技术层次发展较快，但由于缺乏中间层次的衔接，也未能给予基础层次以良好反哺。因此，要想长远推进人机融合和综合集成，必须建立健全思维科学的学科体系，当务之急是加强基础科学层次的学科建设与研究，进而补齐技术科学层次（中间层次）的短板，尽快实现三个层次的贯通与反馈。

2. 大力发展跨学科研究与创新

关于人的思维的研究，涉及方方面面，既包括其生理基础（例如脑神经系统），也包括其精神基础和心理基础，还包括思维行为的历史内容（如创造性思维的过往案例）和思维模式的历史演变（范式转变），等等。这不是一门学科可以涵盖的，即便作为一个学科体系，也必须与其他学科体系发生大范围的交互和交叉，才能更好地解决问题。

例如，脑神经系统属于神经学研究范畴，精神状态属于精神学研究范畴，心理状态属于心理学研究范畴，这三门学科在钱学森规划的现代科学技术体系里都属于人体科学的内容，这就意味着思维科学必然与人体科学产生交叉。尽管前者的重点在于思维的规律和方法，后者的重点在于作为物质对象的人体，但生理与心理、意识互相影响，思维又是意识的一部分，在促进和激发创造性思维时，这些要素之间的关系，仍然值得深入研究。

其他思维行为的历史内容和思维模式的历史演变无疑涉及历史、哲学等社会科学的研究范畴。而许多形象思维以及创造性思维的案例又出现在寓言、小说、诗歌、绘画、音乐等文艺作品中，是探寻相关作家、艺术家思维规律和方法的良好素材，导致了思维科学与文学艺术学科（也是钱学森规划的现代科学技术体系诸大部门之一）的交叉。

因此，思维科学学科体系的建立健全，尤其是对其基础科学层次的加强，必然需要大力发展跨学科研究与创新，或者说只有通过大力发展跨学科研究与创新才有可能完成这一任务。跨学科研究的组织形式包括：建立联合课题组、成立联合研究中心、设立专门的交叉学科乃至学院等，以及建立跨学科交流机构，定期 / 不定期开展学术交流活动等。其具体内容涉及大量组织管理问题，不在本书研究范围之内，故略。

主要参考文献

[1] 戴汝为 . 系统学与中医药创新发展 [M]. 北京 : 科学出版社 , 2008.

[2] 赵建永 . 汤用彤 : 魏晋玄学论稿及其他 [J]. 哲学门 , 2013, 14(2): 372-385.

第 10 章
结语

10.1 主要研究成果总结

综合集成法是处理开放的复杂巨系统的方法论，它的构思可以追溯到 20 世纪 80 年代，通过社会系统、人体系统和地理系统这三个复杂巨系统的研究实践而逐渐明确和清晰起来，并在 1990 年已正式理论发表，对这一方法论做了详细表述，并认为综合集成法是研究处理开放的复杂巨系统当前唯一可行的方法。

1992 年，在汇总了几十年来世界学术讨论的研讨会、C^3I 工作及作战模拟、从定性到定量的综合集成法、情报信息技术、第五次产业革命、人工智能、灵境(virtual reality)、人机结合的智能系统和系统学等方面成功经验的基础上，研究者把综合集成法进一步发展为"从定性到定量的综合集成研讨厅体系"，强调了人与计算机更加紧密的配合，以及专家群体通过研讨互相补充和激发，把综合集成法中的个体智慧明确上升为群体智慧。

这一学术思路在当时的学术界引起强烈关注，部分研究者开始自觉开展综合集成法、人机结合和社会化智能的研究工作，如戴汝为科研团队在综合集成法提出 3 年后、综合集成研讨厅提出 1 年后的 1993 年，便发表了题为《智能系统的综合集成》的学术论文集，介绍了他们在综合集成方面的研究成果，得到钱学森先生的高度赞扬。美国哈佛大学的 Y. C. Ho 教授在得到这本论文集后曾在他领导的科研集体中进行讨论，并反馈了讨论情况。

1992—1997 年，戴汝为作为项目负责人承担了国家攀登计划"思维与智能的模拟"，在该项目研究中对综合集成思想进行了大胆实践，探索如何通过思维与智能的模拟来构建智能系统，形成了开放的巨型智能系统理论。在此期间，戴汝为等人撰写了《智能自动化丛书》（该丛书由戴汝为任主编，共6册，荣获1999年国家图书奖）的第一册：《智能系统的综合集成》。这本书的第10章"巨型智能系统的探讨"从开放的巨型智能系统的角度出发，得出了综合集成研讨厅的一个理论框架。

1999—2004年，国家自然科学基金支持了名为"支持宏观经济决策的人机结合综合集成研讨体系研究"的重大项目，由戴汝为担任项目第一主持人。在研究过程中，研究者解决了"群体智慧的涌现""支撑系统的研制""人在决策过程中的认知研究"等关键问题，把先进的网络技术、信息技术、智能技术和思维科学的研究成果应用于综合集成研讨厅的建设，使得研讨厅体系不仅理论上更加丰富、完善，而且逐步接近于实用，为该理论的前进和发展作出了重大贡献，在国内外学术界引起广泛关注。

2003年，戴汝为发表了《人机结合的智能工程系统——处理开放的复杂巨系统的可操作平台》一文，提炼出处理复杂问题的可操作智能平台的技术路线，以及基于信息空间的综合集成研讨厅的概念，这些研究指明了研讨厅体系具体化、实用化的方向，清晰概括了综合集成研讨厅构建的原则和实质，进一步发展了综合集成研讨厅体系。

2005年，自然科学基金委员会对重大项目"支持宏观经济决策的人机结合综合集成研讨体系研究"给予"特优"的评价，评审专家一致认为项目所研制的综合集成研讨厅系统已经基本达到了可操作的程度，建议推广至国家有关部门进行使用。时任中国科学院院长的路甬祥在观看了这一项目的研究成果后，认为综合集成体系已经显露出"重大原始性创新的曙光"。

在之后20年里，戴汝为研究团队又在军事战略决策、亚洲巨灾防范、中医药现代化、黄河水沙联调和智慧城市建设等涉及国计民生的重大问题上进行综合集成法的探索与实践，获得了大量丰硕的成果。例如，他们与我军某重要战略研究与支撑机构合作研制的"战略决策综合集成研讨系统"，被认为"能够有效融合相关军事数据、专家研判经验和首长决心意图，表现手法新颖，运行方式实用……对推进军事科研和战略决策模式的转变有重要意义。"时任领导人在观看完该系统的作业演示后，称赞采用综合集成研讨方法深入研究重大现实课题很有意义，希望相关单位把该系统建设好、管理好、运用好，使之发挥出应有的作用。

近年来，飞速发展的人工智能为综合集成法提供了新支撑，也提出了新问题，相关研究团队对以大模型为代表的新型智能系统与技术保持高度关注，积极探索新系统与新技术背景下的人机融合和社会化智能系统涌现问题，其实践和思考内容构成了本书的主题。本书从回顾综合集成法的理论基础和发展过程出发，针对大模型时代的综合集成研讨体系，介绍和总结了以下研究成果。

（1）从社会化智能系统的角度对综合集成法中的人机结合、群体交互和智能涌现进行分析，总结其对计算机智能的现实要求和大模型技术对这一要求的可能回应，指出以大模型为代表的新型人工智能既可以在量智上对人的心智进行增强，也可以在性智上对人的心智进行补充，二者的结合是全方位的，必将开启人机结合的新范式。以大模型为代表的人工智能作为被综合集成的对象所产生的问题，将是综合集成研究中一个新的、重要的课题，因为在这个课题中，人机结合的做法将从基于增强量智与人的性智的综合集成扩展到基于增强量智与补充性智的全方位的综合集成，被称为"人机融合"。

（2）提出了综合集成法中的大模型应用框架，把大模型的主要职能提炼为3种角色：特殊计算机专家、特殊领域专家和特殊组织专家，从其与普通计算机专家、普通领域专家和普通组织专家能力互补的角度出发，重新设计综合集成工作平台的支撑软件与工作流程，实现大模型系统支持下的专家体系与机器体系全方位、多层次的结合，进而促进这一人机结合社会化系统的智能涌现，显著提升开放的复杂巨系统相关复杂问题的解决水平。

（3）梳理了从定性到定量的综合集成研讨厅的三大体系——知识体系、机器体系和专家体系的概念及其发展历程，以及三大体系涉及的关键核心技术。随着大模型的应用，这三大体系迎来了新的发展机遇，推动综合集成法的演进。知识体系利用大模型进行知识的补充、挖掘与表示，机器体系通过大模型实现智能分析、决策与预测，专家体系则利用大模型优化研讨过程、提升专家的认知与思维。全面探讨把大模型系统纳入综合集成法的途径和把大模型系统作为被综合集成对象所产生的问题及其应对方式。

（4）从思维科学的视角，梳理了人机结合的三个层次，指出通过类脑智能与超大规模数据计算，人机系统实现了智能增强。机器借鉴神经科学构建高效计算架构，提升计算单元之间的结构相关性；大模型实现任务泛化与可解释性输出，提升洞察与理解能力，促进人类新认知生成。随着人机系统的持续调整与发展演化，通过人与机在不同层次上的协作、双向启发和激荡、反馈迭代，人的思维能力随之提升，机器的智能水平随之增强，最终实现人机融合智能共进。

（5）讨论、总结了大模型、人工智能等相关领域的发展趋势，及其对人机融合可能的影响，提出了在大模型系统、具身智能和扩展现实技术的共同支持下，未来综合集成系统一种可能的工作过程，其核心在于扩充专家体系的表达手段和模型工具，使之能更加专注于讨论、思考和学习。在此基础上，从进一步推进人机互补、人机融合的角度，提出了以创造性思维为导向的学科体系建设问题和跨学科研究与创新问题。

10.2 对未来研究的建议

从人工智能和思维科学未来发展的角度，对综合集成和人机融合的研究给出以下建议。

（1）以创造性思维为重点研究对象。尽管人工智能取得了很大的进展，但与机器相比，创造性思维是人类的专长，是各类智慧、智能和新知识的第一来源，它在相当长的一段时期里很难被机器超越或取代。但我们现在对创造性思维的工作原理、机制都不太清楚，甚至不知道哪些条件是关键的，哪些是必要的，这就导致激发专家的创造性思维的工作仍处于较为盲目的初级阶段，只能依靠经验和试探，效率较低，有时甚至会产生反作用。要改善这种情况，持续保持人类的思维优势，必须重点开展创造性思维的研究。

（2）以形象思维为突破口。研究者认为创造性思维是一种特殊状态下的形象思维，是形象思维的特例，因此创造性思维乃至思维学研究的突破口在于形象思维。同样，我们对形象思维认识得也不是很清楚，甚至会存在一种误解，认为形象思维处理的一定是某种图像（不管是二维、三维还是更高维的），因此计算机的图像识别就是对人类形象思维能力的模拟和替代。但事实上，形象思维是一种整体性的思维方式，其思考内容也可以是抽象的，如中医诊断和传统文化中的"意"，其内容可能是某种类别信息，也可能是某个道理，其特点在于把握共性，舍弃琐碎的细节，但又保持对某些关键要素的关注，因此具有极强的泛化能力和稳定性。

（3）以人机融合为抓手，注重可操作性。研究思维科学的目的在于弄清并掌握人类思维的方法和规律，从而自觉运用这些方法和规律提升人类及人造物的智慧与智能。对思维规律认识得越深入，对人类思维的长短处也会认识得越清晰，就越有利于取长补短，把人类擅长做的事情交给人类，把机器擅长做的事情交给机器，从而实现人－机体系的效用最大化。在这个过程中人帮机、机帮人是必由之路，专家帮助计算机，不断提高计算机的思维能力，把专家从日常琐碎的脑力劳动中解放出来，就同时实现了机帮人，使得专家能够集中精力于真正困难的问题的解决和创造性思维的运用。这就要求我们在开展思维科学时，要注重研究结果的落地，以可操作、可执行的方法、程序和软硬件系统来切实促进人帮机、机帮人。

（4）重视人机互补。人与计算机在思维方式和思维能力上的不同，是人机结合、人机融合的出发点，由此摈弃诸多争论，通过组织和协作迈向开放的巨型智能系统之路。人机互补表现在多个方面，前文已有论述。在人机融合的具体实现方面，坚持贯彻人机互补的原则，经常能够获得更好的收获。举例来说，领域专家与大模型系统的结合过程中，尽量把关键、重要、最新的领域知识提供给专家是一种做法，把冷门小众、容易被专家忽视但又可能与所求解问题相关的知识提供给专家也是一种做法。后一种做法的效果很可能好于前一种，（当然从大模型的角度来说实现难度也更高），显然更能体现"人机互补"的精髓。

（5）重视落地技术和应用。思维科学的研究成果重在落地实践，这是因为思维科学体系庞大、涉及宽广，研究者容易陷入纯思辨性讨论而忽视了具体实践，从而导致正确的研究成果不能及时发挥作用，错误的研究结论无法及时修正。综合集成法的研究之所以能够持续取得进展，很大程度上就在于部分研究者坚持瞄准其在智能科学及重大决策领域中的应用，而不仅仅从抽象的方法论角度开展研究。未来人机融合的研究同样需要坚持这一路线，一方面重视基础理论（例如思维学、信息学）的研究，另一方面重视技术实现和系统应用，通过理论与实践之间的持续反馈，从而获得真正有价值的研究成果。

后记

本书是在钱学森先生科学思想的指导下，作者团队在近 40 余年的研究成果基础上，结合当前 AI 大模型时代信息技术的发展编写而成。其内容涉及认知科学、思维科学、系统科学、人工智能等多个科学领域。本书旨在从综合集成理论的起源出发，深入探讨综合集成法的实质，以认知飞跃、智能涌现和"人机结合"为主线，分析巨型智能系统构建的方案、经验和历史局限性，以及社会化智能涌现的技术条件和组织要求，理论上探讨"人机结合"的假设、前期探索和实践挑战。其目的在于从智能系统的角度理解和应用综合集成理论，并明确该理论对于人机融合的本质性要求。本书还针对大模型在综合集成法中的应用展开了探讨，包括应用的基本原则、技术路线和实践途径。

在本书撰写过程中，借鉴了作者团队目前的研究成果，在此感谢章颂、张亮、崔皓鑫、刘玉桥、孙钒恺、常晓宇等团队成员的支持和帮助。此外，特别向清华大学出版社的多位编辑及美编在完成本书的过程中做出的有价值的努力，在此一并表示诚挚的谢意。本书的撰写工作得到了国家重点研究发展计划项目的资助（项目编号：2023YFC3304100）。由于本书涉及领域较广，当前信息技术发展迅猛，加之作者水平所限，对于不足之处，尚请读者指正。

作者

2024 年 5 月